天津市科协资助出版
中国气象局公益性行业（气象）科研专项（重大专项）“干旱气象科学研究——我国北方干旱致灾过程及机理”（项目编号：GYHY201506001）资助出版

华北夏季降水变化及预测技术研究

郝立生　侯　威　著

内容简介

本书从华北降水时空变化特征、华北暴雨气候特征、华北夏季降水与北半球环流的关系、华北夏季降水与东亚夏季风的关系、华北夏季降水与热带海温的关系、华北雨季监测及对应环流变化特征和华北夏季降水转型环流特征等方面论述了华北夏季降水变化特征及其预测技术，可供从事天气预报的人员学习与参考。

图书在版编目(CIP)数据

华北夏季降水变化及预测技术研究 / 郝立生，侯威著. -- 北京 ：气象出版社，2018.9(2020.9 重印)
ISBN 978-7-5029-6235-7

Ⅰ.①华… Ⅱ.①郝… ②侯… Ⅲ.①夏季一降水变化一研究一华北地区②夏季一降水预报一研究一华北地区 Ⅳ.①P426.61 ②P457.6

中国版本图书馆 CIP 数据核字(2018)第 206351 号

华北夏季降水变化及预测技术研究

郝立生　侯　威　著

出版发行：气象出版社
地　　址：北京市海淀区中关村南大街 46 号　　**邮政编码**：100081
电　　话：010-68407112(总编室)　010-68408042(发行部)
网　　址：http：//www.qxcbs.com　　**E-mail**：qxcbs@cma.gov.cn
责任编辑：王凌霄　张锐锐　　**终　　审**：吴晓鹏
封面设计：博雅思企划　　**责任技编**：赵相宁
责任校对：王丽梅
印　　刷：北京建宏印刷有限公司
开　　本：787 mm×1092 mm　1/16　　**印　　张**：13.125
字　　数：380 千字
版　　次：2018 年 9 月第 1 版　　**印　　次**：2020 年 9 月第 2 次印刷
定　　价：98.00 元

序　言

华北地区受东亚夏季风显著影响，降水年际、年代际变化大，极端强降水事件时有发生；另一方面，同时也经常发生持续性的干旱，因而华北地区是旱涝极易发生的气候脆弱区。我国出现的“63·8”“75·8”“96·8”等特大暴雨灾害就发生在华北地区。旱涝灾害给当地生命财产安全、工农业生产和生态环境造成严重威胁，已引起中央政府的高度关注。中华人民共和国成立以来，针对华北水患灾害，毛泽东主席就发出了“一定要根治海河”的号召，先后完成了一系列工程建设，大大降低了洪涝灾害风险。近年，针对华北干旱化趋势，国家投巨资实施南水北调工程，重点就是解决华北水资源短缺问题。中国科学院也多次设立重大专项对华北旱涝灾害发生规律及对人类的影响开展研究，取得了很多成果。对华北旱涝规律的认识、影响因素及应对措施一直是科学界研究的难点热点科学问题。认识华北夏季降水规律、改进预测技术对政府决策和科学指导防灾减灾具有很重要的现实意义。

作者多年来一直致力于华北气候变化研究，近期将华北夏季降水研究的成果整理出版，我很高兴为该书作序。该书从华北降水时空特征、影响因子变化出发，对华北夏季降水时空特征、变化规律、雨季监测、雨季转型及气候预测等方面研究成果做了较为系统地归纳和阐述，有些是很好的结论，也有一些不确定性的结论尚需进一步研究。该书是一本很好的业务参考书籍。

作者对近年研究成果总结出版，期望为认识华北降水长期变化规律和改进降水气候预测技术提供一些科学参考。我希望该书的出版能够为开展相关研究和改进预测业务起到很好的参考借鉴作用，同时对京津冀协同发展中的防灾减灾规划具有重要的参考价值。

丁一汇

2018年3月6日，北京

前　言

20世纪60年代中期以后，华北降水呈现减少趋势，特别是70年代以来，降水减少更加明显。华北地区降水量减少，使该地区本已紧张的水资源形势更加严峻，造成华北地区长时间的干旱、地下水位的下降、河道断流及生态环境的恶化，严重威胁该地区工农业生产、当地居民生活和生态环境安全，已引起政府和科学界的高度关注。例如，国家为了解决华北水资源紧张局面，实施了南水北调工程。在科学界，一些学者对华北降水变化规律及预测技术一直开展持续深入研究。

影响华北降水的主要因子有哪些？影响机制又是什么？海温是对大气环流有重要影响的一个因子，它已成为降水气候预测不可缺少的重要参考指标，本书重点对太平洋、印度洋海温变化与华北降水的关系及影响机制研究成果做了归纳总结。另一个因子是季风，关于探讨夏季降水变化原因最早始于对季风的研究。季风是广大地区范围内近地面的盛行风向随季节转换而发生明显风向改变的风，主要是由于海—陆热力差异导致的大气环流现象。海陆分布的非对称性造成太阳辐射对大气加热非对称是季风地理分布不同和差异的主要原因。中国夏季降水变化与东亚夏季风环流变化有着密切的联系，中国大部分地区特别是东部夏季降水受东亚夏季风强弱、爆发早晚以及持续时间长短影响非常显著。季风及其对降水的影响一直是国内外气象学者关注的研究课题，本书对这方面的研究成果做了归纳总结。另外，副热带高压、积雪、海冰等变化对华北夏季降水也有重要影响，本书仅有少量内容涉及。华北雨季与其他地区雨季特点不同，多离散降水，其监测难度较大，本书对初步的研究成果做了归纳总结。华北地区历史上存在多雨、少雨转换情况，何时发生雨季转型备受关注，本书对这方面的初步研究也做了归纳总结。

一般来说，通过对华北降水年际异常及相关因子的影响机制研究，可以为改进降水气候预测技术和数值模拟技术提供科学基础；通过对华北降水年代际变化特征及相关因子影响机制研究，可以为认识华北降水长期变化规律和识别气候态可能发生转型的时间提供科学参考依据。

本书内容是在作者近年研究成果的基础上整理而成。本书重点从华北降水年代际变化特征出发，对前期开展的海温、东亚夏季风、副热带高压等年际、年代际变化（长期变化）与华北降水之间的关系及其影响机制研究进行总结，以便为认识华北夏季降水变化规律和改进气候预测技术提供一些参考依据；对华北雨季监测、降水转型对应环流变化的初步研究做了总结。总体上是想通过对以往研究成果做系统归纳和总结，为认识华北降水长期变化趋势并给降水气候预测技术提供一些科学基础。

本书的出版得到了丁一汇院士的悉心指导，得到了天津市科学技术协会、中国气象局公益性行业（气象）科研专项（重大专项）“干旱气象科学研究——我国北方干旱致灾过程及机理”（项目编号：GYHY201506001）、天津市气象局气象服务创新团队基金的资助，作者在此一并表示衷心的感谢！

华北气候变化尤其降水夏季变化受多种因子影响，还有很多问题需要进一步深入研究。由于作者研究水平有限，书中难免有错误或不妥之处，敬请广大读者和专家批评指正，以便在以后研究中不断改进。

作者

2018 年 3 月 18 日

目　录

序言
前言
第1章　绪论 …… 1
1.1　华北降水年代际变化 …… 1
1.2　海温对华北降水的影响 …… 2
1.3　季风变化对华北夏季降水的影响 …… 5
1.4　其他因子的影响 …… 7
1.5　本章小结 …… 9
参考文献 …… 10
第2章　华北降水时空变化特征 …… 17
2.1　华北地区降水的特殊性 …… 17
2.2　华北平原夏季降水准双周振荡与低频环流演变特征 …… 23
2.3　华北各区域降水变化趋势 …… 34
2.4　华北代表区降水变化 …… 39
2.5　华北雨季气候变化 …… 50
2.6　华北降水季节演变主模态变化 …… 54
2.7　本章小结 …… 56
参考文献 …… 57
第3章　华北暴雨气候特征 …… 60
3.1　华北降水气候概况 …… 60
3.2　夏季降水量减少特征 …… 61
3.3　夏季暴雨事件减少原因 …… 62
3.4　夏季暴雨异常分析 …… 68
3.5　本章小结 …… 74
参考文献 …… 75
第4章　华北夏季降水与北半球环流的关系 …… 76
4.1　海平面气压场变化的影响 …… 76
4.2　850 hPa 等压面环流变化的影响 …… 81
4.3　500 hPa 等压面环流变化的影响 …… 86
4.4　本章小结 …… 89
参考文献 …… 90
第5章　华北夏季降水与东亚夏季风的关系 …… 92
5.1　东亚季风变化 …… 92

5.2 华北夏季降水季风环流背景分析…… 95
5.3 季风环流变化与华北夏季降水 …… 105
5.4 东亚夏季风变化与华北夏季降水异常的关系 …… 119
5.5 本章小结 …… 126
参考文献…… 129
第6章 华北夏季降水与热带海温的关系…… 132
6.1 引言 …… 132
6.2 夏季降水异常海温场对比 …… 133
6.3 海温季节演变主模态变化 …… 138
6.4 IOD和ENSO的联系 …… 148
6.5 本章小结 …… 156
参考文献…… 158
第7章 华北雨季监测及对应环流变化特征…… 160
7.1 引言 …… 160
7.2 华北降水气候概况 …… 160
7.3 华北雨季分析 …… 161
7.4 华北雨季前后环流变化特征 …… 167
7.5 本章小结 …… 172
参考文献…… 172
第8章 华北夏季降水转型环流特征…… 174
8.1 引言 …… 174
8.2 华北夏季降水变化 …… 175
8.3 华北降水转型环流特征 …… 178
8.4 本章小结 …… 185
参考文献…… 186
附录：常用方法简介…… 188
A.1 相关分析…… 188
A.2 趋势分析…… 189
A.3 变率分析…… 191
A.4 Mann-Kendall突变检验 …… 191
A.5 Morlet小波分析…… 192
A.6 奇异值分解（SVD） …… 193
A.7 经验正交函数分析（EOF） …… 194
A.8 季节演变自然正交函数分解（SEOF） …… 200
A.9 环流异常场回归重构方法…… 200
A.10 一种基于前期信息演变的华北夏季降水趋势预测方法 …… 200
参考文献…… 201

第1章　绪论

20世纪60年代中期以后，华北降水呈现减少趋势，特别是70年代以来，降水减少更加明显（叶笃正和黄荣辉，1996；黄荣辉等，1999；刘海文等，2011；Fan et al.，2012）。华北地区降水量减少，使该地区本已紧张的水资源形势更加严峻（符淙斌和安芷生，2002；符淙斌和温克刚，2002；刘晓英和林而达，2004；廉毅等，2005；卢洪健等，2012），造成华北地区长时间的干旱、地下水位的下降、河道断流及生态环境的恶化（高彦春等，2002；张磊，2002；符淙斌和马柱国，2008；原志华等，2008），严重威胁该地区工农业生产和当地居民生活，已引起政府和科学界的高度关注（黄河流域及西北片水旱灾害编委会，1996；黄荣辉等，2002；符淙斌等，2003，2005；丁一汇等，2013）。例如，国家为了解决华北水资源紧张情况，实施了南水北调工程。

影响华北降水的主要因子有哪些？影响机制又是什么？海温是对大气环流有重要影响的一个因子，它已成为降水气候预测不可缺少的重要参考指标，本章重点对太平洋、印度洋海温变化与华北降水的关系及影响机制进行回顾。另一个因子是季风，关于探讨夏季降水变化原因最早始于对季风的研究（竺可桢，1934）。季风是广大地区范围内近地面的盛行风向随季节转换而发生明显风向改变的风，主要是由于海—陆热力差异导致的大气环流现象。海陆分布的非对称性造成太阳辐射对大气加热非对称是季风地理分布不同和差异的主要原因。中国夏季降水变化与东亚夏季风环流变化有着密切的联系，中国大部分地区特别是东部夏季降水受东亚夏季风强弱、爆发早晚以及持续时间长短影响非常显著。季风及其对降水的影响一直是国内外气象学者关注的研究课题，这方面的成果很多。此外，副热带高压、积雪、海冰等的变化对华北夏季降水也有重要影响。

一般来说，通过对华北降水年际异常及相关因子的影响机制研究，可以为改进降水气候预测技术和数值模拟技术提供科学基础；通过对华北降水年代际变化特征及相关因子影响机制研究，可以为认识华北降水长期变化规律和识别气候态可能发生转型的时间提供科学依据。本章重点从华北降水年代际变化特征出发，归纳总结海温、东亚夏季风、副热带高压、积雪和海冰年际、年代际变化（长期变化）与华北降水之间的关系及其影响机制（徐国昌等，1994；吴统文等，2000；郝立生和丁一汇，2012），为认识华北降水长期变化趋势和改进降水气候预测技术提供科学基础，最后指出下一步的研究方向。

1.1　华北降水年代际变化

华北降水年代际变化特征非常突出。根据500 a旱涝资料统计（Zhu et al.，2001），华北地区夏季降水存在明显的80 a周期，而且这个80 a变化周期在整个华北夏季降水低频变化中占了相当的分量，约占低频变化方差的 27%。张庆云（1999）分析 1880 年以来华北地区降水变化发现，华北降水存在着显著的年代际变化，1883—1898 年和 1949—1964 年是华北降水较丰沛时段，1899—1920 年和 1965—1997 年华北降水处于偏少阶段，其中 1980—1993 年降水持续偏少，干旱现象严重。王绍武等（2001）指出，20 世纪 50 年代华北夏季多雨，在我国东部地区表现最为突出；60 年代华北降水略多，但长江及以南少雨；70 年代华北北部略多，淮河少雨；80 年代，华北干旱，长江流域多雨；90 年代，华北干旱持续，而长江流域降水有所增加。近年华北干旱与降水量的年代际变化有关。陈隆勋等（2004）指出，全国年平均降水在 20 世纪 50 年代偏多，以后出现下降趋势，到 1978 年以后，全国平均并无明显的线性增减，但从地域上看，华北降水却呈现出显著减少趋势，自 60 年代开始一直在减少；80 年代开始长江中下游地区降水开始增加，多雨带在 80 年代及以后由华北南移到长江中下游。周连童和黄荣辉（2003）指出，我国夏季降水在 1976 年前后发生了一次明显的气候跃变，从 1977 年到 2000 年夏季长江流域的降水明显增加，而华北地区和黄河流域从 1977 年起，降水减少。使用最新资料分析也发现（丁一汇和张莉，2008），华北夏季降水确实在 20 世纪 70 年代中后期发生了突变，之后降水显著减少。因此，近 60 年来华北降水发生了明显的年代际变化，60 年代中期以前降水偏多，60 年代后期以来出现减少趋势，特别是从 70 年代以来减少更加明显，这与大气环流年代际改变和外强迫因子年代际变化有关（彭加毅和孙照渤，1999；戴新刚等，2003；何有海等，2003；张庆云等，2003；徐桂玉等，2005；马柱国，2007；施晓辉，2008；邓伟涛等，2009）。

伴随着降水的年代际变化，极端降水事件也发生了明显改变（黄荣辉等，2003；黄荣辉等，2006；刘海文和丁一汇，2011；丁一汇和朱定真，2013）。翟盘茂和潘晓华发现（2003），华北地区极端降水事件频率显著减少；进一步研究发现（Zhai et al.，2005），1951—2000 年夏半年极端降水频次在华北地区减少、在长江流域增加，全年华北地区降水量减少主要是由于强降水频次减少造成的，而长江流域降水增加主要是由于降水强度加大且极强降水事件增多造成的。Wang 和 Zhou（2005）利用 1961—2001 年中国的台站资料，定义日降水量序列的 95%及 97.5%为极端事件阈值，也发现华北极端降水事件频率有减少趋势，而且这种趋势与平均降水变化趋势空间分布一致。最新研究也表明，华北近 50 a 夏季降水量出现减少趋势，主要是由于暴雨频率下降造成的（梁萍等，2007；郝立生等，2011）。这些研究结果表明，华北极端降水或暴雨事件出现年代际减少趋势，与华北降水量减少有很好的对应关系，是造成华北降水量减少的一个内在特征。

一些学者研究发现，华北降水变化及干旱趋势与全球大范围气候变化密切相关（周连童，2009；马京津，2006；荣艳淑，2004；赵翠光和李泽椿，2012；张利平等，2008）。

1.2 海温对华北降水的影响

1.2.1 太平洋海温影响

1.2.1.1 观测事实

研究表明，热带太平洋海温异常对华北夏季降水有显著影响（李麦村等，1987；郭其蕴，1990；李超，1992；黄荣辉和孙凤英，1994；陈烈庭和吴仁广，1998；于润玲等，2002；严华生等，2004；陆日宇，2005；杨修群等，2005；孙燕等，2006）。热带太平洋海温变化最主要的异常模态是厄尔尼诺。厄尔尼诺（El Niño）/拉妮娜（La Niña）是指赤道中东太平洋海温异常增暖/变冷并持续半年以上的现象；南方涛动（Southern Oscillation，SO）是指太平洋和印度洋海平面气压反向异常变化的现象。20世纪80年代，气象学家意识到厄尔尼诺和南方涛动是一种海气耦合过程，被统一称为ENSO（El Niño/Southern Oscillation）事件。随着对ENSO研究的广泛开展，气象学家认识到ENSO是一种循环过程，其准周期为2～7 a，现在ENSO是指热带太平洋地区海气相互作用（Trenberth et al.，1997）。ENSO对全球气候都有着重要的影响，例如ENSO发生时，澳大利亚和印尼干旱、南美沿岸洪涝、印度季风减弱、美国西北干旱等。ENSO对我国降水也有重大影响（陆端军和张先恭，1995；刘颖和倪允琪，1998）。陈文等（2006）研究发现，夏季热带中东太平洋偏暖（El Niño）时，华北地区易发生干旱，而该海区海温偏冷（La Niña）时，华北和长江流域容易发生洪涝。总体来说，ENSO事件的发展阶段，我国江淮流域和长江中下游地区夏季降水偏多，多洪涝，而华北和江南降水偏少，华北多干旱。

黄荣辉等（1999）研究指出，华北夏季降水发生改变可能主要是由于60年代中期和80年代到90年代初赤道东太平洋海表温度明显升高所致。陈文等（2006）的进一步研究也表明，华北夏季降水从1976年开始明显减少，与太平洋1976年开始明显增暖的年代际变化密切相关。

1.2.1.2 影响机制

陆日宇和黄荣辉（1998）研究指出，热带西太平洋海温异常是通过其引起的东亚—太平洋遥相关（Eastern Asia and Pacific pattern，EAP）来影响江淮地区夏季降水。周连童和黄荣辉（2003）认为，热带太平洋的SST年代际变化通过影响水汽输送而使中国夏季降水发生改变。杨修群等（2005）研究发现，当热带中东太平洋海温偏高，北太平洋中部海温会偏低，即太平洋上表现为太平洋十年涛动（Pacific Decadal Oscillation，PDO）暖位相，这时，华北地区气温偏高，由异常西北风控制，不利于水汽向华北地区输送，华北地区会发生干旱。邓伟涛等（2009）进一步研究指出，20世纪70年代中后期，北太平洋中纬度海温由正距平向负距平转变，PDO由负位相向正位相转变，通过影响东亚夏季风环流系统，使东亚夏季风由强变弱，中国东部降水呈现出由“＋－＋”转变为“－＋－”三极的分布形态，华北由多雨转为少雨。

1.2.2 印度洋海温影响

1.2.2.1 观测事实

印度洋海温异常最主要的模态是印度洋偶极子。Saji等（1999）最早提出了印度洋偶极子（Indian Ocean Dipole，IOD）概念，并研究了其变化对东亚气候的影响。这个偶极子主要有正位相型（海温西高东低）和负位相型（海温东高西低），正位相型振幅强于负位相型（肖子牛，2006；晏红明和袁媛，2012）。IOD在9—11月最强，而在1—4月最弱（李崇银等，2001）。进一步研究也证明了这一点（谭言科等，2008），即IOD在秋季表现最明显，且正位相的强度大于负位相年。李东辉等（2006）用EOF方法分解秋季热带印度洋海温得到两个主要模态，第 1 模态表现为热带印度洋海温变化的一致性（USB），该模态反映热带印度洋秋季 SSTA 的长期趋势变化；第 2 模态表现为热带印度洋东西海温异常符号相反的偶极分布（IOD），该模态主要反映热带印度洋秋季 SSTA 的年际变化。

研究发现，华北夏季降水从 1976 年开始明显减少，与印度洋 1976 年开始明显增暖的年代际变化密切相关，夏季整个印度洋海温变化与华北夏季降水的负相关性非常显著，同赤道中东太平洋的负相关性不相上下（陈文等，2006）。尽管印度洋海温异常幅度比赤道中东太平洋海温异常幅度小，但与华北夏季降水有更密切的联系（郝立生等，2011）。近 50 a 印度洋海温升高、正 IOD 指数加强与华北夏季降水减少有很好的对应关系，华北夏季降水减少可能是由于热带印度洋海温升高和正 IOD 指数加强造成的（郝立生等，2012）。

1.2.2.2 影响机制

研究指出（晏红明和肖子牛，2000），印度洋赤道低纬地区的暖（冷）SSTA，可以在北半球中高纬度地区激发产生与太平洋-北美型（PNA）和东亚-太平洋型（EAP）类似的冬季遥相关型或夏季遥相关型波列，对亚洲季风区中低纬度地区的环流异常或天气气候异常有重要作用。当印度洋暖（冷）SSTA 强迫时，亚洲夏季风建立较正常偏晚（偏早），撤退较早（较晚），季风季节长度较短（较长），季风较弱（较强），这些与华北夏季降水偏少（偏多）有很好的对应关系。李崇银和穆明权（2001）研究表明，赤道印度洋海温偶极子（IOD）通过影响对流层低层流场直接对亚洲夏季风产生影响，即对应海温偶极子的正位相，有较强南海夏季风；而对应海温偶极子负位相，南海夏季风将偏弱，而印度南部地区夏季风将偏强。赤道印度洋海温偶极子还通过影响对流层上层青藏高原反气旋以及西太平洋副热带高压，对亚洲夏季风产生影响，即对应海温偶极子的正（负）位相，青藏高原反气旋将偏弱（强），而西太平洋副热带高压也将偏弱（强）。贾小龙和李崇银（2005）认为，当前期夏、秋季南印度洋偶极子正位相，次年夏季印度洋、南海（东亚）夏季风偏弱，副高加强且位置偏南、西伸，南亚高压偏强、位置偏东，易形成我国长江流域夏季降水偏多；负位相年反之。后期冬季西太平洋暖池是联系印度洋偶极子与次年我国夏季降水的一条重要途径。顾伟宗等（2006）研究发现，前期冬季印度洋海温偏低，水汽输送难以到达华北，反之，前期冬季印度洋海温偏高，水汽有效输送到达华北，即前期冬季印度洋海温异常可以通过影响向华北的水汽输送来影响华北夏季降水。

印度洋海温异常又是如何通过影响东亚季风、水汽输送、副热带高压等来影响华北降水的呢？Guan 等（2003）指出，IOD 能导致在印度季风区低层气流辐合而高层气流辐散，高层的辐散扰动激发向东北方向传播的罗斯贝（Rossby）波。刘娜等（2008）进一步研究指出，北半球对流层位势高度异常场存在和 IOD 变化密切联系的遥相关作用中心，这些作用中心呈正负相间的 Rossby 波列形状分布，从印度东北部出发，向东北方向发展，进入北半球中高纬度和北极地区；研究还表明，大气行星波的能量传播是 IOD 和北半球对流层气候异常之间遥相关的一种可能的联系方式。

1.2.3 太平洋和印度洋共同影响

1.2.3.1 观测事实

太平洋海温变化与印度洋海温变化存在密切的联系，两者可以共同对东亚气候和华北降水产生重要影响（郝立生，2011）。研究发现（刘毓赟等，2008），东亚冬季风与同期的赤道东太平洋、热带西印度洋海温有很好的负相关，与西太平洋暖池海温为正相关，即在 El Niño 和正 IOD 发生时，冬季风偏弱，反之偏强。研究表明（李琰等，2007），IOD 与 ENSO 有很好的正相关关系，但相关依季节不同，秋季相关最好，夏季次之，冬、春季无明显相关；另外，IOD 在夏季、秋季最强，ENSO 事件则在秋、冬季最强，IOD 事件超前 ENSO 事件 2 个月达到最强。

统计发现（琚建华等，2004），赤道东太平洋、热带西印度洋海温升高（降低），对应西太平洋暖池和热带东印度洋地区海温降低（升高），可以把这种有机联系的变化称为太平洋—印度洋海温异常模态。这种异常模态在春、夏、秋、冬四季的时间系数都是在 20 世纪 70 年代中期以前以负位相为主，即赤道东太平洋、热带西印度洋海温偏低，西太平洋暖池和热带东印度洋地区海温偏高，而 1977 年以后该模态系数以正位相为主，与华北降水年代际减少趋势有很好的对应关系。还有研究发现，华北夏季降水从 1976 年开始明显减少，与太平洋、印度洋 1976 年开始明显增暖的年代际变化密切相关（陈文等，2006）。

1.2.3.2 影响机制

在年际变化上，刘毓赟等（2008）认为，当赤道太平洋、热带印度洋海温处于正异常时，海表温度异常常常将在东亚沿海强迫出一个异常的反气旋性环流，东亚处于其西北侧的偏南气流中，导致东亚冬季风减弱；反之，当赤道太平洋、热带印度洋海温处于负异常时，海表温度异常则常在东亚沿海强迫出一个异常的气旋性环流，东亚正处于其西北侧的偏北气流中，导致东亚冬季风增强。杨霞等（2007）认为，当 El Niño 年有正 IOD 事件同时发生时，我国北方地区水汽增加，华北降水偏少现象得到抑制；当 La Niña 年有负 IOD 事件同时发生时，北方地区的水汽减少，不利于华北地区的降水。

在年代际变化上，Gong 等（2002）认为，热带太平洋和热带印度洋海表温度（sea surface temperature，SST）的年代际变化通过影响副热带高压而影响中国东部夏季降水；顾薇等（2007）发现，在 20 纪世 70 年代以前，赤道东太平洋偏低、热带印度洋海温偏低，东亚高空急流偏弱偏北，副热带高压也偏北，华北降水偏多；在 70 年代以后，赤道东太平洋偏高、热带印度洋海温偏高，东亚高空急流偏强偏南，副热带高压偏南，华北降水偏少。Zhou 等（2008）认为，近 50 a 来（1950—2000 年）全球陆地季风降水整体减弱趋势是由于全球热带大洋增暖的强迫作用所致，这种强迫主要来自赤道中东太平洋和印度洋增暖，这意味着热带大洋的增暖是导致观测中过去 50 a 全球陆地季风降水减弱的重要原因。Li 等（2010）数值试验也证实了热带海温对东亚季风环流年代际变化的驱动作用，即赤道太平洋和印度洋的变暖是导致东亚夏季风减弱、华北降水减少的重要因子。

1.3 季风变化对华北夏季降水的影响

1.3.1 观测事实

华北地区受东亚夏季风影响，降水高度集中在夏季的 6—8 月，占全年降水总量的 60% 以上（郝立生，2011）。郭其蕴和王继琴（1988）研究发现，强的东亚夏季风年，华北降水偏多，长江以南降水偏少，弱季风年则相反。使用不同的分析方法和季风指标，得出的结论也都比较一致，即夏季风强的年份或夏季风异常活跃的年份，华北易涝，夏季风弱的年份，华北易旱。

关于夏季降水变化原因最早始于季风的研究（竺可桢，1934；竺可桢和李良骐，1934；涂长望和黄士松，1944），已取得了许多重要成果（高由禧等，1962；陶诗言等，1983；陈隆勋，1984；缪锦海等，1990；郭其蕴，1992；赵声蓉等，2002；郭其蕴等，2003；赵平和周自江，2005；何金海等，2008；张家诚，2010）。陈隆勋（1984）、Tao 和 Chen（1987）发现，亚洲地区存在着两支季风环流，即印度季风和东亚季风。影响印度的称为印度季风，影响中国的称为东亚季风，它们是独立的两个子季风系统。由于海陆热力分布和青藏高原大地形的影响，东亚与印度季风存在本质差异。东亚季风是副热带性质的季风，受中高纬度的影响比较大，东亚季风比印度季风要复杂得多。

张先恭和张家诚（1969）采用 500 a 资料分析了华北降水的变化特征，朱锦红等（2003）也发现，华北夏季降水存在 80 a 的振荡特征，进一步分析发现华北降水与东亚夏季风强度的长期变化有很好的对应关系，伴随着全球大气环流形势在 20 世纪 70 年代的跃变，亚洲、非洲季风减弱，并一直维持至今，华北降水发生了明显改变。进一步研究表明，近 50 a 华北夏季降水减少与东亚夏季风减弱有密切的联系（Dai et al.，2003；Ding et al.，2007）。汤绪等（2009）用日可降水量指数定义夏季风北边缘并研究了其变化与夏季降水变化的关系，发现夏季风北边缘自 20 世纪 70 年代末出现南退现象，与华北夏季降水减少有很好的对应关系。因此，随着东亚夏季风的年代际减弱变化，华北地区降水减少，而长江流域降水增多，使得我国东部地区降水呈现出“南涝北旱”的分布特征。

1.3.2 影响机制

东亚夏季风可通过副热带高压的变化来影响华北夏季降水（赵振国，1999；中国科学院大气物理研究所，1998；何金海等，2008；孙卫国等，2009）。张庆云等指出（2003），东亚夏季风偏强年，鄂霍次克海区域一般没有阻塞高压，西太平洋副热带高压位置偏北，长江流域梅雨锋区降水比常年偏少，华北夏季降水可能偏多；东亚夏季风偏弱年，东亚中高纬度鄂霍次克海区域一般有阻塞高压，西太平洋副高位置偏南，长江流域梅雨锋区降水比常年偏多，华北夏季降水可能偏少。由于季风主要是由于海陆的热力差异引起的，因此，有的学者从大陆和海洋的加热场出发，研究了东亚夏季风影响华北夏季降水的机制。如黄荣辉和李维京（1988）认为，热带西太平洋因对流活动产生的热源通过西太平洋副高的变化影响到华北夏季降水。庄世宇和纪立人（1997）认为，孟加拉地区的热源异常通过对西太平洋副高的影响而影响华北夏季降水。赵声蓉等（2002）认为，印度半岛中北部地区和菲律宾附近地区的凝结潜热加热异常将引起青藏高压和西太平洋副高的异常变化，进而影响到华北地区的降水。张礼平等（2007）认为，若夏季暖池对流活动减弱，哈得来（Hadley）环流偏弱，使夏季西太平洋副热带高压主体位置偏南，导致中国夏季主雨带不能北推至华北，而长期滞留长江中下游，最后造成长江中游降水异常偏多，华北降水偏少。

研究表明，水汽输送异常是影响华北夏季降水的重要因素（赵振国，1999；张人禾 1999）。一些研究表明（梁萍等，2007；谢坤和任雪娟，2008；周晓霞等，2008a；周晓霞等，2008b)，与华北地区夏季旱涝密切相关的异常水汽输送主要是南海和西太平洋以及西风带水汽输送异常。汤绪等（2007）和马京津等（2008）认为，东亚夏季风南风北界的南撤导致了向华北地区水汽输送通量的减少，从而造成近年华北夏季降水量减少。

东亚夏季风可通过东亚副热带高空急流变化影响东亚气候和华北地区降水。东亚副热带高空急流是影响东亚气候的重要系统之一，它的强度和南北位置与我国东部各区雨带的开始和结束密切相关。每年随着夏季风的向北推进，急流会发生3次明显的北跳，与东亚夏季雨带的季节性北移在时间上有很好的对应关系（Tao et al.，1987；李崇银等，2004)。5月初急流第一次北跳，急流轴移到30°N以北，之后南海夏季风爆发；6月初急流的第二次北跳是长江中下游地区梅雨开始的征兆；在7月中旬急流又一次北移，之后，长江流域梅雨结束，从而华北雨季开始。研究表明（廖清海等，2004)，强夏季风年，东亚高空急流位置异常偏北，会造成长江中下游地区梅雨偏少而华北地区降水偏多；相反，弱夏季风年，急流位置异常偏南，造成长江中下游地区梅雨偏多而华北地区降水偏少。这是由于急流附近有着强烈的水平和垂直风切变，由此产生的斜压和正压不稳定对大气扰动的发展具有重要作用，因此急流强度和南北位置的变化会对其下方的垂直运动和降水产生重要影响。

为了研究季风变化与降水的关系，建立一个能够反映季风变化特征的指标非常重要（郭其蕴，1983；Webster和Yang，1992；黄刚和严中伟，1999；乔云亭等，2002；Chen et al.，2007；赵平等，2008)。由于东亚季风的复杂性，在过去的研究中，已定义了数十个季风指数，每种季风指数都只能从不同的侧面描述季风变化（Wang et al.，2008)。高辉和张芳华（2003)、江滢和翟盘茂（2005）分别选择几个比较有代表性的夏季风指数进行对比，结果发现，这些指数对长江流域降水有很好的指示意义，但却不能很好地描述华北夏季降水变化情况。这是因为，东亚西部为全球最大的大陆——欧亚大陆，东部为全球最大的海洋——太平洋，西侧有全球最高的地形——青藏高原，这些地形特征使得该地区季风有着特殊的表现，空间分布和年际、年代际变化极其复杂，造成对这一地区季风强度和位置变化以及降水的描述非常困难，到目前为止，还没有一个指数能够同时很好地描述东亚季风的复杂性。

1.4 其他因子的影响

1.4.1 副热带高压的影响

西太平洋副高作为东亚季风环流系统的重要成员，它与我国夏季雨带的形成和区域旱涝有密切的关系。研究表明，华北夏季降水的年际和年代际变化与西太平洋副高脊线位置的年际和年代际变化密切相关（陈兴芳，1994；孙安健等，2000)。张恒德等（2008）研究表明，华北夏季降水与副高脊线、北界指数之间以正相关为主，与副高面积、强度指数基本呈负相关；当西太平洋副高明显北抬时，华北降水易偏多。

李春等（2002）研究发现，副高脊线和北界位置偏南，贝加尔湖附近常伴有阻塞高压存在，华北夏季少雨；反之，华北夏季多雨。于润玲等（2002）研究发现，西太平洋副高加强西伸北抬，贝加尔湖附近地区为低压槽所控制的环流背景下，华北降水偏多易涝；在相反的环流背景下，华北地区降水将偏少，易出现干旱。谭桂容和孙照渤（2004）认为，当西太平洋副高偏西偏北时，欧亚上空从高纬到低纬易出现“－＋－”的遥相关型，华北降水偏少，易旱；反之，易涝。

1.4.2 积雪的影响

我国学者很早就注意到，青藏高原积雪对气候特别是对我国的旱涝变化有重要影响。韦志刚等（1998）利用地面站、NOAA卫星和美国国家航空航天局（NASA）被动微波遥感仪观测的三种积雪资料，统计分析青藏高原冬春积雪对我国汛期降水的影响，结果发现，冬、春多雪年，夏季长江以北地区少雨，华北平原为明显少雨中心，长江以南为多雨区；冬、春少雪年，夏季长江以北多雨，华北平原为明显多雨中心，东南沿海少雨。进一步研究发现（彭京备等，2005），青藏高原冬季积雪自20世纪70年代后期开始经历了一个显著的从少雪到多雪的转变，造成华北夏季降水减少。相关研究（宋燕等，2011）也表明，前期冬季高原积雪多，夏季华北降水偏少，反之，可能偏多，华北降水年代际变化与青藏高原积雪年代际变化有很好的对应关系。

那么积雪又是如何影响华北降水的呢？彭京备等（2005）认为，青藏高原的积雪变化通过影响西太平洋副高和高原东侧低涡的发展，造成华北夏季降水减少，而使得长江流域降水增多。朱玉祥等（2009）数值模拟证明，青藏高原冬季多雪，会导致青藏高原热源减弱持续到夏季，造成东亚夏季风和南亚夏季风偏弱，中国出现“南涝北旱”形势，华北降水偏少。

1.4.3 海冰的影响

海冰被认为是影响天气和气候的另一个重要因子。关于海冰变化与我国汛期降水的影响研究目前还比较少（刘海文等，2004）。武炳义等（2000）研究发现，冬季喀拉海、巴伦支海海冰可以影响8月份海河流域降水。宋华和孙照渤（2003）研究表明，华北夏季降水与春季北极海冰呈正相关关系，即春季北极海冰面积偏大（小），当年夏季华北大部分地区偏涝（旱）。卞林根和林学春（2008）研究南极冬季海冰涛动指数与我国夏季降水的关系，发现在长江以北地区为负相关，在长江及以南地区为正相关，即南极冬季海冰多，夏季华北降水偏少，反之亦然。

海冰是如何影响华北降水的呢？杨修群等（1994）认为，格陵兰—巴伦支海极冰偏多，导致亚洲夏季风环流特别是东亚季风环流增强，我国东南部降水偏多，而东西伯利亚—波弗特海海冰偏多，导致东亚夏季风环流减弱，我国东南部降水偏少。武炳义等（2001）数值模拟结果表明，冬季巴伦支海海冰偏多（少）时，春季（4—6月）北太平洋中部海平面气压升高（降低），阿留申低压减弱（加深），有利于春季白令海海冰偏少（多）；到夏季，亚洲大陆热低压加深（减弱），500 hPa西太平洋副热带高压位置偏北（南）、强度偏强（弱），东亚夏季风易偏强（弱），从而影响华北夏季降水。谢付莹和何金海（2003）认为，哈得孙湾关键时段内海冰面积偏大（小），同年亚洲夏季风偏弱（强），8月西太平洋副高的位置偏东（西），强度偏弱（强），东亚西风急流减弱（加强），华北夏季降水偏少（多）。

一些学者还从南亚高压、热源异常、阻塞高压、台风、遥相关、南半球环流等（陶诗言和朱福康，1964；陈桂英和廖荃荪，1990；陈晓光等，1993；李春等，2003；黄樱和钱永甫，2003；赵声蓉等，2003；黄燕燕和钱永甫，2004；袁潮霞和钱永甫，2005；建军等，2006；琚建华等，2006；周连童，2009），得到了很好的研究成果。

关于华北旱涝变化规律及预测预报技术一直是我国学者研究的热点问题（陶诗言等，1958；陶诗言，1977；陶诗言等，1979；陶诗言等，1980；华北暴雨组，1992；孙淑清，1999；陈兴芳和赵振国，2000；符淙斌等，2005；范可等，2008；赵宇等，2011；郭彦和李建平，2012；杨杰等，2012），已取得很多成果，有些问题还没解决。目前，对华北夏季降水变化特征、影响因子、预测预报技术等仍需进一步深入研究。

1.5 本章小结

华北降水减少严重影响该地区水资源供应量，对工农业生产、居民生活、生态安全等带来严重威胁。因此，对华北降水变化问题的研究具有十分重要的战略意义。以下是归纳总结和需要进一步研究的问题。

（1）华北降水变化具有明显的年代际变化特征和突变现象。近 50 a 表现为减少趋势，从 20 世纪 70 年代突变发生以来，华北降水减少更加明显。降水减少尤其夏季降水减少主要是由于极端强降水事件频次减少造成的。既然华北降水存在年代际变化，也就是有从多到少、从少到多的转变过程，那么未来什么时候华北降水发生转型是个值得很好研究的问题。

（2）关于太平洋海温对华北夏季降水的影响。太平洋海温最主要的异常模态是 ENSO，关于这方面的研究成果很多，通常认为它与江淮流域降水关系密切。但近年来的研究发现，ENSO 对华北夏季降水也有重要影响，其中，关于 ENSO 对华北年际降水异常的研究相对较多，而对华北降水年代际变化的研究还比较少，关于 ENSO 影响华北降水的机制研究更少，需要加强这方面的研究。

（3）关于印度洋海温对华北夏季降水的影响。研究发现，虽然热带印度洋海温异常幅度比赤道东太平洋海表温度异常幅度小很多，但对华北夏季降水却有更重要的影响，在以往的研究中没有给予更多关注，这方面的研究成果还比较少。一般认为，热带印度洋海温平均值变化是造成华北夏季降水长期变化趋势的影响因子，而印度洋偶极子是造成华北夏季降水年际异常的影响因子。那么印度洋海温异常是如何影响华北夏季降水的呢？这一问题需要进一步深入研究，这可以为改进降水气候预测技术提供科学基础。

（4）关于东亚夏季风与华北夏季降水的关系。研究结论大都认为，夏季风强，华北夏季降水偏多，夏季风弱，华北夏季降水少。实际上，东亚夏季风是非常复杂多变的环流系统，其对华北夏季降水的影响非常复杂，通常认为东亚夏季风通过副热带高压、水汽输送、高空急流等的变化来影响华北夏季降水。尽管取得了很多成果，但要准确、定量预测东亚夏季风的暴发时间、持续时间、强度还存在很大难度，常常造成我国汛期降水预测出现很大偏差。关于东亚夏季风的定量描述也很困难。因此，如何更好地定量描述东亚夏季风季节内、年际、年代际变化及其影响华北夏季降水的机制问题仍然需要做进一步深入研究。

（5）关于西太平洋副热带高压对华北夏季降水的影响。众所周知，副热带高压位置决定雨带的位置，其夏季位置的变化对华北降水尤其暴雨发生有重要影响。目前，对准确预测副热带高压季节内变化还存在很大难度，副热带高压长期变化趋势与华北夏季降水的关系研究成果也比较少。需要加强副热带高压季节内变化、长期变化对华北夏季降水的影响研究。

参考文献

卞林根，林学春，2008. 南极海冰涛动及其对东亚季风和我国夏季降水的可能影响[J]. 冰川动土，30（2）：196-203.

陈桂英，廖荃荪，1990. 100 hPa南亚高压位置特征与我国盛夏降水[J]. 高原气象，9（4）：432-438.

陈隆勋，1984. 东亚季风系统的结构及其中期变动[J]. 海洋学报，3（6）：744-785.

陈隆勋，周秀骥，李维亮，等，2004. 中国近80年来气候变化特征及其形成机制[J]. 气象学报，62（5）：634-646.

陈烈庭，吴仁广，1998. 太平洋各区海温异常对中国东部夏季雨带类型的共同影响[J]. 大气科学，22（5）：718-726.

陈文，康丽华，王玎，2006. 我国夏季降水与全球海温的耦合关系分析[J]. 气候与环境研究，11（3）：259-269.

陈晓光，朱乾根，徐祥德，1993. 河套华北地区旱涝前期的环流异常和遥相关机制[J]. 南京气象学院学报，16（4）：392-398.

陈兴芳，1995. 1994年西太平洋副高异常变化及其成因分析[J]. 气象，21（12）：3-7.

陈兴芳，赵振国，2000. 中国汛期降水预测研究及应用[M]. 北京：气象出版社：1-20.

戴新刚，汪萍，丑纪范，2003华北汛期降水多尺度特征与夏季风年代际衰变[J]. 科学通报，48（23）：2483-2487.

邓伟涛，孙照渤，曾刚，等，2009. 中国东部夏季降水型的年代际变化及其与北太平洋海温的关系[J]. 大气科学，33（4）：835-846.

丁一汇，王绍武，郑景云，等，2013. 中国气候[M]. 北京：科学出版社.

丁一汇，张莉，2008. 青藏高原与中国其他地区气候突变时间的比较[J]. 大气科学，32（4）：794-805.

丁一汇，朱定真，石曙卫，等，2013. 中国自然灾害要览（上卷）[M]. 北京：北京大学出版社.

范可，林美静，高煜中，2008. 用年际增量的方法预测华北汛期降水[J]. 中国科学D辑：地球科学，38（11）：1452-1459.

符淙斌，安芷生，2002. 我国北方干旱化研究——面向国家需求的全球变化科学问题[J]. 地学前缘，9（2）：271-275.

符淙斌，安芷生，郭维栋，2005. 我国生存环境演变和北方干旱化趋势预测研究（Ⅰ）：主要研究成果[J]. 地球科学进展，20（11）：1157-1167.

符淙斌，董文杰，温刚，等，2003. 全球变化的区域响应和适应[J]. 气象学报，61（2）：508-513.

符淙斌，马柱国，2008. 全球变化与区域干旱化[J]. 大气科学，32（4）：752-760.

符淙斌，温刚，2002. 中国北方干旱化的几个问题[J]. 气候与环境研究，7（1）：22-29.

高辉，张芳华，2003. 关于东亚夏季风指数的比较[J]. 热带气象学报，19（1）：79-86.

高彦春，于静洁，刘昌明，2002. 气候变化对华北地区水资源供需影响的模拟预测[J]. 地理科学进展，21（6）：616-624.

高由禧，徐淑英，1962. 东亚季风的若干问题[M]. 北京：科学出版社.

顾薇，李崇银，潘静，2007. 太平洋—印度洋海温与我国东部旱涝型年代际变化的关系[J]. 气候与环境研究，12（2）：113-123.

顾伟宗，陈海山，孙照渤，2006. 华北春季降水及其与前期印度洋海温的关系[J]. 南京气象学院学报，29（4）：484-490.

郭其蕴，1983. 东亚夏季风强度指数及其变化的分析[J]. 地理学报，38（3）：207-217.
郭其蕴，1992. 中国华北旱涝与印度夏季风降水的遥相关分析[J]. 地理学报，47（5）：394-402.
郭其蕴，1990. 中国季风降水与赤道东太平洋海温的关系[J]. 地理研究，9（4）：49-60.
郭其蕴，蔡静宁，邵雪梅，等，2003. 东亚夏季风的年代际变率对中国气候的影响[J]. 地理学报，58（4）：569-576.
郭其蕴，王继琴，1988. 中国与印度夏季风降水的比较研究[J]. 热带气象学报，4（1）：53-60.
郭彦，李建平，2012. 一种分离时间尺度的统计降尺度模型的建立和应用——以华北汛期降水为例[J]. 大气科学，36（2）：385-396.
郝立生，2011. 华北降水时空变化及降水量减少影响因子研究[D]. 南京：南京信息工程大学.
郝立生，丁一汇，2012. 华北降水变化研究进展[J]. 地理科学进展，31（5）：593-601.
郝立生，丁一汇，康文英，等，2012. 印度洋海温变化与华北夏季降水减少的关系[J]. 气候变化研究快报，1（1）：13-21.
郝立生，丁一汇，闵锦忠，2011. 华北降水季节演变主要模态及影响因子[J]. 大气科学，35（2）：217-234.
郝立生，丁一汇，闵锦忠，2016. 东亚夏季风变化与华北夏季降水异常关系[J]. 高原气象，35（5）：1280-1289.
郝立生，闵锦忠，丁一汇，2011. 华北地区降水事件变化和暴雨事件减少原因分析[J]. 地球物理学报，54（5）：1160-1167.
何金海，赵平，祝从文，等，2008. 关于东亚副热带季风若干问题的讨论[J]. 气象学报，66（5）：683-696.
何有海，程志强，关翠华，2003. 华北地区夏季降雨量与南海海温长期变化的关系[J]. 热带海洋学报，22（1）：1-8.
《华北暴雨》编写组，1992. 华北暴雨[M]. 北京：气象出版社.
黄刚，严中伟，1999. 东亚夏季风环流异常指数及其年际变化[J]. 科学通报，44（2）：421-424.
黄河流域及西北片水旱灾害编委会，1996. 黄河流域水旱灾害[M]. 郑州：黄河水利出版社.
黄荣辉，蔡榕硕，陈际龙，等，2006. 我国旱涝气候灾害的年代际变化及其与东亚气候系统变化的关系[J]. 大气科学，30（5）：730-743.
黄荣辉，陈际龙，周连童，等，2003. 关于中国重大气候灾害与东亚气候系统之间关系的研究[J]. 大气科学，27（4）：770-787.
黄荣辉，李维京，1988. 夏季热带西太平洋上空的热源异常对东亚上空副热带高压的影响及其物理机制[J]. 大气科学，12（增刊）：107-117.
黄荣辉，孙凤英，1994. 热带西太平洋暖池上空对流活动对东亚夏季风季节内变化的影响[J]. 大气科学，18（4）：456-465.
黄荣辉，徐予红，周连童，1999. 我国夏季降水的年代际变化及华北干旱化趋势[J]. 高原气象，18（4）：465-476.
黄荣辉，周连童，2002. 我国重大气候灾害特征形成机理和预测研究[J]. 自然灾害学报，11（1）：1-9.
黄燕燕，钱永甫，2004. 长江流域、华北降水特征与南亚高压的关系分析[J]. 高原气象，23（1）：68-74.
黄樱，钱永甫，2003. 南亚高压与华北夏季降水的关系[J]. 高原气象，22（6）：602-607.
贾小龙，李崇银，2005. 南印度洋海温偶极子型振荡及其气候影响[J]. 地球物理学报，48（6）：1238-1249.
建军，余锦华，2006. 登陆我国台风与华北夏季降水的相关[J]. 南京气象学院学报，29（6）：819-826.
江滢，翟盘茂，2005. 几种亚洲季风指数与中国夏季主要雨型的关联[J]. 应用气象学报，16（S1）：70-76.
琚建华，陈琳玲，李崇银，2004. 太平洋印度洋海温异常模态及其指数定义的初步研究[J]. 热带气象学报，20（6）：617-624.
琚建华，吕俊梅，任菊章，2006. 北极涛动年代际变化对华北地区干旱化的影响[J]. 高原气象，25（1）：

74-81.
李超，1992. 厄尔尼诺对我国汛期降水的影响[J]. 海洋学报，14 (5)：45-51.
李崇银，穆明权，2001. 赤道印度洋海温偶极子型振荡及其气候影响[J]. 大气科学，25 (4)：433-443.
李崇银，王作台，林士哲，等，2004. 东亚夏季风活动与东亚高空西风急流位置北跳关系的研究[J]. 大气科学，28 (5)：641-658.
李春，孙照渤，陈海山，2002. 华北夏季降水的年代际变化及其与东亚地区大气环流的联系[J]. 南京气象学院学报，25 (4)：455-462.
李春，孙照渤，2003. 中纬度阻塞高压指数与华北夏季降水的联系[J]. 南京气象学院学报，26 (4)：458-464.
李东辉，谭言科，张瑰，等，2006. 东亚冬夏季风对热带印度洋秋季海温异常的响应[J]. 热带海洋学报，25 (4)：6-13.
李麦村，吴仪芳，黄嘉佑，1987. 中国东部季风降水与赤道东太平洋海温的关系[J]. 大气科学，11 (4)：365-372.
李琰，王亚非，魏东，2007. 前期热带太平洋、印度洋海温异常对长江流域及以南地区 6 月降水的影响[J]. 气象学报，65 (3)：393-405.
廉毅，沈柏竹，高枞亭，等，2005. 中国气候过渡带干旱化发展趋势与东亚夏季风、极涡活动相关研究[J]. 气象学报，63 (5)：740-749.
梁萍，何金海，陈隆勋，等，2007. 华北夏季强降水的水汽来源[J]. 高原气象，26 (3)：460-465.
廖清海，高守亭，王会军，等，2004. 北半球夏季副热带西风急流变异及其对东亚夏季风气候异常的影响[J]. 地球物理学报，47 (1)：10-18.
刘海文，丁一汇，2011. 华北夏季降水的年代际变化[J]. 应用气象学报，22 (2)：129-137.
刘海文，丁一汇，2011. 华北汛期大尺度降水条件的年代际变化[J]. 大气科学学报，34 (2)：146-152.
刘海文，郭品文，张娇，2004. 戴维斯海峡海冰与华北降水的年际关系及其年代际变化[J]. 南京气象学院学报，27 (2)：253-257.
刘娜，周秋林，管兆勇，等，2008. 北半球对流层气候异常对热带印度洋海温偶极子型振荡的响应及动力机制解释[J]. 自然科学进展，18 (6)：668-673.
刘晓英，林而达，2004. 气候变化对华北地区主要作物需水量的影响[J]. 水利学报，32 (2)：76-87.
刘颖，倪允琪，1998. ENSO 对亚洲夏季风环流和中国夏季降水影响的诊断研究[J]. 气象学报，56 (6)：618-691.
刘毓赞，赵荻，曹杰，2008. 热带太平洋和印度洋海温异常对东亚冬季风影响的一个物理机制[J]. 高原山地气象研究，28 (1)：24-29.
刘芸芸，丁一汇，2008. 印度夏季风与中国华北降水的遥相关分析及数值模拟[J]. 气象学报，66 (5)：789-799.
卢洪健，莫兴国，胡实，2012. 华北平原 1960-2009 年气象干旱的时空变化特征[J]. 自然灾害学报，21 (6)：72-82.
陆端军，张先恭，1995. 中国降水和温度对 ENSO 响应的特征[J]. 应用气象学报，6 (1)：118-123.
陆日宇，2005. 华北汛期降水量年际变化与赤道东太平洋海温[J]. 科学通报，50 (11)：1131-1135.
陆日宇，黄荣辉，1998. 东亚-太平洋遥相关型波列对夏季东北阻塞高压年际变化的影响[J]. 大气科学，22 (5)：727-734.
马京津，高晓清，曲迎乐，2006. 华北地区春季和夏季降水特征及与气候相关的分析[J]. 气候与环境研究，11 (3)：321-329.
马京津，于波，高晓清，等，2008. 大尺度环流变化对华北地区夏季水汽输送的影响[J]. 高原气象，27

(3)：517-523.
马柱国，2007. 华北干旱化趋势及转折性变化与太平洋年代际振荡的关系[J]. 科学通报，52 (10)：1199-1206.
缪锦海，LAU K M，1990. 东亚季风降水的年际变化[J]. 应用气象学报，1 (4)：377-382.
彭加毅，孙照渤，1999. 70 年代末大气环流及中国旱涝分布的突变[J]. 南京气象学院学报，22 (3)：300-304.
彭京备，陈烈庭，张庆云，2005. 青藏高原异常雪盖和 ENSO 的多尺度变化及其与中国夏季降水的关系[J]. 高原气象，24 (3)：366-377.
乔云亭，陈烈庭，张庆云，2002. 东亚季风指数的定义及其与中国气候的关系[J]. 大气科学，26 (1)：69-82.
荣艳淑，2004. 大范围气候变化与华北干旱研究[D]. 南京：南京信息工程大学.
施晓晖，2008. 华北夏季降水的年代际趋势突变及其可能成因[J]. 高原山地气象研究，28 (2)：22-28.
宋华，孙照渤，2003. 华北地区夏季旱涝的时空分布特征及其与北极海冰的关系[J]. 南京气象学院学报，26 (3)：289-295.
宋燕，张菁，李智才，等，2011. 青藏高原冬季积雪年代际变化及对中国夏季降水的影响[J]. 高原气象，30 (4)：843-851.
孙安健，高波，2000. 华北平原地区夏季严重旱涝特征诊断分析[J]. 大气科学，24 (3)：393-402.
孙淑清，1999. 近五十年来华北地区旱涝特征与全球变化的研究及对未来趋势的探讨[J]. 高原气象，18 (4)：541-551.
孙卫国，程炳岩，郭渠，2009. 西太平洋副热带高压对华北地区降水蒸发差的影响[J]. 高原气象，28 (5)：1167-1174.
孙燕，王谦谦，钱永甫，等，2006. 华北地区夏季降水与全球海温异常的关系[J]. 高原气象，25 (6)：1127-1138.
谭方颖，王建林，宋迎波，2010. 华北平原气候变暖对气象灾害发生趋势的影响[J]. 自然灾害学报，19 (5)：125-131.
谭桂容，孙照渤，2004. 西太平洋副高与华北旱涝的关系[J]. 热带气象学报，20 (2)：206-211.
谭言科，刘会荣，李崇银，等，2008. 热带印度洋偶极子的季节性位相锁定可能原因[J]. 大气科学，32 (2)：197-205.
汤绪，陈葆德，梁萍，等，2009. 有关东亚夏季风北边缘的定义及其特征[J]. 气象学报，67 (1)：83-89.
汤绪，孙国武，钱维宏，2007. 亚洲夏季风北边缘研究[M]. 北京：气象出版社.
陶诗言，1977. 有关暴雨分析预报的一些问题[J]. 大气科学，1 (1)：64-72.
陶诗言，蔡则怡，丁一汇，等，1980. 中国之暴雨[M]. 北京：科学出版社.
陶诗言，丁一汇，周晓平，1979. 暴雨和强对流天气的研究[J]. 大气科学，3 (3)：227-238.
陶诗言，何诗秀，杨显芳，1983. 1979 年季风实验期间东亚地区夏季风爆发时期的观测研究[J]. 大气科学，7 (4)：347-355.
陶诗言，赵煜佳，陈晓敏，等，1958. 东亚的梅雨期与亚洲上空大气环流季节变化的关系[J]. 气象学报，29 (2)：119-134.
陶诗言，朱福康，1964. 夏季亚洲南部 100 毫巴流型的变化及其与西太平洋副热带高压进退的关系[J]. 气象学报，34 (4)：385-394.
涂长望，黄士松，1944. 中国夏季风之进退[J]. 气象学报，18 (1)：82-92.
王绍武，2001. 现代气候学研究进展[M]. 北京：气象出版社.
韦志刚，罗四维，董文杰，等，1998. 青藏高原积雪资料分析及其与我国夏季降水的影响[J]. 应用气象学报，9（增刊）：39-46.
吴统文，钱正安，2000. 青藏高原冬春积雪异常与中国东部地区夏季降水关系的进一步分析[J]. 气象学报，58（5）：570-581.
武炳义，高登义，黄荣辉，2000. 冬春季节北极海冰的年际和年代际变化[J]. 气候与环境研究，5（3）：249-258.
武炳义，黄荣辉，高登义，2001. 北极海冰的厚度和面积变化对大气环流影响的数值模拟[J]. 气象学报，59（4）：414-428.
肖子牛，2006. 印度洋偶极型异常海温的气候影响[M]. 北京：气象出版社.
谢付莹，何金海，2003. 华北夏季降水与哈得孙湾海冰的相关分析[J]. 南京气象学院学报，26（3）：308-316.
谢坤，任雪娟，2008. 华北夏季大气水汽输送特征及其与夏季旱涝的关系[J]. 气象科学，28（5）：508-514.
徐桂玉，杨修群，孙旭光，2005. 华北降水年代际、年际变化特征与北半球大气环流的联系[J]. 地球物理学报，48（3）：511-518.
徐国昌，李珊，洪波，1994. 青藏高原雪盖异常对我国环流和降水的影响[J]. 应用气象学报，5（1）：62-67.
严华生，严小冬，2004. 前期高度场和海温场变化对我国汛期降水的影响[J]. 大气科学，28（3）：405-414.
晏红明，肖子牛，2000. 印度洋海温异常对亚洲季风区天气气候影响的数值模拟研究[J]. 热带气象学报，16（1）：18-27.
晏红明，袁媛，2012. 印度洋海温异常的特征及其影响[M]. 北京：气象出版社.
杨杰，赵俊虎，郑志海，等，2012. 华北汛期降水多因子相似订正方案与预报试验[J]. 大气科学，36（1）：11-22.
杨霞，管兆勇，朱保林，2007. IOD对ENSO影响中国夏季降水和气温的干扰作用[J]. 南京气象学院学报，30（2）：170-177.
杨修群，谢倩，黄士松，1994. 北极冰异常对亚洲夏季风影响的数值模拟[J]. 海洋学报，16（5）：35-40.
杨修群，谢倩，朱益民，等，2005. 华北降水年代际变化特征及相关的海气异常型[J]. 地球物理学报，48（4）：789-797.
叶笃正，黄荣辉，1996. 长江黄河流域旱涝规律和成因研究[M]. 济南：山东科学技术出版社.
于润玲，孙照渤，陈海山，2002. 华北夏季降水与北半球环流及北太平洋海温关系的初步分析[J]. 南京气象学院学报，25（5）：577-586.
袁潮霞，钱永甫，2005. 南半球高纬地区前期环流异常和我国华北地区夏季降水的联系[J]. 热带气象学报，21（6）：570-578.
原志华，延军平，刘宇峰，2008. 1950年以来汾河水沙演变规律及影响因素分析[J]. 地理科学进展，27（5）：57-63.
翟盘茂，潘晓华，2003. 中国北方近50年温度和降水极端事件变化[J]. 地理学报，58（增刊）：1-10.
张恒德，金荣花，张友姝，2008. 夏季北极涡与副热带高压的联系及对华北降水的影响[J]. 热带气象学报，24（4）：417-422.
张家诚，2010. 季风与降水[M]. 北京：气象出版社.
张磊，2002. 华北地区水环境生态系统研究[J]. 河北师范大学学报（自然科学版），26（1）：96-99.
张礼平，丁一汇，陈正洪，2007，等. OLR与长江中游夏季降水的关联[J]. 气象学报，65（1）：75-83.
张利平，夏军，胡志芳，2008. 华北地区降水多时间尺度演变特征[J]. 气候变化研究进展，4（3）：140-144.
张庆云，1999. 1880年以来华北降水及水资源的变化[J]. 高原气象，18（4）：486-495.

张庆云，陶诗言，陈烈庭，2003. 东亚夏季风指数的年际变化与东亚大气环流[J]. 气象学报，61 (4)：559-568.

张庆云，卫捷，陶诗言，2003. 近50年华北干旱的年代际和年际变化及大气环流特征[J]. 气候与环境研究，8 (3)：307-318.

张人禾，1999. El Niño盛期印度夏季风水汽输送在我国华北地区夏季降水异常中的作用[J]. 高原气象，18 (4)：567-574.

张先恭，张家诚，1969. 近五百年来我国气候的几种振动及其相互关系[J]. 气象学报，37 (2)：50-57.

赵翠光，李泽椿，2012. 华北夏季降水异常的客观分区及时间变化特征[J]. 应用气象学报，23 (6)：641-649.

赵平，周秀骥，陈隆勋，等，2008. 中国东部—西太平洋副热带季风和降水的气候特征及成因分析[J]. 气象学报，66 (6)：940-954.

赵平，周自江，2005. 东亚副热带夏季风指数及其与降水的关系[J]. 气象学报，63 (6)：933-941.

赵声蓉，宋正山，纪立人，2002. 华北汛期降水与亚洲季风异常关系的研究[J]. 气象学报，60 (1)：68-75.

赵声蓉，宋正山，纪立人，2003. 青藏高原热力异常与华北汛期降水关系的研究[J]. 大气科学，27 (5)：881-893.

赵宇，崔晓鹏，高守亭，2011. 引发华北特大暴雨过程的中尺度对流系统结构特征研究[J]. 大气科学，35 (5)：945-962.

赵振国，1999. 中国夏季旱涝及环境场[M]. 北京：气象出版社：1-9.

中国科学院大气物理研究所，1998. 东亚季风和中国暴雨——庆贺陶诗言院士八十华诞文集[M]. 北京：气象出版社.

周连童，2009. 华北地区夏季降水的年际变化特征[J]. 大气科学学报，32 (3)：412-423.

周连童，2009. 引起华北地区夏季出现持续干旱的环流异常型[J]. 气候与环境研究，14 (2)：120-130.

周连童，黄荣辉，2003. 关于我国夏季气候年代际变化特征及其可能成因的研究[J]. 气候与环境研究，8 (3)：274-290.

周晓霞，丁一汇，王盘兴，2008a. 夏季亚洲季风区的水汽输送及其对中国降水的影响[J]. 气象学报，66 (1)：59-70.

周晓霞，丁一汇，王盘兴，2008b. 影响华北汛期降水的水汽输送过程[J]. 大气科学，32 (2)：345-357.

朱锦红，王绍武，慕巧珍，2003. 华北夏季降水80年振荡及其与东亚夏季风的关系[J]. 自然科学进展，13 (11)：1205-1209.

朱玉祥，丁一汇，刘海文，2009. 青藏高原冬季积雪影响我国夏季降水的模拟研究[J]. 大气科学，33 (5)：903-915.

竺可桢，李良骐，1934. 华北之干旱及其前因后果[J]. 地理学报 1 (2)：1-9.

竺可桢，1934. 东南季风与中国之雨量[J]. 地理学报，1 (1)：1-27.

庄世宇，纪立人，1997. 夏季副热带西太平洋大气环流持续异常[J]. 科学通报，42 (20)：2196-2199.

CHEN H，DING Y，HE J，2007. Reappraisal of Asian summer monsoon indices and the long-term variation of monsoon[J]. Acta Meteorologica Sinica，21 (2)：168-178.

DAIX，WANG P，CHOU J，2003. Multiscale characteristics of the rainy season rainfall and interdecadal decaying of summer monsoon in North China[J]. Chinese Science Bulletin，48 (12)：2730-2734.

DING Y，WANG Z，SUN Y，2007. Interdecadal variation of the summer precipitation in East China and its association with decreasing Asian summer monsoon. Part I：Observed evidences[J]. International Journal of Climatology，28 (9)：1139-1161.

FAN L，LU Ch，YANG B，et al，2012. Long-term trends of precipitation in the North China Plain[J].

Journal of Geographical Sciences, 22 (6): 989-1001.

GONG D Y, Ho C H, 2002. Shift in the summer rainfall over the Yangtze River valley in the late 1970s[J]. Geophysical Research Letters, 29 (10): 1436, doi: 10.1029/2001GL014523.

GUAN Z, ASHOK K, YAMAGATA T, 2003. Summertime response of the tropical atmosphere to the Indian ocean dipole sea surface temperature anomalies[J]. Journal of the Meteorological Society of Japan, 81 (3): 533-561.

GUAN Z, YAMAGATA T, 2003. The unusual summer of 1994 in East Asia: IOD teleconnections[J]. Geophysical Research Letters, 30 (10): 1541-1544.

LI H, DAI A, ZHOU T, et al, 2010. Responses of East Asian summer monsoon to historical SST and atmospheric forcing during 1950-2000[J]. Climate Dynamics, 34 (4): 501-514.

SAJI N H, GOSWAMI B N, VINAYACHANDRAN P N, et al, 1999. A dipolemode in the tropical Indian Ocean[J]. Nature, 401 (6571): 360-363.

TAO S, CHEN L, 1987. A review of recent research on the East Asian summer monsoon in China[M] // CHANG C P, KRISHNAMURTI T N. Monsoon Meteorology. Oxford: Oxford University Press: 60-92.

TRENBERTH K E, 1997. The definition of El Niño[J]. Bulletin of the American Meteorological Society, 78 (12): 2771-2777.

WANG B, WU Z, LI J, et al, 2008. How to measure the strength of the East Asian summer monsoon[J]. Journal of Climate, 21 (17): 4449-4463.

WANG Y Q, ZHOU L, 2005. Observed trends in extreme precipitation events in China during 1961-2001 and the associated changes in large-scale circulation[J]. Geophysical Research Letters, 32, L09707, doi: 10.1029/2005GL022574.

WEBSTER P J, YANG S, 1992. Monsoon and ENSO: Selectively interactive systems[J]. Quarterly Journal of the Royal Meteorological Society, 118 (507): 877-926.

ZHAI P, ZHANG X, WAN H, et al, 2005. Trends in total precipitation and frequency of daily precipitation extremes over China[J]. Journal of Climate, 18 (7): 1096-1108.

ZHOU T, YU R, LI H, et al, 2008. Ocean forcing to changes in global monsoon precipitation over the recent half century[J]. Journal of Climate, 21 (15): 3833-3852.

ZHU J, WANG S, 2001. 80a-oscillation of summer rainfall over east of China and east Asian summer monsoon[J]. Advances in Atmospheric Sciences, 18 (5): 1043-1051.

第2章　华北降水时空变化特征

2.1　华北地区降水的特殊性

我国东部受东亚季风影响，降水区域差异很大（图 2.1）。总体来说是南方降水量多于北方，夏季多于其他季节，但也有一些明显差别。就华北地区而言，各地春季降水仅占全年降水量的 15%左右，而长江以南地区却可以占到 30%以上；华北夏季降水量占全年的 60%以上，而长江以南只占 30%多；华北秋季降水量占全年的 10%～20%，江南等地也差不多是这个比例；华北冬季降水量占全年的 5%以下，而长江以南却可以占到 15%左右。可见，华北降水高度集中在夏季（东北地区也是这样），与其他地区明显不同。从全年降水量空间分布看，华北降水绝大部分地区为 400～600 mm，黄河至淮河为 600～1000 mm，淮河以南为 1000 mm 以上（郝立生，2011）。

由于东亚季风年际变率大，造成我国降水旱涝变率较大。华北地区春、夏、秋、冬四季和全年降水绝对变率（均方差）分别约为 30 mm，100 mm，40 mm，10 mm，150 mm，而长江及以南地区分别为 100 mm 以上、150 mm 以上、100 mm 以上、50 mm 以上和 250 mm 以上（图 2.2）。降水绝对变率大小与当地降水量多少成正比，即降水量多的地区，绝对变率（均方差）也大。造成某地旱涝灾害的原因除了降水量绝对变率外，相对变化值也是一个重要衡量指标。

华北地区春、夏、秋、冬四季和全年降水相对变率分别为 50%以上、30%以上、50%以上、70%以上、30%以上，是我国东部变率最大的地区（图 2.2）。春、秋、冬季降水量小，很容易发生干旱。夏季，华北和长江中下游是两个变率最大的中心，也是夏季旱涝灾害频发的两个中心。可见，华北是我国东部最容易发生旱涝灾害的地区。

我国东部降水性质如何呢？华北地区全年小雨、中雨、大雨、暴雨降水量基本都为 150 mm 左右，即各级降水的降水量分别占全年降水总量的 25%。而长江及以南地区全年小雨、中雨、大雨、暴雨降水量分别约为 250 mm，400 mm，350 mm，250 mm，分别占全年总降水量的 20%，30%，35%，25%以上（图 2.3）。两地降水性质有所不同，而在华北各级降水量大小相当。

从空间分布看，华北地区全年相当于小雨、中雨、大雨、暴雨的日数分别约为 60 d，9 d，4 d，1 d，全年降水日数约为 75 d。而长江及以南地区全年相当于小雨、中雨、大雨、暴雨的日数分别约为 100 d，24 d，7 d，4 d，全年降水日数为 135 d 以上（图 2.4）。

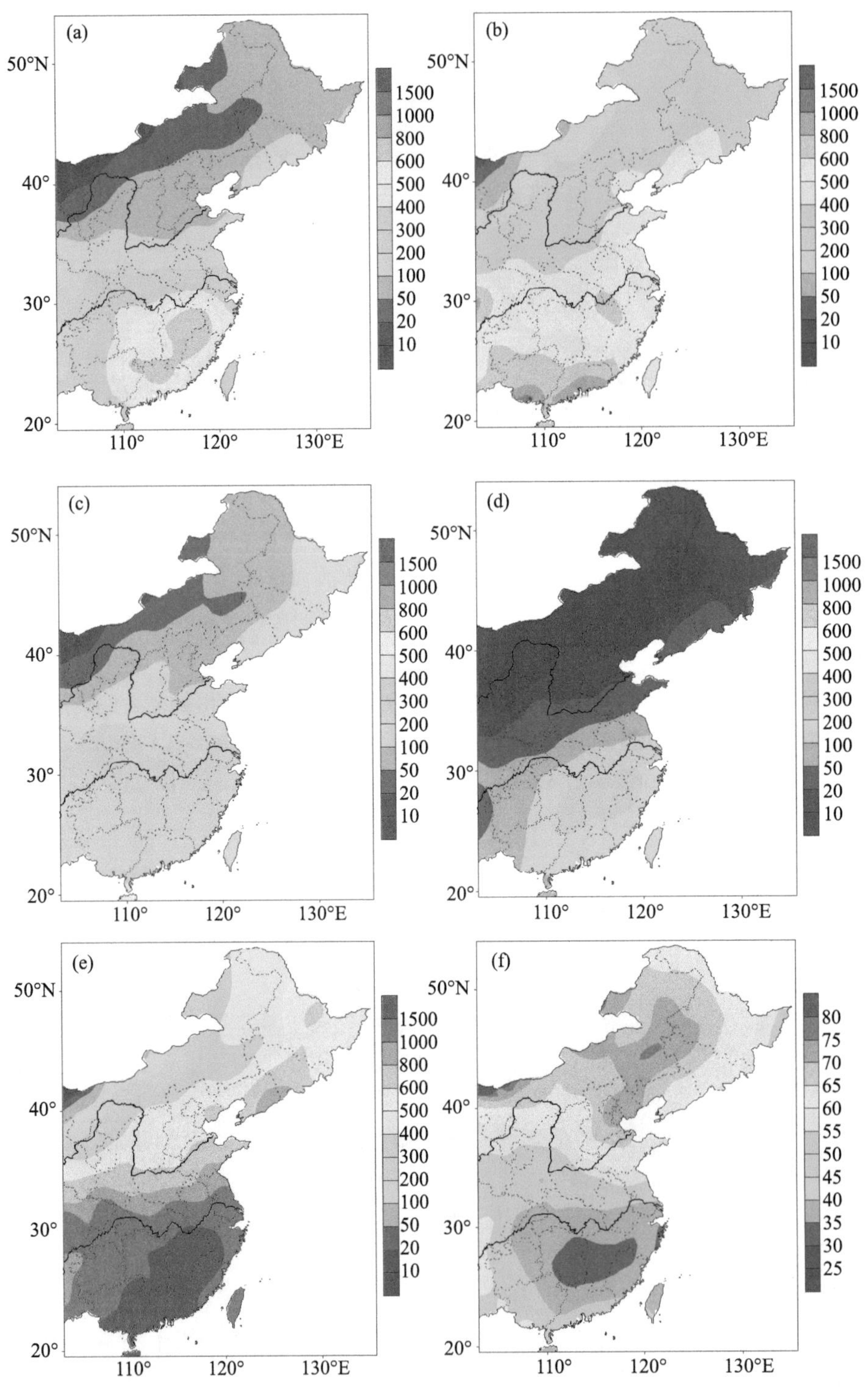

图 2.1 1961—2011 年中国东部春（a）、夏（b）、秋（c）、冬（d）、年（e）降水量空间分布（单位：mm）及夏季降水量占年降水量百分比空间分布（f）（单位：%）

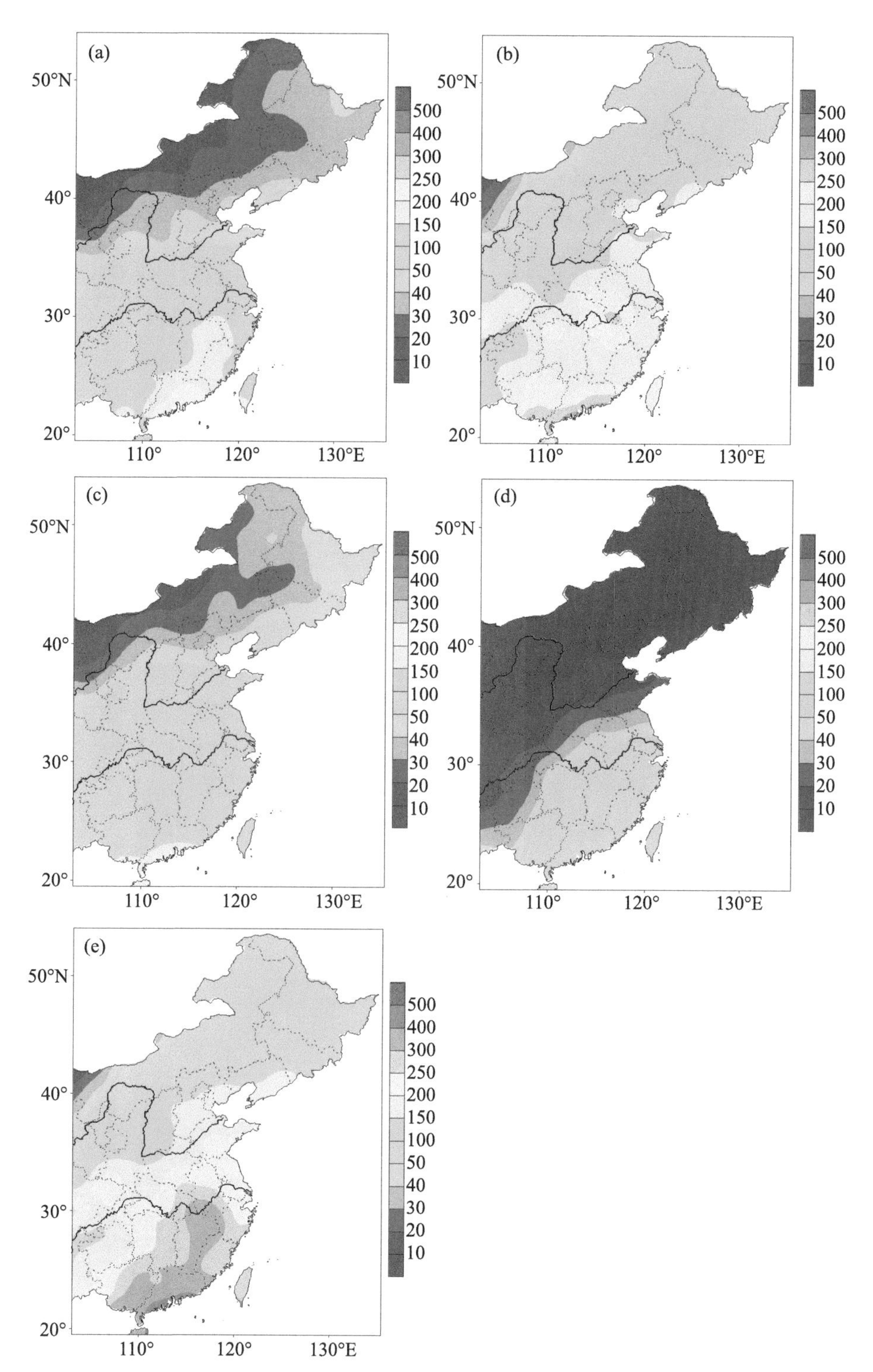

图 2.2a　1961—2011 年中国东部春（a）、夏（b）、秋（c）、冬（d）、年（e）降水量绝对变率（均方差）空间分布（单位：mm）

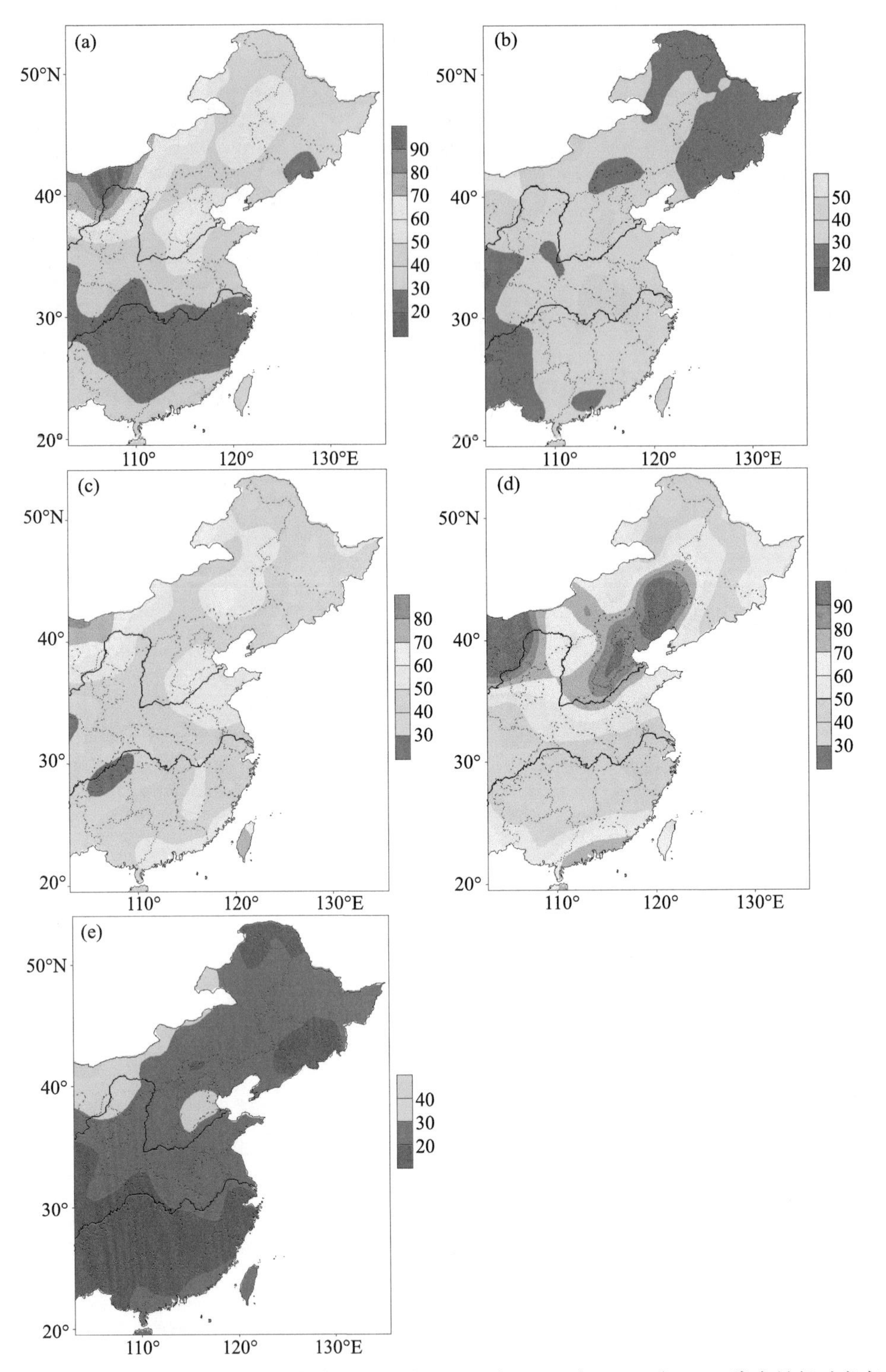

图 2.2b 1961—2011 年中国东部春（a）、夏（b）、秋（c）、冬（d）、年（e）降水量相对变率（绝对变率占对应总降水量的百分比）空间分布（单位：%）

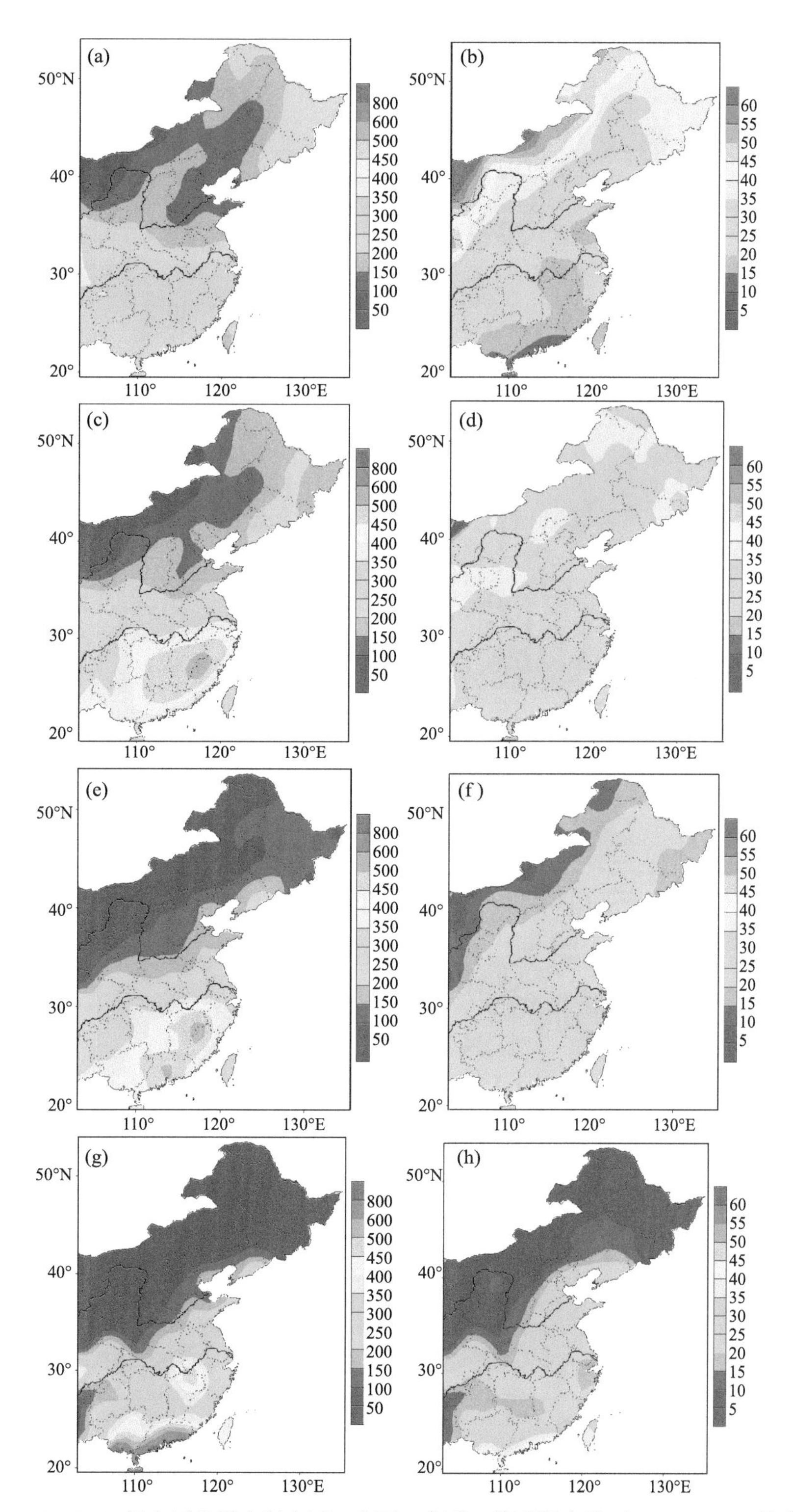

图 2.3　1961—2011 年中国东部全年小雨、中雨、大雨、暴雨降水量（a，c，e，g，单位：mm）及其占年降水量百分比（b，d，f，h，单位：%）空间分布

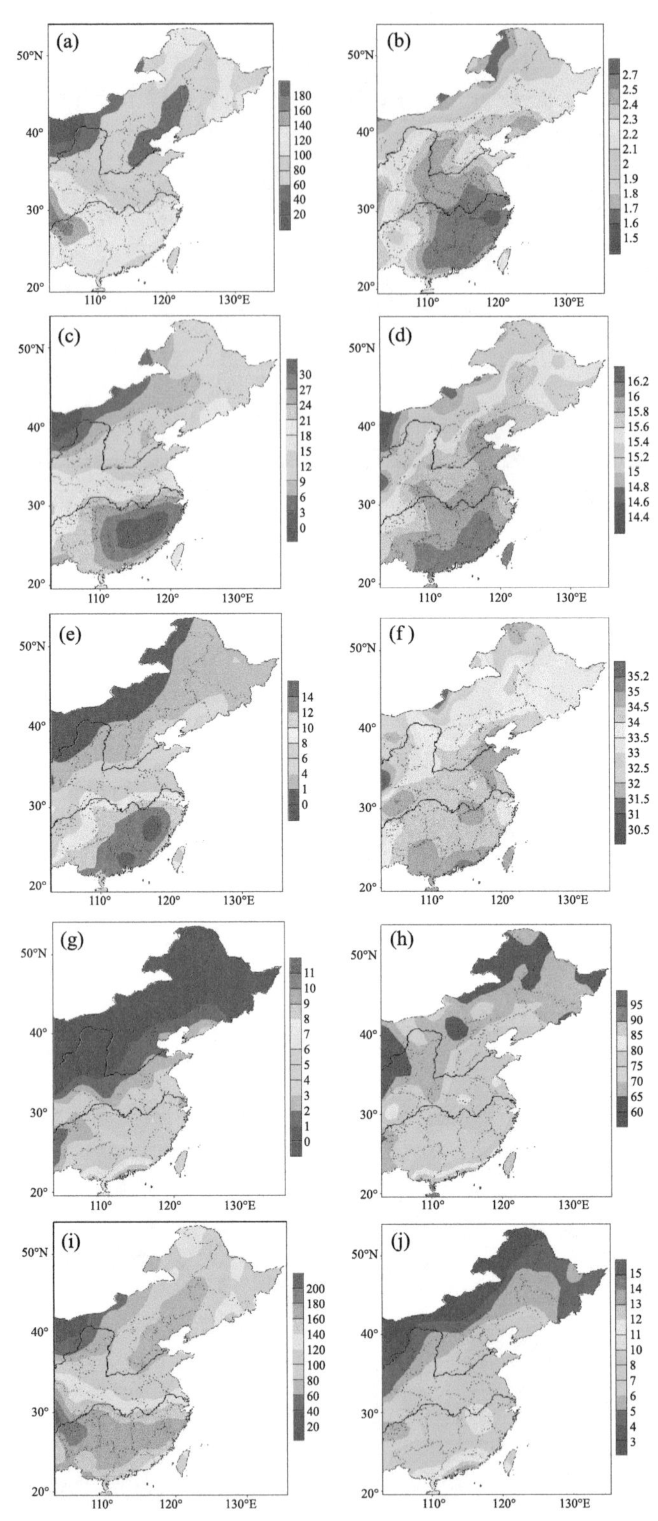

图 2.4 1961—2011 年中国东部全年小雨、中雨、大雨、暴雨日数和总降水日数（a，c，e，g，i，单位：d）以及降水强度（b，d，f，h，j，单位：mm）空间分布

华北地区全年相当于小雨、中雨、大雨、暴雨的降水强度分别约为 2.4 mm·d^{-1}，15.6 mm·d^{-1}，34.0 mm·d^{-1}，72.5 mm·d^{-1}，全年降水平均强度约为 7.0 mm·d^{-1}。长江及以南地区全年相当于小雨、中雨、大雨、暴雨的降水强度分别约为 2.6 mm·d^{-1}，15.9 mm·d^{-1}，34.4 mm·d^{-1}，75 mm·d^{-1}，全年降水平均强度约为 9.0 mm·d^{-1}。可见，无论是各级降水日数还是强度，长江及以南地区都多于华北地区。华北地区是我国东部小雨日数的偏少中心，全年降水日数也是偏少中心（图 2.4）。

由于华北降水高度集中在夏季，那么夏季降水特征如何呢？在夏季，华北地区小雨、中雨、大雨、暴雨降水量分别约为 70 mm，90 mm，130 mm，130 mm，分别约占夏季总降水量的 16.7%，21.4%，31.0%，31.0%。而长江及以南地区小雨、中雨、大雨、暴雨降水量分别约占夏季总量的 12%，20%，28%，40%（图 2.5）。两地各级降水的相对重要性明显不同。两地暴雨降水量都占很大比重，华北小雨降水量也比较重要，而在长江及以南地区显然小雨降水量占比小很多。

华北夏季小雨、中雨、大雨、暴雨降水日数分别为 25 d，4 d，2 d，1 d，总降水日数为 32 d，降水强度分别为 2.6 mm·d^{-1}，15.9 mm·d^{-1}，33.0 mm·d^{-1}，75.0 mm·d^{-1}。长江及以南地区夏季小雨、中雨、大雨、暴雨日数分别为 25 d，6 d，4 d，3 d，总降水日数为 38 d，降水强度分别为 2.6 mm·d^{-1}，16.2 mm·d^{-1}，34.0 mm·d^{-1}，80.0 mm·d^{-1}（图 2.6）。可见，夏季，长江及以南地区大雨、暴雨日数和强度都明显大于华北。

2.2 华北平原夏季降水准双周振荡与低频环流演变特征

2.2.1 引言

10 d 以内的天气预报主要受初值影响，称为第一类预报问题，又叫初值问题。30 d 以上的短期气候预测主要受外强迫因子影响，如海洋、陆地及冰冻圈等外强迫因子，称为第二类预报问题，又叫边值问题。10～30 d 延伸期预报同时受到初始条件和大气外强迫因子的影响，由于预报时效超过逐日天气预报时效的上限，但气候系统中缓变的外强迫所起的作用又未完全显现，因此，它既涉及初值问题又涉及边值问题，可称为第三类预报问题（郑志海，2013）。第一类、第二类预报问题影响因素比较单一，也有比较成熟的理论，开展起来相对来说比较容易，在现有理论基础上，先后建立了数值天气预报模式和数值气候预测模式（李泽椿等，2004；康志明等，2013；肖子牛，2010；丁一汇，2011）。由于延伸期可预报性更为复杂，又缺乏成熟的理论基础，使得延伸期预报技术发展比较缓慢（郑志海，2013）。

20 世纪 70 年代初，Miyakoda 等（1972）开始从 10 d 中期预报试验逐渐延伸到月尺度预报，可以称为是开展最早的延伸期预报试验。经过几年努力，在 20 世纪 80 年代，Miyakoda 等（1977）率先利用数值模式成功预报了未来 10～30 d 的阻塞高压。20 世纪 90 年代，张培群和丑纪范（1997）基于强迫耗散非线性系统理论，提出了一种利用历史天气资料来改进月动力延伸预报，结果表明，北半球 1 月和 7 月 500 hPa 高度场预报平均距平相关系数有显著提高。自 20 世纪 90 年代以后，国家气候中心开展了月动力延伸预报业务的应用研究（陈丽娟和李维京，1999；李维京和陈丽娟，1999）。由于动力模式在做延伸期预报时存在系

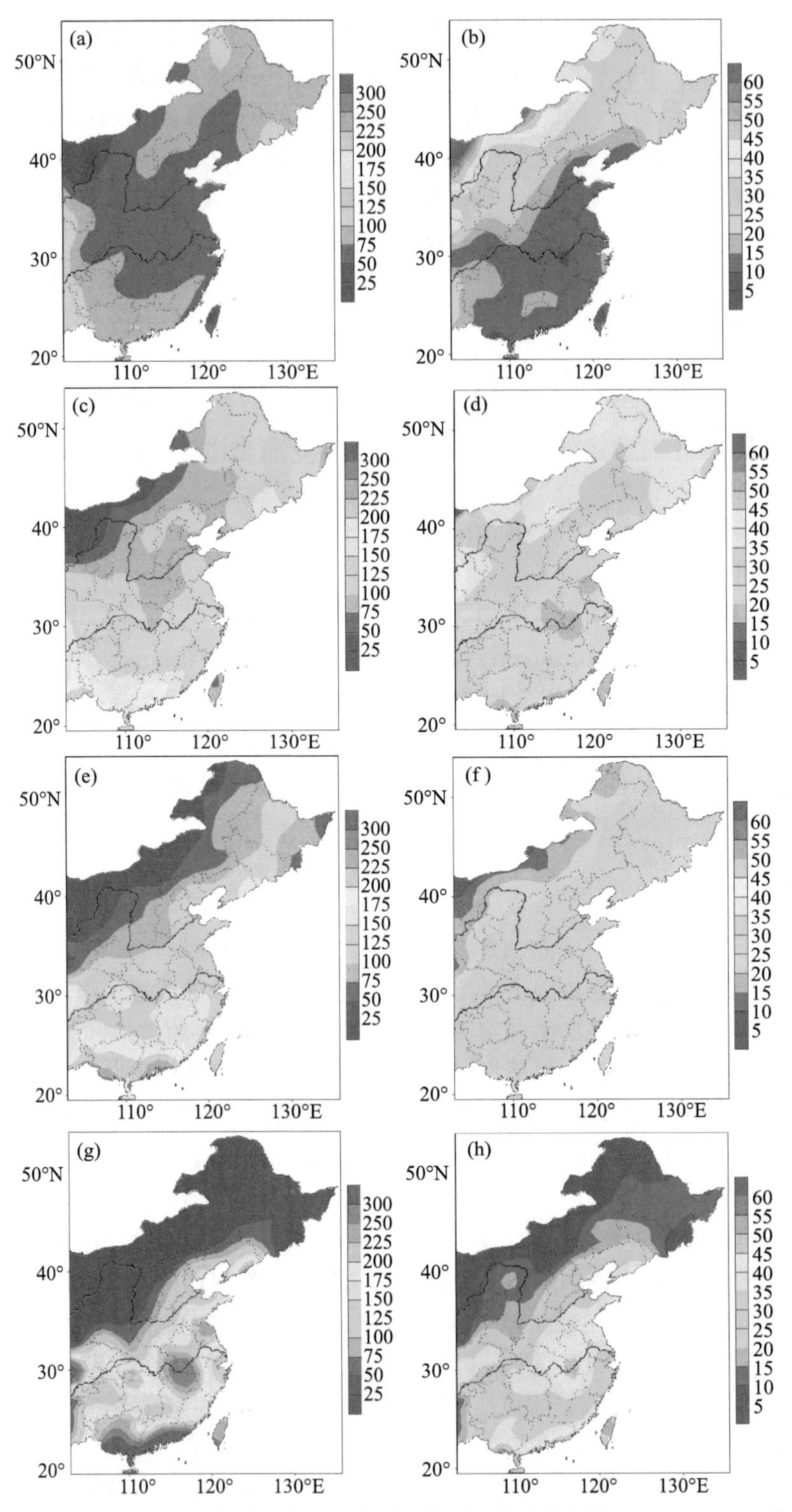

图 2.5 1961—2011 年中国东部夏季小雨、中雨、大雨、暴雨降水量（a，c，e，g，单位：mm）及其占夏季降水量百分比（b，d，f，h，单位:%）空间分布

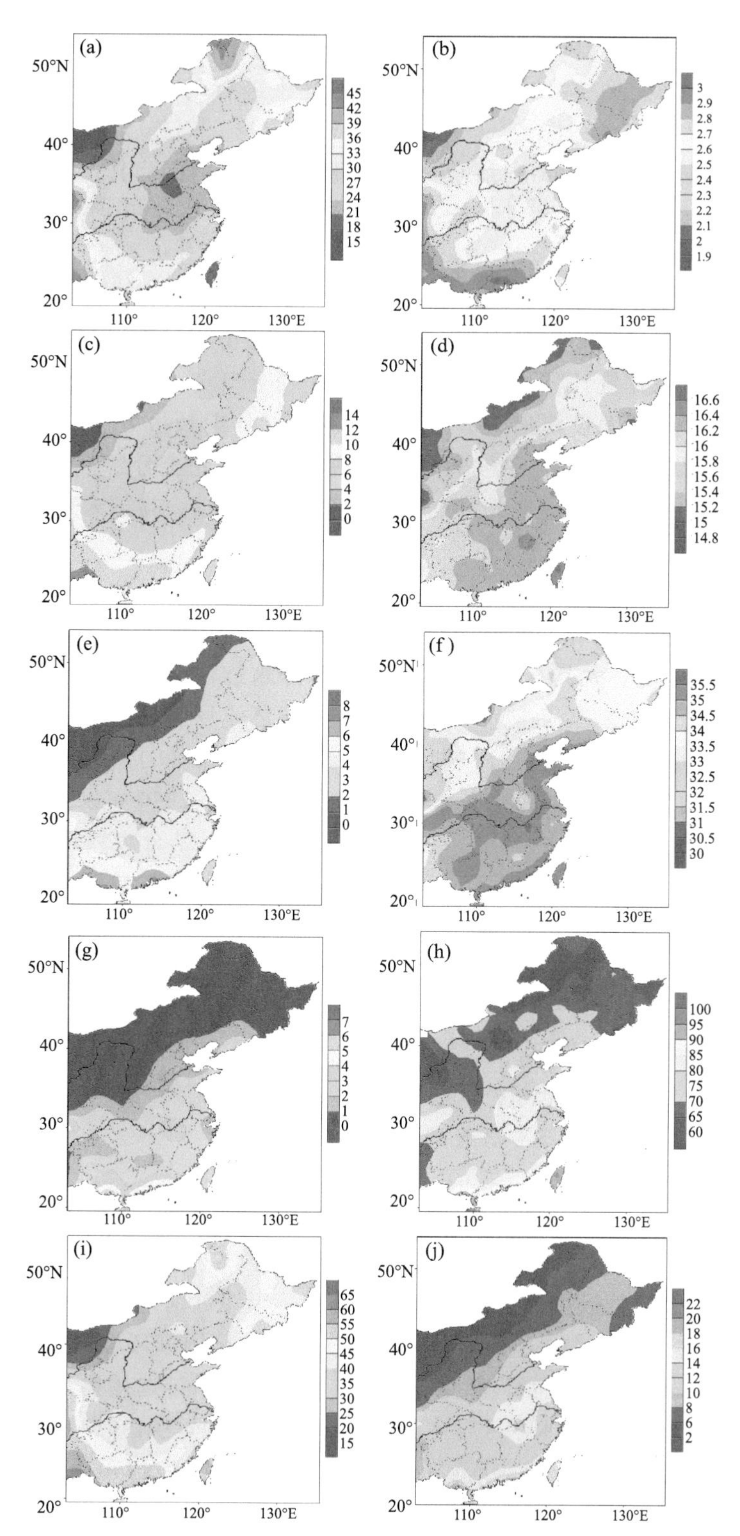

图 2.6 1961—2011 年夏季小雨、中雨、大雨、暴雨和降水日数（a，c，e，g，i，单位：d）及降水强度（b，d，f，h，j，单位：mm）空间分布

统误差，李维京和陈丽娟（1999）提出了利用动力与统计相结合的方法来改进延伸期预报的技术，陈伯民等（2003）则对动力模式在积分过程中进行动态订正，都获得了比较好的效果。

虽然开展延伸期预报尤其降水过程预报存在很多困难，但因为其在防灾减灾中非常需要（何金海等，2013），美国、澳大利亚于21世纪初先后开始尝试开展此项业务（Wheel和Hendon，2004；Jones et al.，2004；Galin，2007）。我国学者也一直在努力探索研究改进延伸期预报技术，主要采用动力模式方法、动力与统计相结合方法、统计方法制作延伸期形势场、延伸期降水趋势和重要过程等预报。在形势场预报方面，除了前面提到的动力模式预报外，一些学者还尝试用统计方法开展延伸期预报。如杨玮等（2011）采用经验正交函数分解和滤波方法，从统计学角度提出了低频环流系统的延伸期预报方法，预报未来10～30 d关键区的低频环流系统。信飞等（2008）使用向量场的自然正交分解所得的主成分，结合自回归及多元回归等统计方法，建立低频（30～50 d）统计模型，得到未来5候的低频环流场预报图。

大气中普遍存在10 d以上的低频信号，比高频天气扰动具有更长的可预报性，是开展延伸期预报的重要途径（Galin，2007；孙国武等，1988；孙国武等，2010；孙国武等，2011；孙国武等，2012），尤其在延伸期降水趋势和降水过程预报中得到了广泛应用。如丁一汇和梁萍（2011；2012）基于MJO低频信号和低频环流场等统计模型并结合海—气耦合模式产品，给出了梅雨区降水趋势延伸期预报的流程图。梁萍和丁一汇（2013）最近采用非线性序列信号提取方法——经验模态分解（EEMD），分析了1960年以来上海地区强降水过程的气候态季节内振荡（CISO）特征，在CISO的基础上，结合大气环流低频振荡的辐合演变可进一步提高CISO对强降水过程的预报效果，是一种可参考应用的延伸预报方法。孙国武等（2008；2013）最早提出了低频天气图延伸期预报方法，低频天气图是一种不同于统计学预报方法、数值预报方法和天气学预报方法的延伸期天气过程预报的新方法，可以用于延伸期（10～30 d）天气过程预报。2008—2012年在上海市气候中心业务应用的结果表明，可以提前15～45 d预报上海地区的强降水过程。

本节对华北平原夏季降水低频特征及大气低频环流特征进行总结，为改进华北地区延伸期降水过程预报技术提供一些参考依据。

2.2.2 资料与方法

本章用到两种资料。①逐日降水资料。使用华北平原58站1961—2012年资料，其中河北省51站，使用河北省气候中心整理的资料；北京、天津、河南各1站，山东4站，使用国家气象信息中心整理的资料。②逐日环流资料。使用美国国家环境预报中心和国家大气研究中心（NCEP/NCAR）再分析资料（Kalnay et al.，1996），选用要素为850 hPa水平风场u，v，500 hPa高度场h，水平分辨率为2.5°×2.5°，时间为1961—2012年。

本章所用的方法主要有功率谱分析（魏凤英，2007）、Butterworth带通滤波（李崇银，1993）、低频环流分析。

2.2.3　华北平原夏季降水低频特征

华北平原受东亚季风影响，降水高度集中在夏季（图 2.7），夏季降水量的多少往往就决定了全年降水量的多少，暴雨和洪涝灾害也主要发生在夏季（温克刚等，2008）。华北平原地区全年平均降水量为 540 mm，夏季平均降水量为 367 mm，占全年降水量的 68%。春、秋、冬三季降水量年际波动相对值很大，干旱发生频繁，由于降水量绝对值小，对当地水资源影响很小。夏季降水量年际波动的绝对值较大，对旱涝灾害，尤其对当地农业生产、水资源影响很大。因此，在夏季做好延伸期重大降水过程的预报，对指挥农业生产和防灾减灾至关重要。

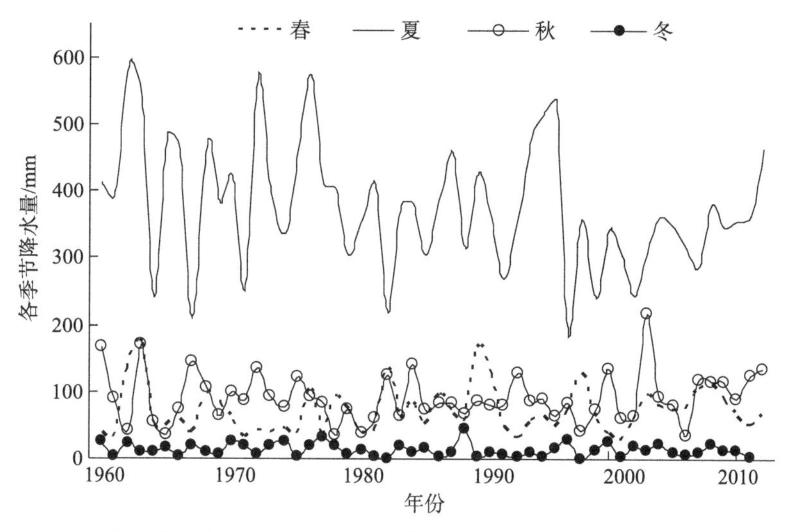

图 2.7　华北平原地区 1961—2012 年春、夏、秋、冬四季降水量年际变化

开展华北平原夏季降水延伸期预报，必须了解华北平原夏季降水的低频特征（郝立生等，2015）。首先对华北平原地区 1961—2012 年夏季逐日降水量做功率谱分析，为了尽可能识别出较长周期振荡成分，使用每年 5—9 月逐日降水资料，计算前先做 5 d 滑动平均，结果见图 2.8。可以看到，华北平原夏季降水变化主要存在 3～4 d 和 10～20 d 周期振荡，也就是大约 3.5 d 周期和准双周周期变化，30～60 d 振荡并不明显。华北平原地区 5—9 月小雨及以上总降水日数约为 50 d，平均每 3.5 d 出现一次降水天气；中雨及以上降水日数为 12 d，平均每 12 d 出现一次中雨以上降水过程。因此，华北平原降水 3.5 d 周期基本与总降水日数平均间隔天数对应，属于高频部分，对延伸期预报意义不大，应重点关注准双周振荡部分。

图 2.9 是 3.5 d，10～20 d，30～60 d 振荡成分分别占降水变化总方差的百分比。3.5 d 振荡周期虽然通过显著性检验，但所占比例很小，不做重点分析；30～60 d 振荡成分占有一定比重，但没有通过显著性检验；而准双周成分所占比重最大，且通过显著性检验。这也解释了为什么在华北地区采用 30～60 d 低频振荡信号制作延伸期降水过程预测质量不高的原因（陈伯民等，2013），说明华北地区降水低频特征与南方降水低频特征明显不同。所以，

做华北地区夏季延伸期降水过程预报时除重点应用大气中30～60 d低频振荡信号外，还应更多关注大气中的准双周信号。

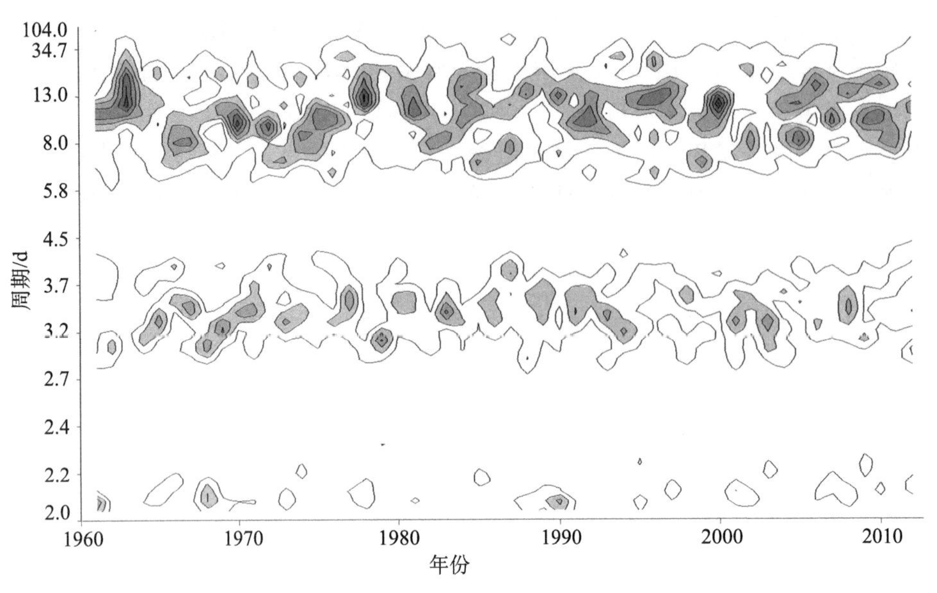

图2.8　1961—2012年华北平原历年5—9月日降水量功率谱分布（阴影区通过了0.05显著性水平检验）

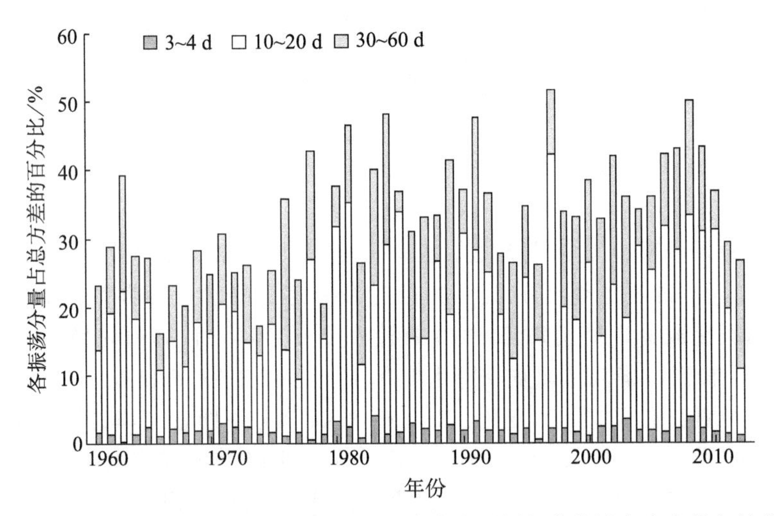

图2.9　1961—2012年华北平原历年5—9月日降水中不同振荡分量占降水总方差的百分比

2.2.4　低频环流型演变

利用大气低频振荡信号作延伸期预报，目前主要有两个方面应用。一个是利用一点或一个区域产生的低频信号（低频波）的位相、强度和传播来做延伸期预报，如利用MJO（Madden Julian Oscillation）做预报（琚建华等，2010）；另一个是利用大范围空间分布的低频信号做延伸期预报（杨玮等，2011；孙国武等，2008；孙国武等，2013）。这里，用低频天气图方法分析华北平原夏季降水过程期间低频环流演变特征，为改进华北地区延伸期降水过程预报技术提供基础。

2.2.4.1　典型降水过程的选取

2012 年夏季，华北地区多次出现明显降水过程，其中的准双周信号变化非常明显。图 2.10 是华北平原 2012 年夏季（6—8 月）逐日降水变化，柱状图是区域平均日降水量，波浪曲线是准双周振荡成分变化曲线。为了与正弦波动曲线一致，分别将不同的波动位置定义为位相 1，位相 2，位相 3，位相 4（图 2.10）。可以看到，强降水过程基本都发生在位相 2 附近，位相 3 为结束日期。为了做延伸期预报，我们重点分析降水之前的 4 个位相，即位相 2，位相 3，位相 4，位相 1，对接下来发生强降水的位相 2 和过程结束时的位相 3 也做一比较分析。华北地区在 7 月 21—22 日和 7 月 31 日至 8 月 1 日出现了大范围明显降水过程，分别于 7 月 24 日和 8 月 3 日结束，下面对这两次明显降水过程进行分析。

表 2.1　两次降水过程不同位相对应的日期

降水过程	位相 2 监测位相	位相 3 监测位相	位相 4 监测位相	位相 1 监测位相	位相 2 降水位相	位相 3 结束位相
7 月 21—22 日	7 月 10 日	7 月 13 日	7 月 16 日	7 月 20 日	7 月 22 日	7 月 24 日
7 月 31 日至 8 月 1 日	7 月 22 日	7 月 24 日	7 月 26 日	7 月 28 日	7 月 31 日	8 月 4 日

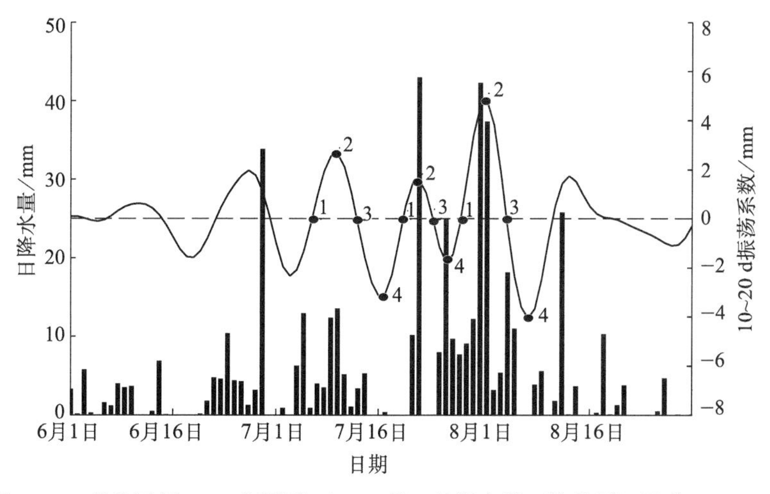

图 2.10　华北平原 2012 年夏季（6—8 月）日降水量（柱状图）及其 10～20 d 振荡成分（波浪线）变化

2.2.4.2　500 hPa 低频高度场演变特征

为了分析低频环流演变特征，对 2012 年 500 hPa 高度场做 10～20 d 带通滤波。图 2.11 是 2012 年 7 月 21—22 日降水过程及前期不同位相对应的低频高度场演变情况。在低频图上，大气低频振荡表现为闭合的高、低压系统。在35°N以北高、低压向东移动，也有从鄂霍次克海附近向西的扩展。在35°N以南表现为高、低压由西北太平洋向西北方向移动，然后向西移动。因此，在500 hPa层上，闭合的低频高、低压中心基本上沿着高空气流移动，而不是静止在局地振荡。华北平原降水过程主要是直接受中高纬度低频系统影响，低纬度低频系统很难直接影响到华北。每当40°～60°N范围内有低频低压从西向东移近华北，就会诱

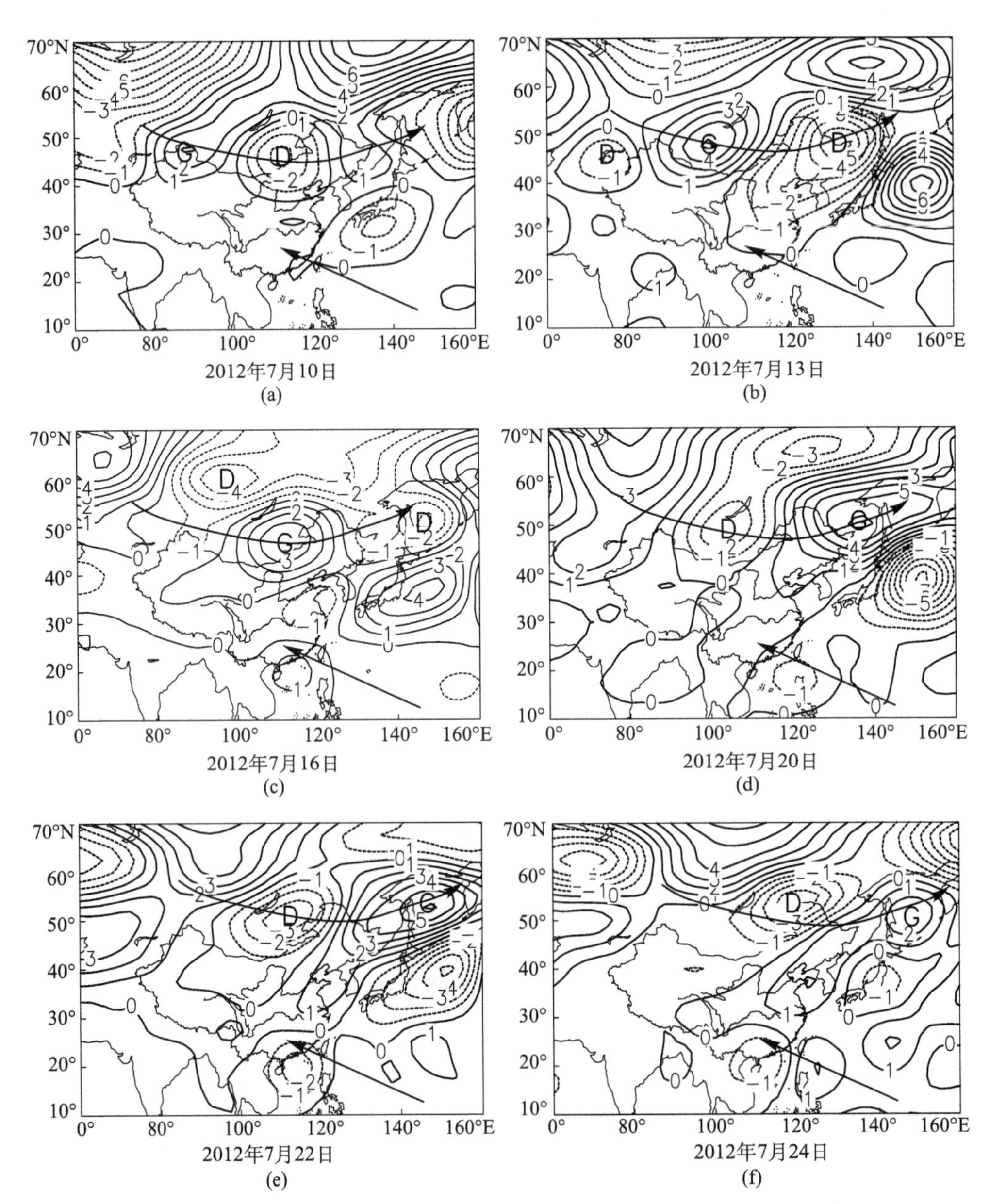

图 2.11 2012年7月21—22日降水过程不同位相的500 hPa低频高度场（单位：dagpm）

(a) 监测位相2，(b) 监测位相3，(c) 监测位相4，(d) 监测位相1，(e) 降水位相2，(f) 结束位相3

（G，D分别代表高、低压中心，箭头指示的是低频系统移动方向，等值线实、虚线分别代表扰动为正、负值）

发低层气旋或切变线生成，从而在华北产生明显的降水过程，当低频低压向东移出而后部低频高压移来时，天气转晴，降水过程结束。例如7月10日和7月21—22日两次明显降水过程演变就是这样。7月10日，对应位相2（图2.11a），高空低频低压移到华北西北部，华北平原产生了明显降水。7月13日，对应位相3（图2.11b），低频低压中心移到黑龙江省，蒙古地区有低频高压移近华北，降水过程结束。7月16日，对应位相4（图2.11c），低频高压基本控制了华北，天气晴好，无降水。7月20日，对应位相1（图2.11d），低频高压向东移到黑龙江省以东，蒙古地区低频低压逐渐向华北移近，新一轮降水过程即将开始。7月22日，对应位相2（图2.11e），高空低频低压开始影响华北，出现明显降水。7月24日，对应位相3（图2.11f），低频低压向东移到黑龙江省附近，华北降水基本结束。

2.2.4.3 850 hPa低频流场演变特征

降水天气过程除了高空低频诱发系统外，低层水汽条件和动力辐合条件也很重要。图2.12是华北平原地区夏季降水过程发生前后850 hPa层低频流场演变情况。

7月21—22日降水过程演变（图2.12）。7月10日，对应位相2（图2.12a），华北平原地区为低频气旋，正好对应500 hPa高层低频低压，这时动力辐合条件较好，所以产生了7月10日的降水过程，但由于偏南气流水汽条件不好，结果降水强度不如7月21—22日、7月31日—8月1日过程明显。到7月13日，对应位相3（图2.12b），随着中纬度气旋向东移出、西面的反气旋移近，华北地区转为一致的偏北气流，降水过程结束。到7月16日，对应位相4（图2.12c），华北地区转为低频反气旋后部的偏南气流控制，预示着新一轮降水过程在开始酝酿。同时，低纬地区有气旋、反气旋由西太平洋向西移动，当气旋、反气旋之间的偏南气流与中纬度反气旋后偏南气流接通时，新一轮降水过程可能就会出现。到7月20日，对应位相1（图2.12d），华北地区出现偏南风与西北风的风向切变辐合，不久降水将会发生。到7月22日，对应位相2（图2.12e），华北地区的风向辐合进一步加强，这时降水已经开始，降水最强，此时也预示着降水过程开始走“下坡路”，以后天气逐渐转好。

7月31日—8月1日降水过程演变。7月24日，对应位相3，随着中纬度低频气旋、反气旋向东移动和低纬西北太平洋低频气旋、反气旋向西移动，辐合区向东移到东北地区，华北平原地区为辐散流场，这时7月21—22日降水过程结束。到7月26日，对应位相4，华北地区转为反气旋后的偏南气流控制，预示着新一轮降水过程在开始酝酿。到7月28日，对应位相1，华北地区出现偏南风与偏北风的切变，不久降水将会发生。到7月31日，对应位相2，华北地区在风向切变作用下形成气旋，这时降水过程已经开始，由于没有像7月21—22日有强切变辐合配合，结果降水强度相对来说弱一些。到8月3日，对应位相3，随着中纬度低频气旋、反气旋向东移动和低纬西北太平洋低频气旋、反气旋向西移动，与南北气流相结合，在华北地区形成辐散流场，降水过程结束。

因此，华北平原地区降水主要出现在降水低频波动的位相2，位相3为降水过程结束时间，位相4为新一轮降水过程开始酝酿时间，位相1为降水过程即将发生时间，降水开始后的位相3为本次降水过程结束时间。一次降水整个演变过程大约12 d。从延伸期预报考虑，应关注前期850 hPa低频流场演变规律，具体是：当华北地区出现辐散流场或为一致的偏北气流，说明上一次的降水过程结束；随着中纬度低频气旋向东移出华北、西面的低频反气旋移到华北北部，华北地区将转为东南气流或偏南气流控制，新一轮降水过程开始酝酿；随着中纬度低频气旋东移和西太平洋低频气旋、反气旋西移，华北地区将出现风向切变，不久即出现降水过程；随着风向切变的进一步加强或在华北地区气旋的出现，降水随之发生，如果气旋有明显切变配合，降水强度会明显加大；随着中纬度低频气旋、反气旋东移和低纬西北太平洋低频气旋、反气旋的向西移动，南北气流相结合，在华北地区形成辐散流场或为一致偏北气流时，降水过程结束。

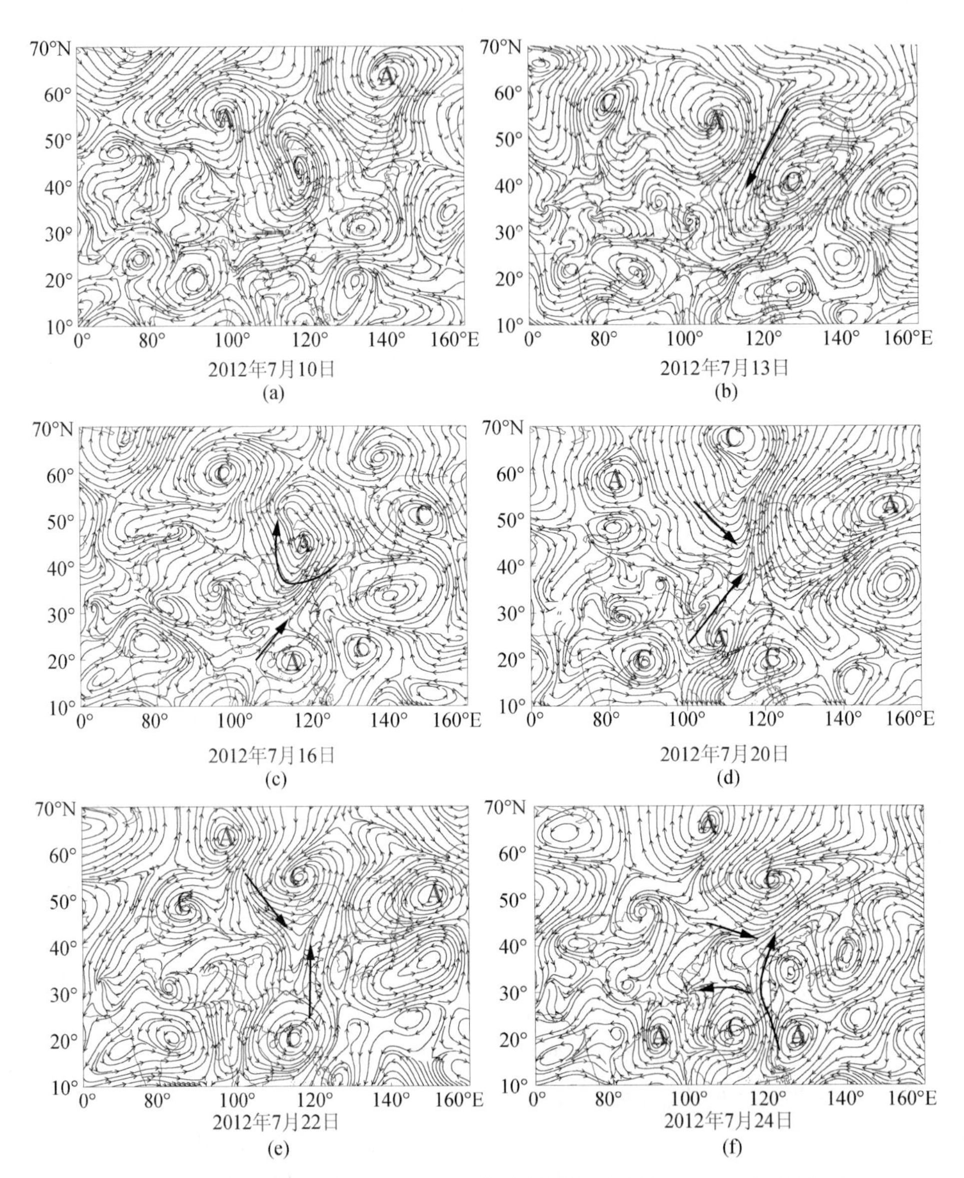

图 2.12 2012 年 7 月 21—22 日降水过程不同位相的 850 hPa 低频流场

（a）监测位相 2，（b）监测位相 3，（c）监测位相 4，（d）监测位相 1，（e）降水位相 2，（f）结束位相 3

（A，C 分别代表反气旋、气旋中心，箭头是华北主要流场方向）

通过以上分析发现，500 hPa 高度场上大气低频环流表现为闭合高、低压系统，系统简单，易识别；850 hPa 层低频流场演变要复杂一些，但它们伴随高层低频系统移动会发生有规律的调整。500 hPa 高度场上，在 35°N 以北低频高、低压向东移动，有时也从鄂霍次克海附近向西扩展；在 35°N 以南表现为低频高、低压由西北太平洋向西北移动，然后再向西移动。华北降水主要是直接受中高纬度低频系统影响，低纬度低频系统很难直接影响到华北。每当 500 hPa 层 40°～60°N 范围内有低频低压从西向东移近华北，就会在华北附近地区低层 850 hPa 流场上诱发气旋或辐合切变线生成，从而在华北产生明显的降水过程；当 500 hPa 层低频低压向东移出而后部低频高压移来时，华北地区低层 850 hPa 流场就会转为辐散气流或为一致的偏北气流，降水过程结束。

所以，在低频环流上，华北地区降水产生机制是伴随 500 hPa 层 40°～60°N 范围低频低压系统移近华北，会在华北地区低层 850 hPa 流场上低诱发气旋或切变线生成，从而产生降水过程。而低纬度低频系统主要通过 850 hPa 低频气旋、反气旋向西移动，它们之间的偏南偏北气流会影响向华北地区的水汽输送或冷空气活动，进而加强或减弱华北地区的降水强度，当偏南气流与华北地区偏南气流连通时，有利于大量的南方水汽向华北输送，这时将产生强降水，反之，降水较弱。华北地区降水发生时，低频环流演变很有规律，高空低频高、低压系统与低空低频辐散、辐合流场有很好的配合，这些特征可以在华北地区夏季延伸期降水过程预报中应用。

2.2.5 小结

华北平原夏季降水低频特征主要以准双周振荡为主，开展延伸期预报时除重点应用 30～60 d 大气振荡信号外，还应关注大气准双周振荡信号。华北地区降水主要发生在低频波动的位相 2，位相 3 为降水过程结束时间，位相 4 为新一轮降水过程开始酝酿时间，位相 1 为降水过程即将发生时间。一次降水整个演变过程大约 12 d。

500 hPa 高度场上大气低频环流表现为闭合的高、低压系统，系统简单，易识别；低层 850 hPa 低频流场演变要复杂一些，但它们伴随高层低频系统移动会发生有规律的调整。500 hPa 高度场上，在 35°N 以北低频系统向东移动，有时也有从鄂霍次克海附近向西的扩展；在 35°N 以南表现为低频系统由西北太平洋向西北移动，然后再向西移动。华北降水主要直接受中高纬度低频系统影响，低纬度低频系统很难直接影响到华北。每当 500 hPa 层 40°～60°N 范围内有低频低压从西向东移近华北，就会在华北地区低层 850 hPa 流场上诱发气旋或辐合切变线生成，从而在华北产生明显的降水过程；当 500 hPa 层低频低压向东移出而西面低频高压移来时，华北地区低层 850 hPa 流场就会转为辐散气流或为一致的偏北气流，降水过程结束。

在低频环流上，华北地区降水产生机制是，伴随 500 hPa 层 40°～60°N 范围低频低压移近华北，会在华北地区低层 850 hPa 流场诱发气旋或切变线生成，从而产生降水过程。而低纬度低频系统主要通过 850 hPa 低频气旋、反气旋向西移动，它们之间的偏南偏北气流会影响向华北地区的水汽输送或冷空气活动，进而加强或减弱华北地区的降水强度，当偏南气流与华北地区偏南气流连通时，有利于大量南方水汽向华北输送，这时将产生强降水，反之，降水较弱。

华北地区降水发生时，低频环流演变很有规律，高、低空有很好的配合，这些特征可以在华北地区夏季延伸期降水过程预报中应用。

2.3 华北各区域降水变化趋势

2.3.1 区域划分

华北地区东部是平原，平原北部是东西走向的燕山山脉，平原西部是近于南北走向的太行山山脉，山东以丘陵地形为主，河南西部是山地，东部至安徽、江苏淮河以北是平原（图2.13）。华北地区处于东亚夏季风的北边缘，由于季风年际、年代际变率大，加上地形与季风的相互作用，还有中高纬系统的影响，使得华北夏季降水变化非常复杂，旱涝频发，很早就引起了科学界的关注（竺可桢等，1934）。

华北平原北部东西走向的燕山山脉与东亚夏季风风向基本垂直，山脉南北两侧降水对季风响应非常敏感；平原西部近于南北走向的太行山山脉与副热带高压外围的偏东风基本垂直，山脉两侧降水对偏东气流变化非常敏感；山东由于丘陵地形影响，降水分布可能与其他地区不一样；河南至淮河以北平原地区由于位置偏南，其降水特征也应该与其他地区不同。因此，根据地形特点，可将华北初步划分为河北（含京、津）、山西、山东、河南（含安徽、江苏淮河以北地区）4个区域（图2.13）。

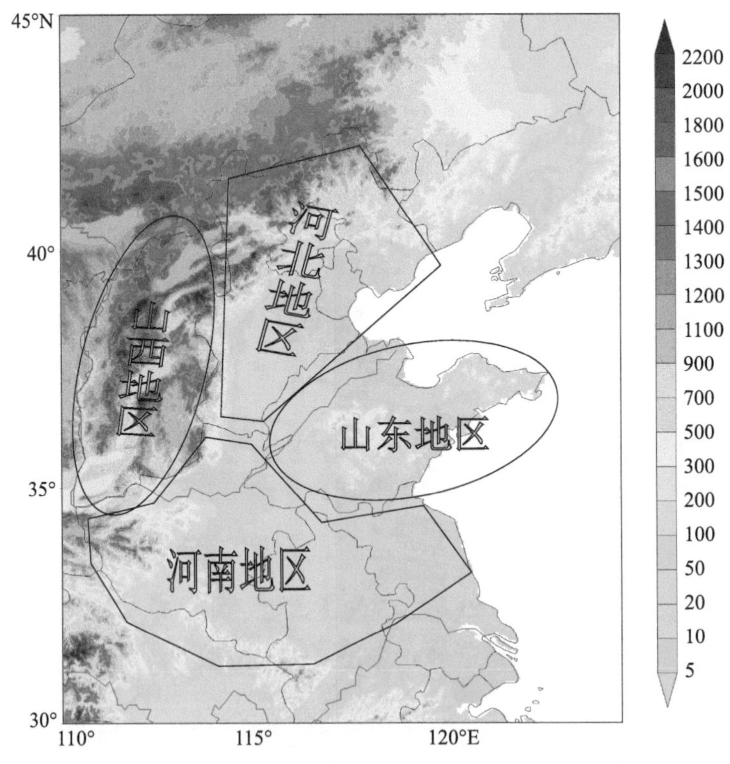

图2.13 华北地形和区域划分（彩色标尺是海拔高度，单位：m）

2.3.2 变化趋势

为了了解华北各区域降水的长期变化趋势，下面对山西、河北、山东、河南四个区域春、夏、秋、冬四季降水量和年降水量进行线性倾向分析。

2.3.2.1 春季降水量

图 2.14 是 1961—2011 年华北各区域春季降水量变化情况。可以看到：

①山西呈线性减少，但没通过显著性检验，年代际变化特征突出；

②河北呈线性增加趋势，但没通过 95%的显著性检验；

③山东线性减少或增加趋势都不明显；

④河南呈线性减少趋势，但没通过 95%的显著性检验。

综合起来，山西、山东春季降水变化趋势不明显，河北呈增加趋势，河南呈减少趋势，河北与河南春季降水量变化趋势相反。

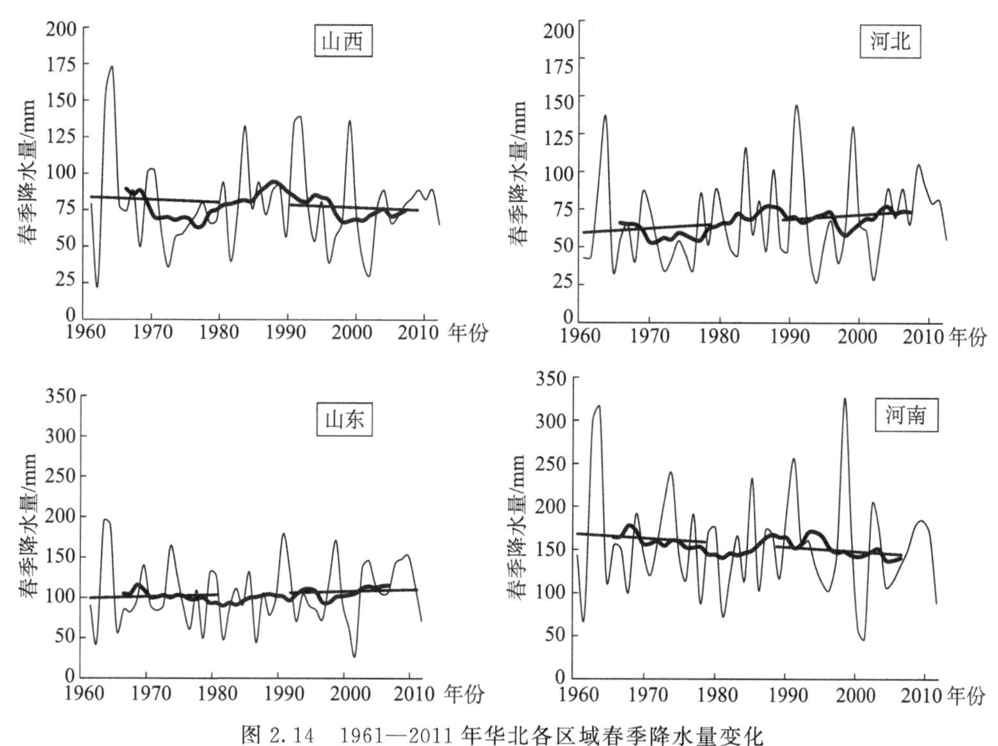

图 2.14 1961—2011 年华北各区域春季降水量变化

（细实线是年际变化，粗实线是 11 a 滑动平均，代表变化趋势，虚线是线性倾向）

2.3.2.2 夏季降水量

图 2.15 是 1961—2011 年华北各区域夏季降水量变化情况。可以看到：

①山西呈线性减少趋势，通过了 90%的显著性检验，平均每 10 a 减少 12 mm；

②河北呈线性减少趋势，通过了 95%的显著性检验，平均每 10 a 减少 25 mm；

③山东呈线性减少趋势，没通过 95%的显著性检验，年代际变化特征突出；

④河南呈线性增加趋势，通过了 90%的显著性检验，平均每 10 a 增加 16 mm。

综合起来，夏季，山西、河北降水呈明显减少趋势，通过了显著性检验，河北减少最显著。山东呈微弱减少趋势，而河南呈明显增加趋势。山西、河北与河南降水量变化趋势相反。

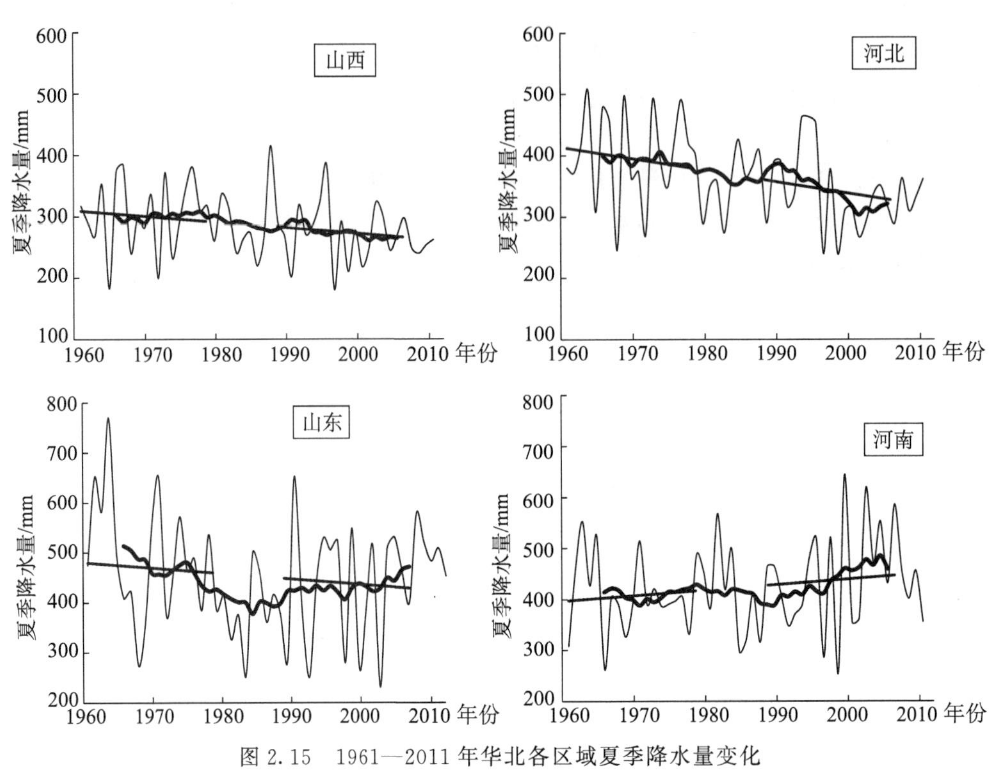

图 2.15 1961—2011 年华北各区域夏季降水量变化

（细实线是年际变化，粗实线是 11 a 滑动平均，代表变化趋势，虚线是线性倾向）

2.3.2.3 秋季降水量

图 2.16 是 1961—2011 年华北各区域秋季降水量变化情况。可以看到：

①山西呈线性减少趋势，通过了 90%的显著性检验，平均每 10 a 减少 7 mm；

②河北呈线性增加趋势，没通过显著性检验；

③山东呈线性减少趋势，没通过 95%的显著性检验，年代际变化特征突出；

④河南呈线性减少趋势，没通过 95%的显著性检验，年代际变化特征突出。

综合起来，山西、山东、河南秋季降水量基本呈减少趋势，而河北也呈增加趋势，但未通过显著性检验。

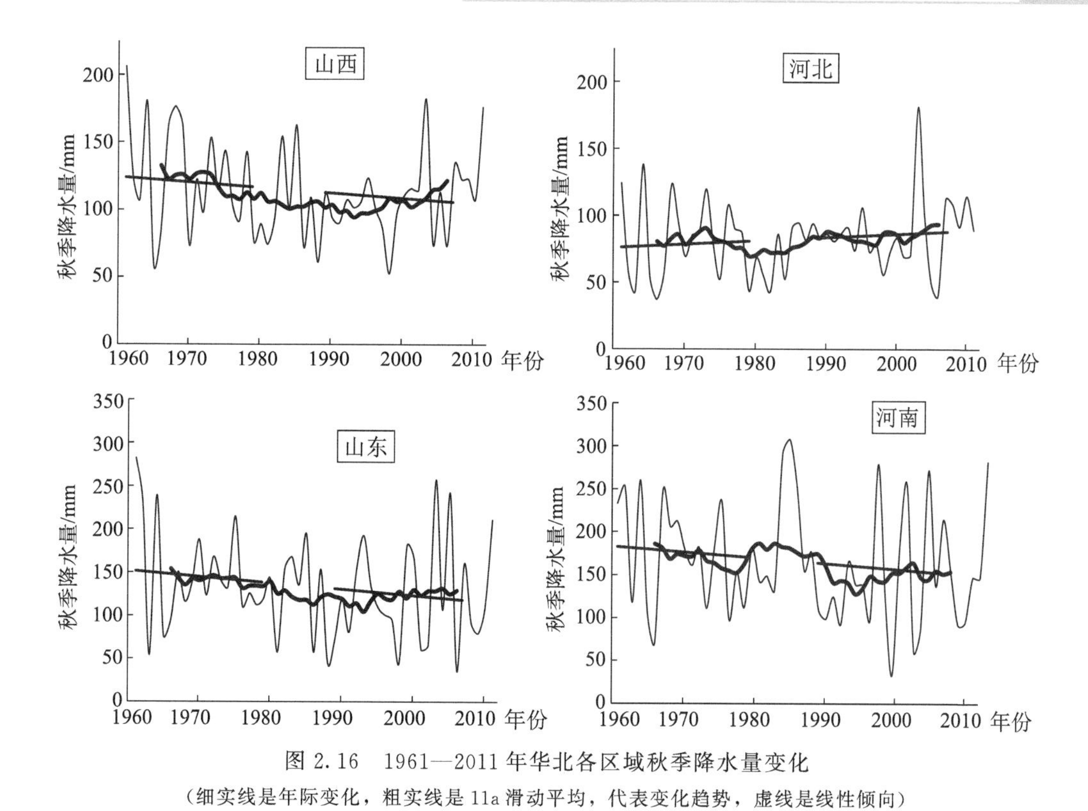

图 2.16　1961—2011 年华北各区域秋季降水量变化

（细实线是年际变化，粗实线是 11a 滑动平均，代表变化趋势，虚线是线性倾向）

2.3.2.4　冬季降水量

图 2.17 是 1961—2011 年华北各区域冬季降水量变化情况。可以看到：

①山西线性减少或增加趋势都不明显，年代际变化特征突出；

②河北呈减少趋势，没通过显著性检验；

③山东线性减少或增加趋势都不明显，年代际变化特征突出；

④河南呈线性增加趋势，没通过 95％的显著性检验。

综合起来，山西、山东冬季降水变化趋势不明显，河北呈减少趋势，河南呈增加趋势，两地变化趋势相反。

2.3.2.5　年降水量

图 2.18 是 1961—2011 年华北各区域年降水量变化情况。可以看到：

①山西呈线性减少趋势，通过了 95％的显著性检验，平均每 10 a 减少 21 mm；

②河北呈线性减少趋势，通过了 95％的显著性检验，平均每 10 a 减少 20 mm；

③山东呈线性减少趋势，没通过 95％的显著性检验，但年代际变化特征突出；

④河南呈线性增加趋势，没通过 95％的显著性检验。

综合起来，山西、河北年降水量减少趋势相当，通过了显著性检验，平均每 10 a 减少 20～21 mm，山东减少趋势不显著，而河南也呈增加趋势，但未通过显著性验检。可见，各区域年降水量变化趋势是不一样的。

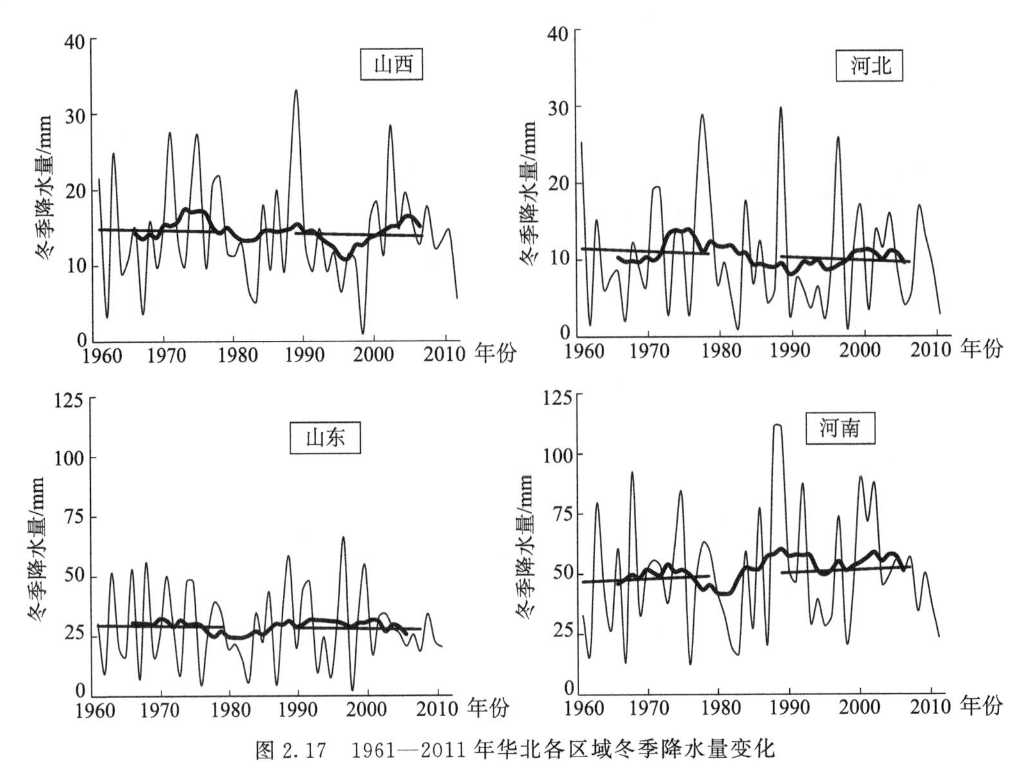

图 2.17　1961—2011 年华北各区域冬季降水量变化

（细实线是年际变化，粗实线是 11 a 滑动平均，代表变化趋势，虚线是线性倾向）

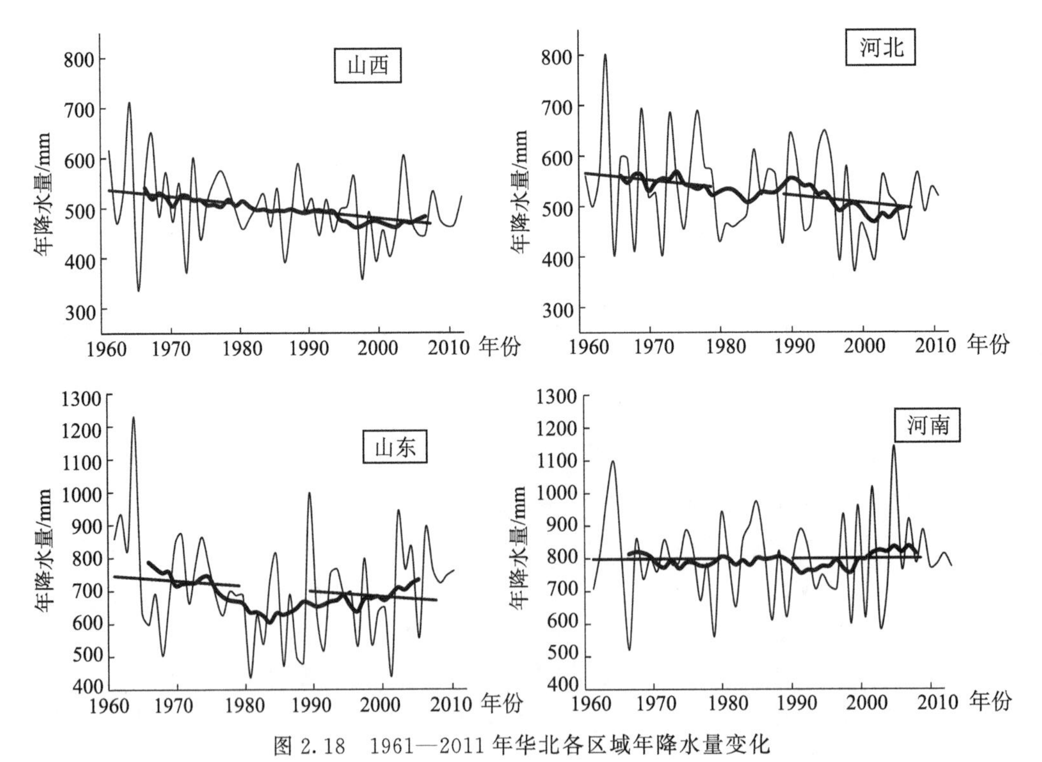

图 2.18　1961—2011 年华北各区域年降水量变化

（细实线是年际变化，粗实线是 11 a 滑动平均，代表变化趋势，虚线是线性倾向）

2.4 华北代表区降水变化

2.4.1 代表区的确定

研究华北降水整体变化，这涉及区域的代表性问题。如果把不同变化趋势的站点降水资料作平均，可能会掩盖降水变化的本来特征。考虑到夏季降水所占比例非常大，确定代表区时重点参考夏季降水。先对前面划分的区域做进一步统计分析，表 2.2 是 1961—2011 年华北各区域夏季降水量相关系数统计。

表 2.2 华北夏季区域降水相关系数

	山西	河北	山东	河南
山西	1.0			
河北	0.6462*	1.0		
山东	0.1836	0.4338*	1.0	
河南	0.0681	−0.0838	0.3639*	1.0

注：*通过了95%的显著性检验。

可以看到，山西与河北的相关通过了95%的显著性检验，说明山西、河北两个区域降水量变化趋势非常一致（图 2.19），具有很好的同一性。

河北与山西、山东的相关通过了95%的显著性检验，这说明河北夏季降水量与山西、山东可能有着相似的变化趋势，具有较好的同一性。河北与河南夏季降水为负相关，但没通过显著性检验。从图 2.19 上可以看到，河北与河南降水量变化在 2000 年以来一直呈相反的趋势。

山东与河北的相关系数通过了95%的显著性检验，这说明山东夏季降水量与河北可能有着相似的变化趋势。

河南与山东的相关系数通过了95%的显著性检验，这说明河南夏季降水变化与山东可能类似，有一定的同一性。但河南与山西、河北不相同。

由以上分析可以看到，各个区域降水变化趋势不一致，到底哪个区域能够代表华北的整体变化呢？为了确定具有相同变化趋势的华北代表区域，将北京、天津、山西、河北、山东、河南任一站点夏季降水与其他站点求相关，结果显示，北京、天津、山西、河北站点夏季降水变化在空间上具有很好的正相关性，而且与长江中下游呈负相关，与河南、山东站点几乎没什么相关性（图 2.20）。而河南、山东站点降水只分别与本省及少部分临近的区域相关，而且与长江中下游无明显正或负的相关性，山东与河南之间的相关性也很差，不像山西与河北（含京、津）连成一片。这说明，山西和河北（含京、津）可以作为一个整体代表华北地区，而且降水变化趋势与长江中下游相反。河南、山东与山西、河北变化趋势明显不同，它们与长江中下游不存在明显相关性。因此，研究华北夏季降水整体变化趋势时，选择

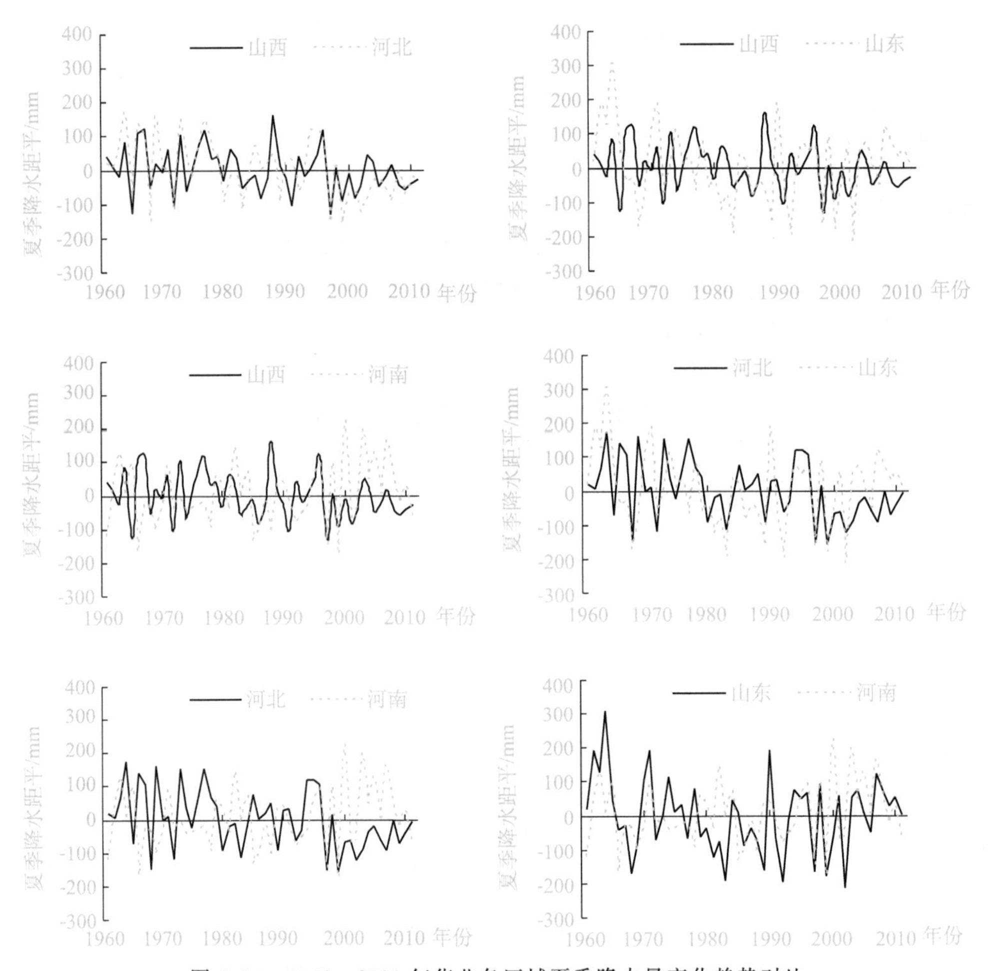

图 2.19 1961—2011 年华北各区域夏季降水量变化趋势对比

山西、河北（含京、津）作为代表区域可能更为合理。

下面选取位于北京、天津、河北、山西的 37 个气象观测站（图 2.21）降水资料进行分析。由于主要分析降水量的变化，故没有区分降水性质，把降雪按照降水量的多少归入对应的降水级别进行统计。多年平均是指 1961—2011 年的平均，距平是相对于该平均值的距平。

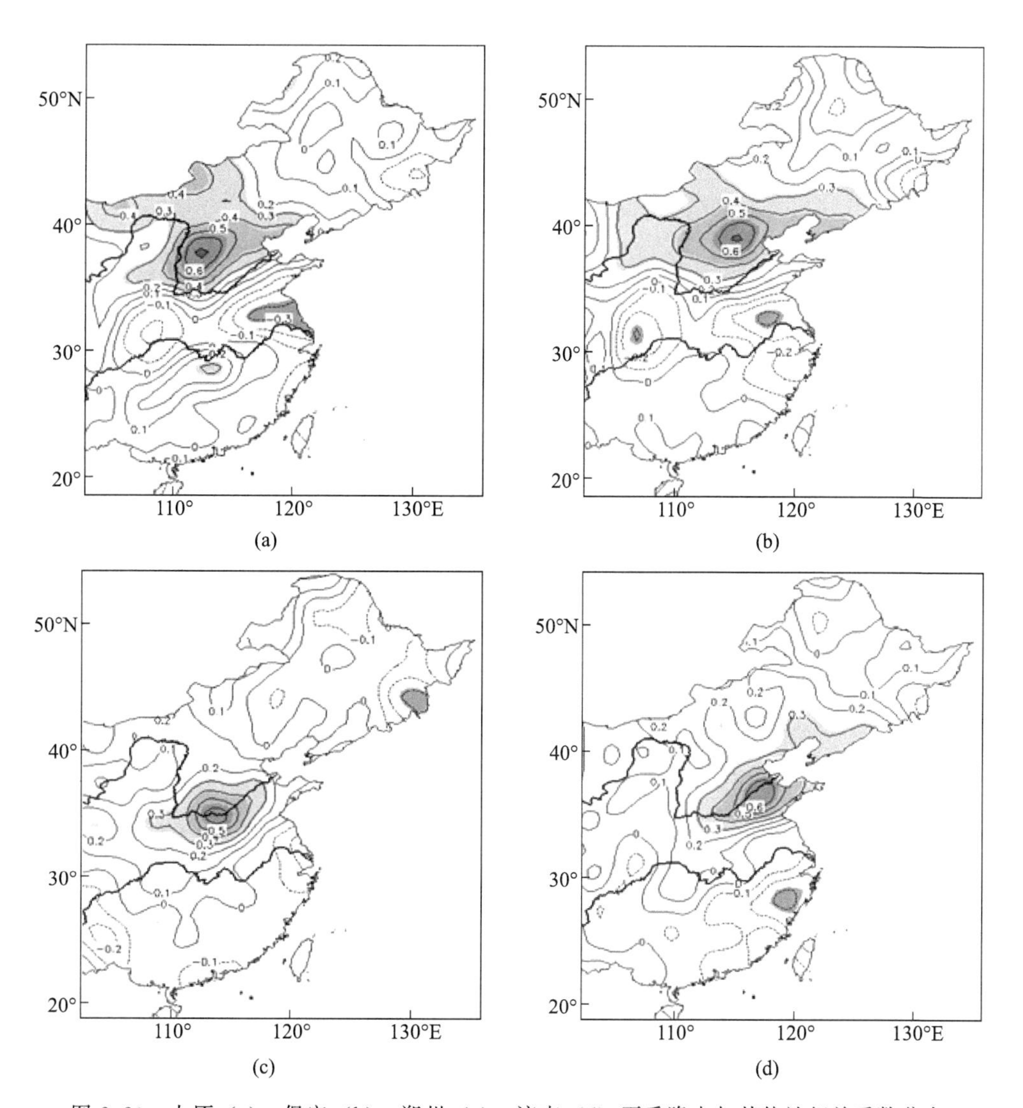

图 2.20　太原（a）、保定（b）、郑州（c）、济南（d）夏季降水与其他站相关系数分布（阴影区通过了 95%显著性检验）

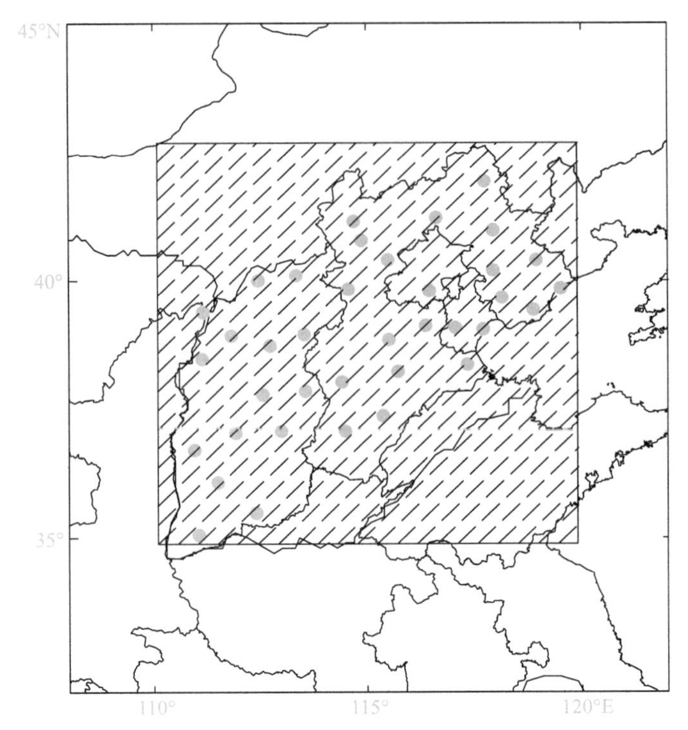

图 2.21 华北地区 37 个气象站点分布

2.4.2 降水气候概况

华北受季风影响，降水高度集中在夏季，冬季寒冷干燥，降水稀少。1961—2011 年平均年降水量为 512 mm。多年平均的夏季降水量为 332 mm，占年降水总量的 65%；春季降水量 72 mm，占全年的 14%；秋季降水量 96 mm，占全年的 19%；冬季只有 12 mm，占全年的 2%。因为冬季降水量很小，其变化对年降水量影响很小，以下重点分析春、夏、秋三季的降水变化。

表 2.3 是华北四季降水变率统计。年降水量绝对变率为 90 mm，占年降水量的 18%。四季降水绝对变率（均方差）中，夏季最大，为 73 mm，秋季、春季绝对变率明显要小，冬季最小。春、夏、秋、冬降水量变率对年降水变率的贡献分别为 30%，81%，33%，7%。可见，夏季降水的多少对全年旱涝影响最大。

表 2.3 1961—2011 年华北四季降水变率统计

季节	春	夏	秋	冬	年
降水量（mm）	72	332	96	12	512
降水量占年总量百分比	14%	65%	19%	2%	100%
绝对变率（均方差）（mm）	27	73	30	7	90

续表

季节	春	夏	秋	冬	年
绝对变率相对季总量的变率	38%	22%	31%	55%	18%
绝对变率占年变率的百分比	30%	81%	33%	7%	100%

表 2.4 是华北各月降水情况统计。华北降水高度集中在盛夏（7—8 月），占全年的 52%，夏季（6—8 月）降水占全年降水量的 65%，6—9 月降水占全年总量的 76%，这也充分体现出华北地区季风降水特征非常突出。从绝对变率（均方差）看，7—8 月最大，8 月可达 42.7 mm，大于 7 月；6 月、9 月绝对变率明显偏小，其他月份更小。

表 2.4　1961—2011 年华北各月降水统计

月份	1	2	3	4	5	6	7	8	9	10	11	12	全年
降水量（mm）	3.0	5.5	10.8	23.5	37.8	66.8	142.3	123.0	56.7	27.8	11.2	3.4	512
绝对变率（均方差）（mm）	3.1	4.4	7.7	14.5	15.9	22.5	39.9	42.7	20.5	14.8	8.6	3.3	90
相对变率（绝对变率对降水量）	103%	79%	72%	62%	42%	34%	28%	35%	36%	53%	77%	98%	18%
绝对变率占年变率百分比	1%	5%	9%	16%	18%	25%	44%	48%	23%	16%	10%	4%	100%

图 2.22 是华北各月降水量和绝对变率（均方差）。可以看到，从 1 月到 6 月华北降水量逐渐增加，比较平缓，7 月比 6 月突增 76 mm，8 月降水量有所减少，9 月比 8 月突然减少 68 mm，之后各月迅速减少。前半年，降水逐渐增加，7 月突增，8 月以后，降水迅速减少。这表明，东亚夏季风向北推进时，7 月突然加强，8 月中下旬迅速南退，造成华北降水高度集中在夏季风到达的月份。从图上还可以看到，夏季风南撤比向北推进时速度快，具有更加明显的突发特征。从逐月绝对变率（均方差）看，8 月最大，7 月也很大，之后向两边逐渐减小。研究华北降水变化应高度关注 7 月和 8 月的降水变化，8 月绝对变率和相对变率都大于 7 月，说明 8 月出现严重旱涝的概率大于 7 月。

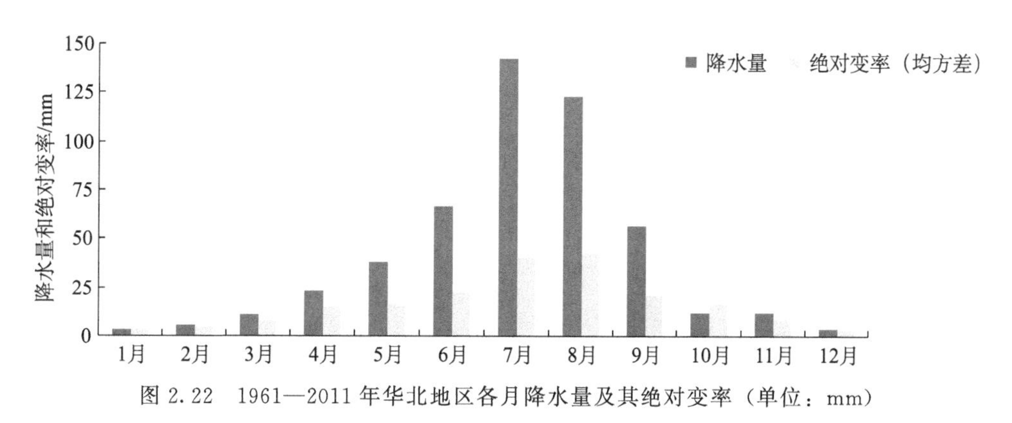

图 2.22　1961—2011 年华北地区各月降水量及其绝对变率（单位：mm）

图 2.23 是 1961—2011 年华北各月降水量长期变化趋势分布情况。7 月和 8 月为显著减少趋势，通过了 95%的显著性检验，7 月平均每 10 a 减少 10.7 mm，8 月平均每 10 a 减少 9.8 mm；5 月为显著增加趋势，通过了 90%的显著性检验，平均每 10 a 增加 2.5 mm。

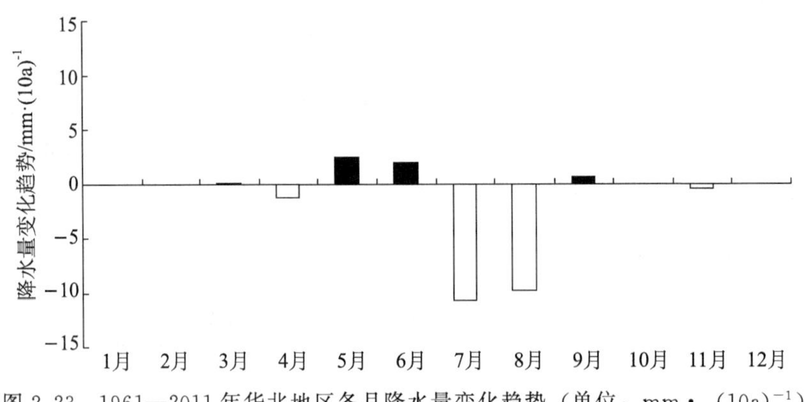

图 2.23 1961—2011 年华北地区各月降水量变化趋势（单位：mm·（10a)$^{-1}$）

为了对华北降水气候概况有个更清楚的认识，下面对华北 37 站降水分别按照日降水量为 0.1～9.9 mm（小雨）、10.0～24.9 mm（中雨）、25.0～49.9 mm（大雨）、≥50.0 mm（暴雨）四个级别的降水量、降水日数、降水强度进行统计。因为主要分析降水量的变化，没有区分性质，这里把降雪根据降水量多少归入相应的降水级别进行统计，结果见表 2.5。

在雨量上，四个级别降水的降水量都是在夏季最多。夏季，小雨、中雨、大雨、暴雨的降水量都比较大；其他三个季节都是小雨降水量最多，降水量随级别增大而逐渐减小（表 2.5.1）。

在春季，小雨雨量占该季节总雨量的比例最大，达 47%，其次是中雨，而暴雨雨量占春季雨量比例最小，只有 2%；在夏季，四个级别降水的降水量占夏季降水量的比例都在 20%以上，其中中雨、大雨所占比例最大；秋季，小雨、中雨所占比例最大，与春季相同（表 2.5.2）。

华北多年平均降水日数为 76 d，夏季最多，为 35 d，春、秋各为 17 d，冬季仅有 7 d。如果按降水级别统计，小雨日数最多，为 61 d，中雨 10 d，大雨 4 d，暴雨 1.14 d。各级降水日数也是在夏季最多，大雨、暴雨雨日主要集中在夏季（表 2.5.3）。

华北多年平均小雨、中雨、大雨、暴雨雨强分别为 2.4 mm，15.6 mm，34.0 mm，74.4 mm。各级降水的雨强也是在夏季最大，其次是秋季，春季各级降水的雨强都小于秋季（表 2.5.4）。

华北年降水量绝对变率（均方差）为 90 mm。就季节变率而言，夏季降水变率最大，为 72.5 mm，春、秋降水绝对变率明显要小。春季中雨绝对变率最大，小雨变率排第二；秋季也是中雨绝对变率最大，与春季不同的是，大雨变率排第二；夏季降水变率从小雨到暴雨依次增大，小雨绝对变率为 16.7 mm，中雨变率为 27.5 mm，大雨变率为 31.1 mm，暴雨变率为 34.5 mm，暴雨变率最大，其次是大雨。可见，不同级别降水在不同季节中的作用是不同的，夏季旱涝变化主要受暴雨、大雨影响，春季主要受中雨、小雨影响，秋季主要受中雨、大雨影响（表2.5.5）。

表2.5　1961—2011年华北降水分级统计

表2.5.1　各级降水的降水量（mm）

降水量等级（mm）	0.1～9.9	10.0～24.9	25.0～49.9	≥50	≥0.1
春季	33.8	25.6	11.0	1.6	72.0
夏季	66.9	96.2	90.8	78.0	332.0
秋季	36.9	34.9	18.0	5.8	95.7
冬季	10.3	1.5	0.1	—	11.8
全年	148.0	158.3	119.9	85.4	511.6

表2.5.2　各级降水的降水量占各季降水总量的百分比（%）

降水量等级（mm）	0.1～9.9	10.0～24.9	25.0～49.9	≥50	≥0.1
春季	47	36	15	2	100
夏季	20	29	27	23	100
秋季	39	37	19	6	100
冬季	87	13	0.4	—	100
全年	29	31	23	17	100

表2.5.3　各级降水的降水日数（d）

降水量等级（mm）	0.1～9.9	10.0～24.9	25.0～49.9	≥50	≥0.1
春季	14	2	0.3	0.03	17
夏季	25	6	2.6	1.03	35
秋季	15	2.3	0.5	0.09	17
冬季	7	0.1	0.002	—	7
全年	61	10	4	1.14	76

表2.5.4　各级降水的平均降水强度（mm）

降水量等级（mm）	0.1～9.9	10.0～24.9	25.0～49.9	≥50	≥0.1
春季	2.3	15.1	32.1	61.1	4.3
夏季	2.7	16.0	34.4	75.0	9.5
秋季	2.5	15.2	32.6	63.6	5.4
冬季	1.4	12.9	31.3	—	1.5
全年	2.4	15.6	34.0	74.4	6.7

续表

表 2.5.5 各级降水的降水量绝对变率（mm）

降水量等级（mm）	0.1～9.9	10.0～24.9	25.0～49.9	≥50	≥0.1
春季	9.5	11.3	7.8	3.2	27.3
夏季	8.3	19.1	25.3	31.9	72.5
秋季	7.4	12.4	9.6	6.5	29.7
冬季	5.2	2.1	0.2	—	6.5
全年	16.2	26.6	30.0	33.6	89.7

2.4.3 降水量变化

2.4.3.1 四季和年降水量变化趋势

1961—2011 年，年降水量和夏季降水量变化趋势非常一致（图 2.24），两者都呈明显的线性减少趋势，也都通过了 95%的显著性检验。年降水量平均每 10 a 减少近 17.5 mm，50 a 共减少 87.5 mm；夏季降水量平均每 10 a 减少近 19 mm，50 a 共减少 93 mm。从春、秋、冬三季降水量变化趋势看（图 2.25），春季降水呈微弱增加趋势，秋季降水量变化趋势不明显，冬季降水量变化呈弱减少趋势，但三个季节都没有通过显著性检验。年降水量与春、夏、秋、冬四季降水量相关系数分别为 0.4492，0.8838，0.4368，－0.1890，其中，与春、夏、秋三季的相关系数通过了 95%的显著性检验，与夏季相关性最大。从以上分析可以看出，夏季降水量占全年降水量的 65%，而且夏季降水减少与年降水减少速率相当，近 50 a 华北干旱化趋势主要是由于夏季降水量减少造成的。

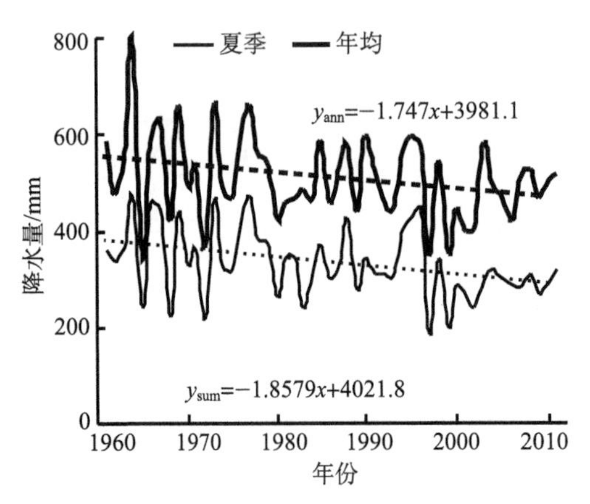

图 2.24 1961—2011 年年降水量（粗实线）和夏季降水量（细实线）变化（虚线是线性趋势）

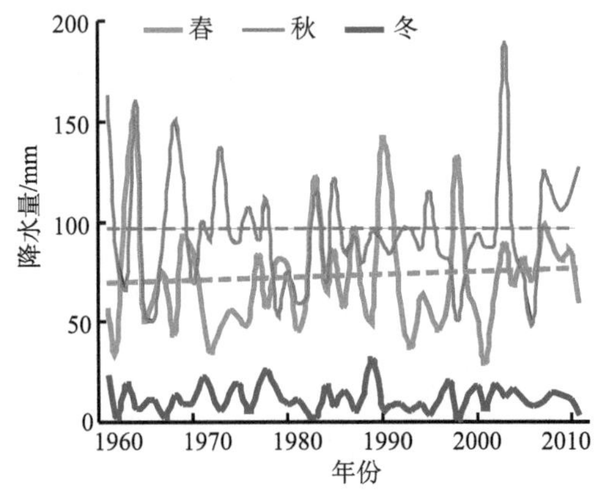

图 2.25 1961—2011 年春（绿线）、秋（棕线）、冬（蓝线）降水量变化（虚线是线性趋势）

2.4.3.2　夏季小雨、中雨、大雨、暴雨降水量变化趋势

在夏季，多年平均的小雨、中雨、大雨、暴雨降水量分别为 67 mm，96 mm，91 mm，78 mm，分别占夏季降水总量 332 mm 的 20.2%，28.9%，27.4%，23.5%。在夏季，暴雨绝对变率最大，可达 32 mm，其次是大雨、中雨、小雨，分别为 25 mm，19 mm，8 mm。可见，暴雨、大雨雨量年际变化幅度最大。

在夏季，小雨、中雨、大雨、暴雨四级降水都表现为减少趋势，暴雨、中雨、小雨降水量减少通过了 95%的显著性检验，大雨通过了 90%的显著性检验。暴雨、大雨、中雨、小雨平均每 10 a 分别减少 8.4 mm，4.6 mm，3.9 mm，1.7 mm，50 a 累积分别减少 42 mm，23 mm，19 mm，9 mm，分别占年减少总量的 48%，26%，22%，10%。所以，年降水量和夏季降水量减少主要是由于夏季暴雨雨量减少造成的。

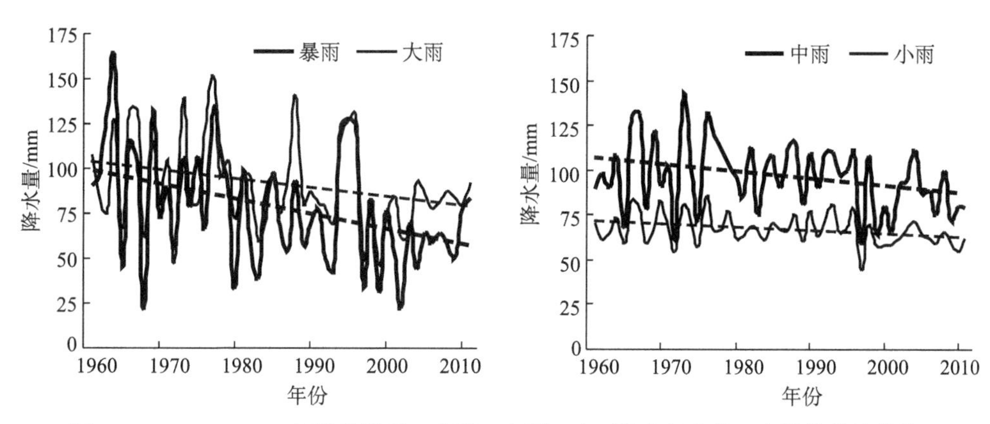

图 2.26　1961—2011 年夏季暴雨、大雨、中雨、小雨降水量变化（虚线是线性趋势）

2.4.4　降水强度变化

2.4.4.1　四季降水强度变化趋势

各季平均降水强度是指季节降水总量除以季节内降水日数得到的平均值。春、夏、秋、冬四季和全年平均降水强度分别为 4.3 mm，9.5 mm，5.4 mm，1.5 mm，6.7 mm。从线性变化趋势看，春季雨强呈增大趋势，通过了 95%的显著性检验，平均每 10 a 增大 0.2 mm，50 a 累积增大约 1 mm；夏季雨强呈减小趋势，但没通过显著性检验；秋季雨强呈增大趋势，也没通过检验；冬季雨强变化趋势不明显。全年平均的雨强变化趋势不明显。如果将春季增加的雨强乘以春季降水日数，则得到由于雨强变化造成的 50 a 降水量增加为 16.5 mm，只占年降水减少的 18.9%。可见，因季节降水强度变化造成的降水量变化很小，各季平均降水强度变化不是华北干旱化趋势形成的主要原因。

2.4.4.2　夏季小雨、中雨、大雨、暴雨降水强度变化趋势

夏季各级雨强是指夏季各级降水的降水量除以夏季该级降水日数后的平均值。例如，小雨雨强是指夏季小雨总降水量除以夏季小雨日数得到的平均值。夏季平均的小雨、中雨、大

雨、暴雨雨强分别为 2.7 mm，16.0 mm，34.4 mm，75.0 mm，夏季平均雨强为 9.5 mm。

在夏季，小雨雨强呈增大趋势，通过了 95％的显著性检验，50 a 累积增大了 0.2 mm（图 2.27a）；中雨、大雨雨强都呈减小趋势，但没通过显著性检验；暴雨雨强呈减小趋势，通过了 90％的显著性检验，50 a 累积减小了 6.4 mm（图 2.27b）。如果将雨强乘以对应的雨日，可以得到由于雨强变化而造成的降水量变化值，50 a 累积由于小雨雨强增加导致夏季降水增加量约为 5 mm，由于暴雨雨强减小造成的夏季雨量减少为 6.6 mm，分别占年降水减少量的 5.7％和 7.5％。可见，由夏季各级降水的雨强变化造成的降水量变化很小。因此，夏季各级降水的雨强变化也不是华北干旱化趋势形成的主要原因。

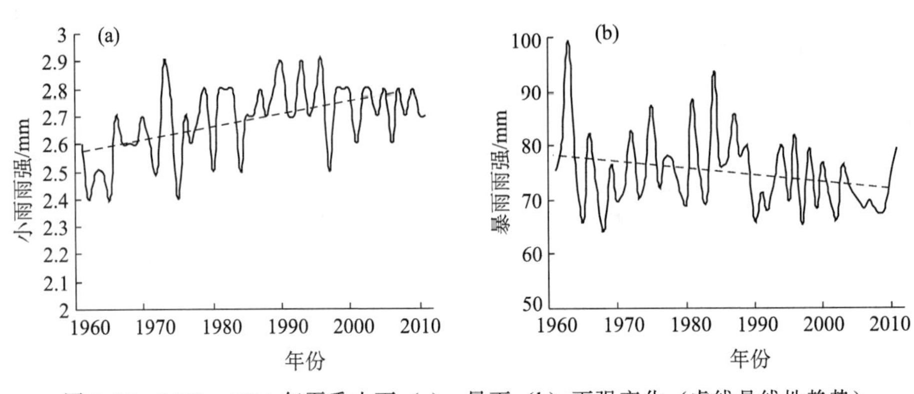

图 2.27　1961—2011 年夏季小雨（a）、暴雨（b）雨强变化（虚线是线性趋势）

2.4.5　降水日数变化

2.4.5.1　四季降水日数、年降水日数变化趋势

华北多年（1961—2011）平均的春、夏、秋、冬、年降水日数分别为 17 d，35 d，17 d，7 d，76 d。从线性趋势看（图 2.28），年降水日数呈线性减少趋势，通过了 95％的显著性检验，50 a 累积减少 12 d；春季雨日呈减少趋势，但没通过 95％的显著性检验；夏季雨日呈减少趋势，通过了 95％的显著性检验，50 a 累积减少 7 d；秋季雨日呈减少趋势，通

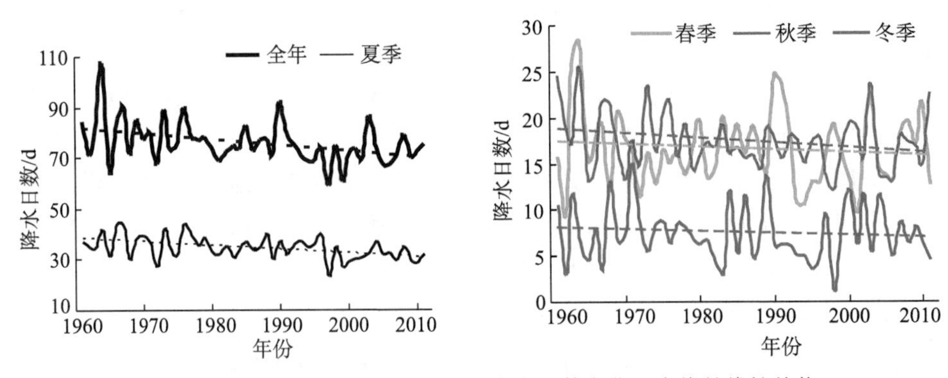

图 2.28　1961—2011 年全年和四季降水日数变化（虚线是线性趋势）

过了90%的显著性检验，50 a累积减少2.7 d；冬季雨日呈减少趋势，但没通过95%的显著性检验。

如果将减少的雨日乘以对应的雨强，便得到由于雨日减少导致的降水量减少值。计算表明，由于年雨日减少造成降水量减少为80 mm，占年降水减少量的91%。由于夏季雨日减少造成的雨量减少为66.5 mm，占年减少量的76%；由于秋季雨日减少造成的雨量减少为15 mm，占年减少量的17%。可见，全年降水量减少主要是由于年降水日数减少造成的，其中夏季雨日的减少起着非常重要的作用。也就是说，华北干旱化趋势是由于降水日数减少造成的，其中夏季降水日数减少造成的影响最为重要。

2.4.5.2　夏季小雨、中雨、大雨、暴雨降水日数变化趋势

在夏季，小雨、中雨、大雨、暴雨日数多年平均分别为24.8 d，6.0 d，2.6 d，1.03 d。从线性趋势看，夏季小雨雨日、中雨、暴雨雨日呈线性减少趋势，通过了95%的显著性检验；大雨雨日也呈减少趋势，通过了90%的显著性检验（图2.29）。50 a夏季小雨、中雨、大雨、暴雨雨日累积减少分别为5 d，1.13 d，0.635 d，0.45 d，由于小雨、中雨、大雨、暴雨雨日减少造成的降水量减少分别为13.5 mm，18.1 mm，21.8 mm，33.8 mm，分别占年降水减少量的15%，21%，25%，39%，由于夏季暴雨和大雨雨日减少造成的降水量减少为55.6 mm，占年降水减少量的64%。可见，年降水量减少主要是由于夏季暴雨、大雨雨日减少造成的，夏季暴雨雨日减少造成的影响最为重要。因此，华北干旱化趋势主要是由于夏季降水日数减少造成的，其中暴雨、大雨日数减少的影响最重要。

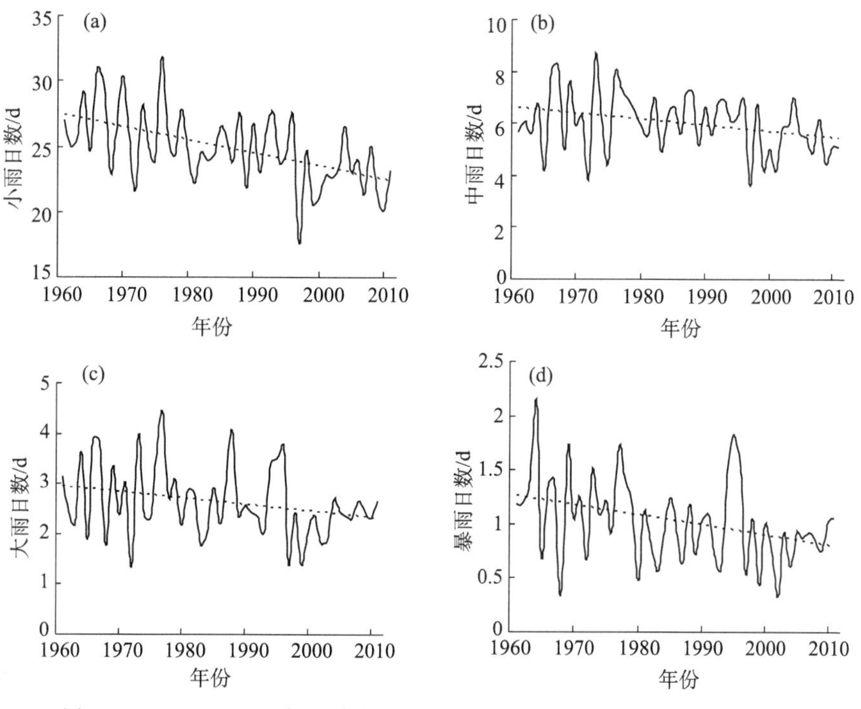

图2.29　1961—2011年夏季小雨（a）、中雨（b）、大雨（c）、暴雨（d）日数变化（虚线是线性趋势）

2.5 华北雨季气候变化

2.5.1 雨季的定义

利用特征降水量阈值可以分析雨季的变化。参考王遵娅和丁一汇（2008）以及郝立生（2011）的研究，先定义降水指数如下：

$$RI_i=\frac{x_i-x_{\min}}{x_{\max}-x_{\min}}$$

式中：RI 是降水指数，x_i 是某站点第 i 日降水量，$x_{\min}$、$x_{\max}$ 分别是该站点全年日降水量最小值、最大值。计算前对日降水量做 11 d 滑动平均。

图 2.30 是多年平均（1961—2012 年）的华北逐日降水指数和逐日降水量变化。可把降水指数急剧增大到 0.5 时的日期和之后降水指数急剧减小到 0.5 的日期之间的时段看作雨季，这样，华北雨季基本上都是在 6 月下旬开始，8 月底结束（图 2.30）。因为每年最大降水量值提前并不知道，所以如果用降水指数无法提前判断雨季开始日期。为此，采用特征降水量阈值来判断雨季开始、结束时间。从图 2.30b 上可以看到，雨量急剧增加和急剧减少的时间与降水指数 0.5 有很好的对应关系，因此，可把围绕降水指数 0.5 的降水量值作为阈值，如 3 mm。根据阈值，将日降水量急剧增大到 3 mm 时的日期称作雨季开始日期，将之后日降水量急剧减小到 3 mm 的日期称为雨季结束日期，开始日与结束日之间的时段看作雨季。

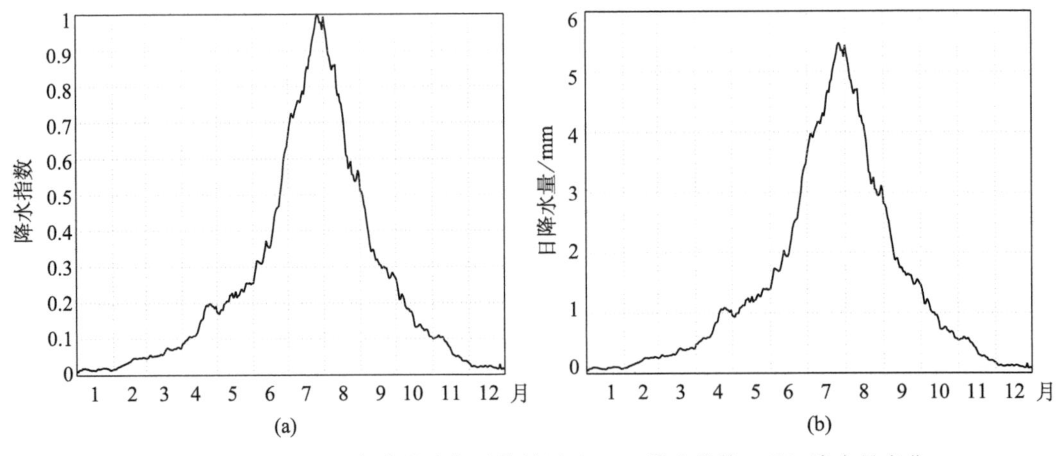

图 2.30 1961—2012 年华北多年平均的逐日（a）降水指数、（b）降水量变化

2.5.2 雨季年代际变化

根据雨季定义，用逐日降水量进行 1961—1970 年、1971—1980 年、1981—1990 年、

1991—2000年、2001—2010年、2011—2012年和1961—2012年的雨季统计，见表2.6。可以看到，华北雨季基本上都是在6月下旬开始，8月末或9月上旬结束。雨季从20世纪60年代以来，先是变长、之后又缩短、近些年又变长，雨季总雨量先是增加、之后减少、近年增加。峰值雨量出现日期在60年代、70年代为7月末，90年代、21世纪初基本为8月上旬，2011年以来又转为7月末。2011年以来的降水特征正在发生变化，有可能恢复到60—70年代情况。1961—2012年，华北雨季平均开始日期为6月26日，结束日期为8月31日，雨季长度67 d，累积降水量为282 mm，雨季平均降水强度4.21 mm，峰值雨量平均出现日期为7月27日。

表2.6　1961—2012年日降水资料的雨季统计

年代	r>3 mm 开始日期	r<3 mm 开始日期	雨季持续天数(d)	雨季总雨量(mm)	雨季平均降水强度($mm \cdot d^{-1}$)	峰值雨量(mm)	峰值雨量出现日期
1961—1970年	6月30日	8月30日	62	310	5.00	6.48	7月30日
1971—1980年	6月21日	9月4日	76	332	4.37	7.31	7月25日
1981—1990年	6月22日	8月31日	71	288	4.05	5.25	8月11日
1991—2000年	7月1日	8月17日	47	224	4.76	6.17	8月2日
2001—2010年	6月25日	8月26日	63	221	3.51	4.54	8月1日
2011—2012年	6月25日	9月8日	76	340	4.48	11.11	7月28日
1961—2012年	6月26日	8月31日	67	282	4.21	5.48	7月27日

图2.31是1961—2012年各年代华北雨季变化情况，年代际变化特征非常明显。在20世纪60年代，华北雨季为单峰分布，峰值雨量>6 mm/d，出现日期在7月末；在70年代，雨季为三峰分布，表现为主峰值加大变窄、两侧出现小峰值，主峰值雨量>7 $mm \cdot d^{-1}$，出现日期在7月末；80年代，主峰值显著减小、消失，两侧小峰值进一步加大，表现为双峰分布，峰值雨量>5 $mm \cdot d^{-1}$，出现日期在8月上旬末；在90年代，雨季仍表现为明显的双峰分布特征，峰值雨量>6 $mm \cdot d^{-1}$，出现在7月底8月初；在21世纪初，峰值进一步减小，表现为多峰分布，雨季内峰值有三个，峰值雨量>4 $mm \cdot d^{-1}$，出现日期在7月底8月初；2011年以来，雨季表现为多峰分布，雨季内峰值有四个，同时主峰值突然增大，峰值雨量>10 $mm \cdot d^{-1}$，出现日期在7月末。从这里看，华北雨季峰值雨量显著减小和出现多峰分布是华北夏季降水量减少的一个内在特征。

从年代演变过程看，从2011年以来，华北雨季主峰值雨量突然增大，雨季特征可能正在调整，如果两侧小峰值与主峰值并合，华北雨季就有可能恢复到20世纪60—70年代的情况。

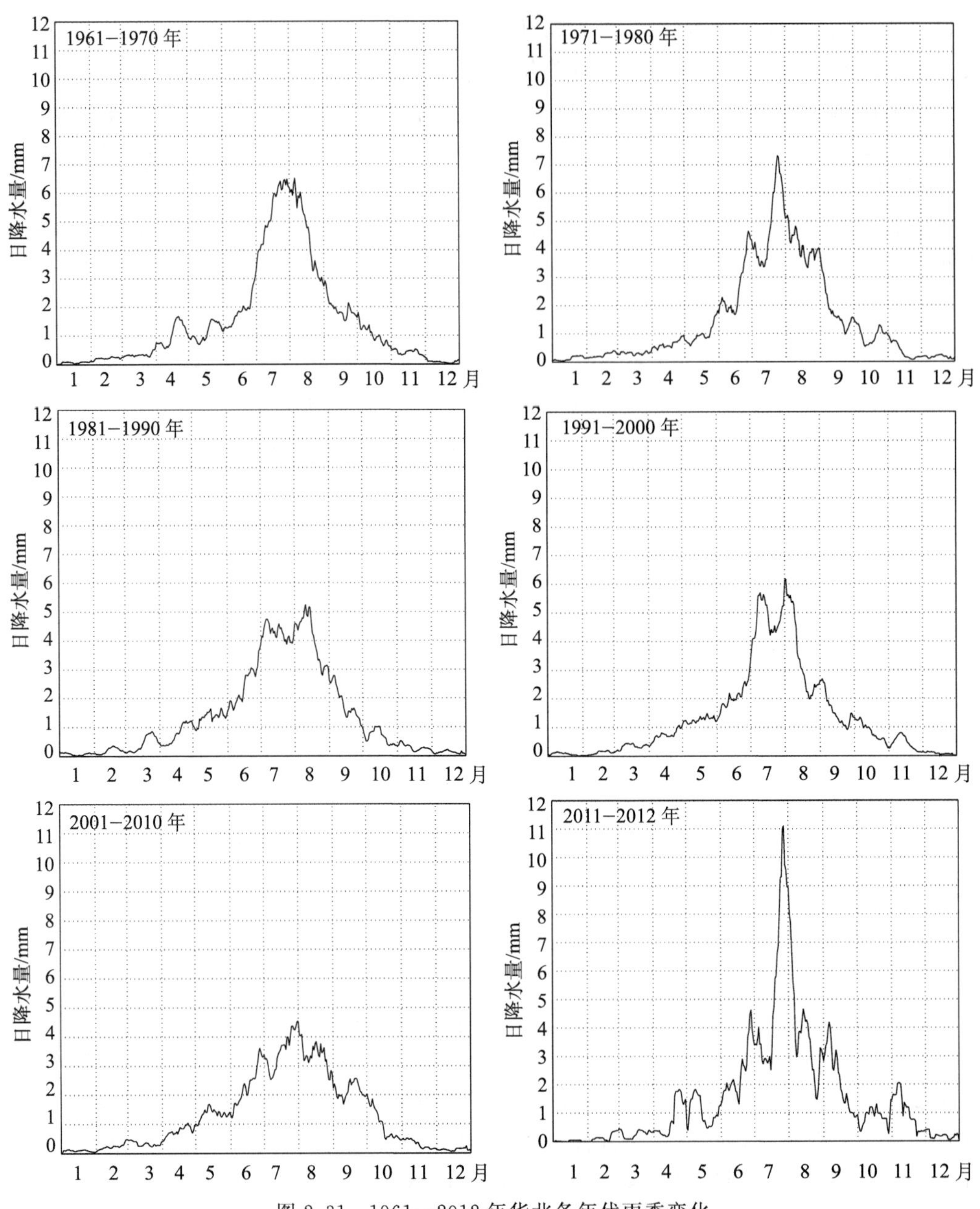

图 2.31 1961—2012 年华北各年代雨季变化

2.5.3 雨季变化趋势

分析逐年雨季变化时，需要将雨季定义和计算方法略微调整一下。由于华北夏季降水多为间歇性对流降水，很少能够连续多日降水，为了更好地分析雨季变化趋势，必须先对华北每年逐日降水量做 31 d 滑动平均，然后统计雨季变化情况。

雨季开始日期的确定：

（1）该日日降水量≥2.5 mm；

（2）该日之后10 d平均降水量>2.5 mm。

雨季结束日期的确定：

（1）该日日降水量≤2.5 mm；

（2）该日之后10 d平均降水量<2.5 mm。

雨季总天数的确定：开始日与结束日之间的总天数。

雨季累积降水量：雨季各日降水量之和。

雨季平均降水强度：雨季累积降水量除以雨季总天数所得之值。

1961—2012年，华北雨季平均开始日期为6月18日，结束日期平均为9月6日，总天数为81 d，累积降水量为310 mm，平均降水强度3.7 mm·d^{-1}。雨季开始日期和结束日期长期变化无明显趋势，对应雨季天数变化趋势也不明显。但雨季累积雨量却明显减少，2011—2012年有所增加。从雨季平均降水强度看，长期变化呈减小趋势，2011—2012年开始增大，雨强变化与华北干旱化趋势有很好的对应关系。

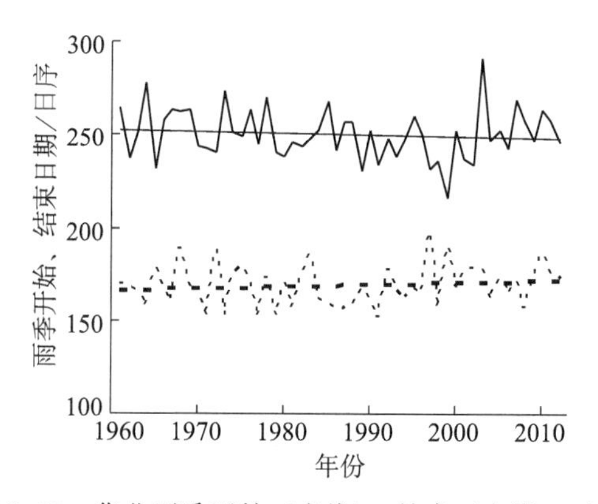

图2.32　华北雨季开始（虚线）、结束（实线）时间

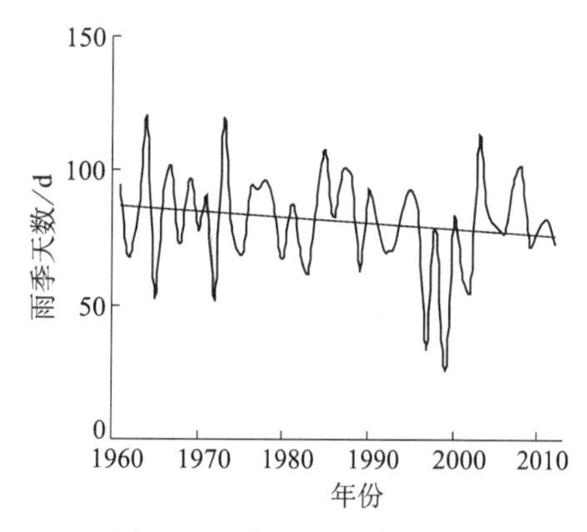

图2.33　华北雨季持续天数

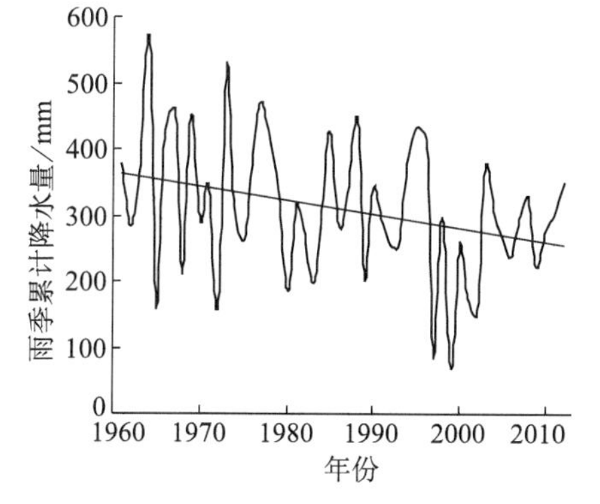

图2.34　华北雨季累积降水量（单位：mm）

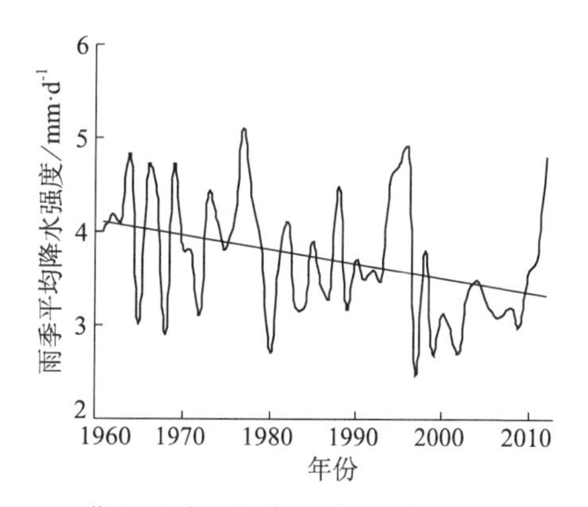

图2.35　华北雨季平均降水强度（单位：mm·d^{-1}）

2.6 华北降水季节演变主模态变化

长时间干旱往往是由于大气环流持续异常造成的。因为环流演变是连续的，所以季节降水场演变也应是连续的，空间分布应该表现为一定的固定模态。这里用 SEOF 方法（Wang，2008；郝立生等，2011）来识别华北降水季节演变的主要模态。计算时，选择1961—2012 年 37 站冬、春、夏、秋四季的降水场，分别标记为 Win－1，Spr0，Sum0，Aut0，－1 代表上年，0 代表当年。由于各地平均降水量大小不一样，为了可以更好地进行比较，使用降水异常值占平均值的百分比进行分析。

前五个主模态分别解释总方差的 34.63%，9.66%，6.88%，5.83%，5.02%，其他都在 4.5%以下。前 2 个累积解释方差为 44.29%，重点对前两个模态进行分析。图 2.36 是前两个主要模态的空间分布。

降水季节演变第一模态 SEOF1（图 2.36，a，c，e，g）：在冬季，华北地区降水基本都为偏多的形势，河北平原地区是偏多最大中心；到春季，全区仍然都为偏多形势，偏多最大在山西与河北交界太行山地区；到夏季，仍然为偏多形势，偏多最大在燕山南麓和北段太行山东麓至渤海沿岸地区；到秋季，中部地区为偏多形势，北部、南部地区为偏少形势。这种季节演变形势占全部演变场的 34.63%，所以，河北降水演变过程主要受第一模态控制。相关分析表明，SEOF1 与华北夏季降水相关系数高达 0.9866，为非常显著的正相关。

降水季节演变第二模态 SEOF2（图 2.36，b，d，f，h）：在冬季，华北地区降水都为偏多的形势，降水偏多最大区域东南平原地区；到春季，全区都为偏多形势，但山西与河北交界太行山地区为相对低值区，与第一模态相反；到夏季，东北部偏多，中南部偏少；到秋季，西北部偏少，东南部正常偏多。

图 2.37 是 1961—2012 年降水季节演变主模态时间系数变化情况。对于降水第一模态，1976 年之前，时间系数在正负之间呈现 3 a 周期的波动变化；1976 年之后，波动幅度减小；1997 年之后，系数基本都为负值，说明这一时段夏季，全区降水偏少，燕山南麓和北段太行山东麓至渤海沿岸地区降水偏少更加明显；2010 年以来，系数变为正值，说明华北降水转为偏多形势，与近几年华北夏季实况降水偏多有很好的对应关系。对于降水第二模态，时间系数变化很多情况下与第一模态一致，在 2000 年之前，在正负值之间呈波动变化；2001 年以来，系数基本都为负，说明该时段夏季，华北东北部地区降水偏少，中南部降水偏多；2010 年以来，系数变为正值，则夏季华北东北部降水增多，中南部偏少。近 50 a 华北干旱化趋势主要是第一模态变化的结果。

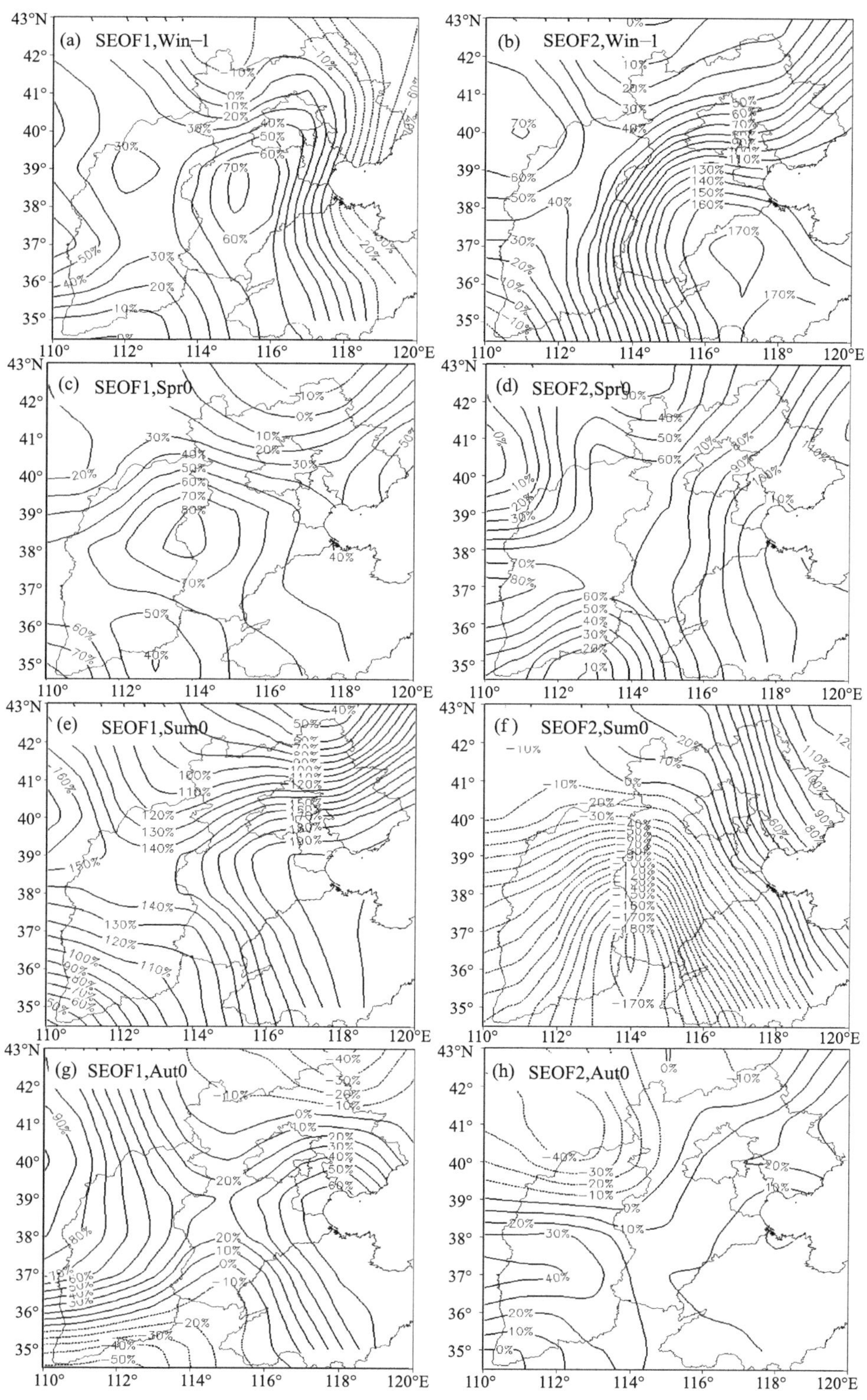

图2.36 华北季节降水演变主模态SEOF1（a，c，e，g）、SEOF2（b，d，f，h）空间分布（单位：%；−1指上年，0指当年）

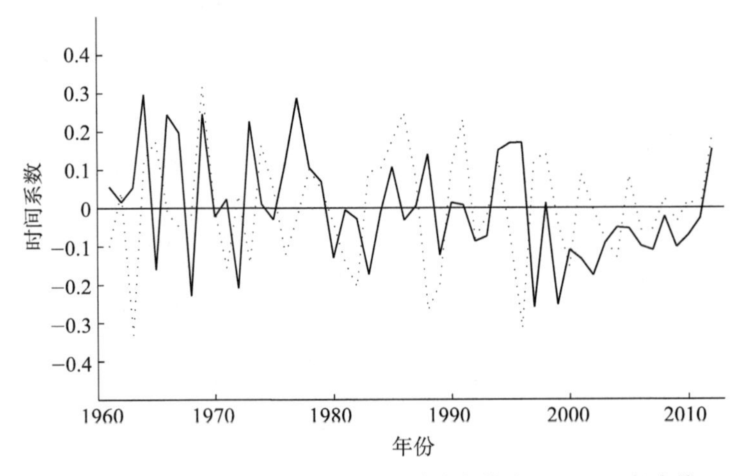

图 2.37　1961—2012 年华北降水季节演变主模态 SEOF1（粗实线）、SEOF2（点线）时间系数变化

2.7　本章小结

（1）华北地区降水具有特殊性。1961—2011 年平均降水量为 512 mm。受东亚季风影响，华北降水高度集中在夏季，占年降水总量的 65%；春季占全年的 14%；秋季占全年的 19%；冬季占全年的 2%。由于东亚季风年际变率大，造成华北降水旱涝变率较大。华北地区春、夏、秋、冬四季和全年降水相对变率分别为 50%，30%，50%，70%，30%以上，是我国东部降水变率最大的地区。春、秋、冬降水量小，很容易发生干旱。夏季，华北和长江中下游是旱涝灾害频发的两个中心。可见，华北是我国东部最容易发生旱涝灾害的地区。

（2）华北各个区域降水变化趋势不一致。根据地形特点，可将初步华北划分为河北（含京、津）、山西、山东、河南（含安徽、江苏淮河以北地区）4 个区域。从区域降水变化看，春季，河北呈增加趋势，河南呈减少趋势，山西、山东降水变化趋势不明显，河北与河南春季降水量变化趋势相反；夏季，山西、河北降水呈明显减少趋势，河北减少最显著，山东呈微弱减少趋势，而河南呈明显增加趋势，山西、河北与河南降水量变化趋势相反；秋季，山西、山东、河南秋季降水量基本呈减少趋势，而河北变化表现为一定的增加趋势。全年，山西、河北年降水量均呈显著减少趋势，速率相当，平均每 10 a 减少 20～21 mm，山东减少趋势不显著，而河南呈一定增加趋势。可见，各区域降水变化趋势是不一样的，如果研究华北降水整体变化趋势，选择山西、河北（含京津）作为代表区可能更为合理。

（3）华北降水气候概况。春季，小雨雨量占该季节总雨量的比例最大，达 47%，其次是中雨，而暴雨雨量占春季雨量比例最小，只有 2%；夏季，四个级别降水的降水量占夏季降水量的比例都在 20%以上，其中中雨、大雨所占比例最大；秋季，小雨、中雨所占比例最大，与春季相同。华北多年平均降水日数为 76 d，夏季最多，为 35 d，春、秋各为 17 d，冬季仅有 7 d。如果按降水级别统计，小雨日数最多，为 61 d，中雨 10 d，大雨 4 d，暴雨

1.14 d。各级降水日数也是在夏季最多，大雨、暴雨雨日主要集中在夏季。华北夏季降水绝对变率最大，春、秋明显要小。春季中雨绝对变率最大，小雨变率排第二；秋季也是中雨绝对变率最大，与春季不同的是，大雨变率排第二。夏季暴雨变率最大，其次是大雨。可见，不同级别降水在不同季节中的作用是不同的，夏季旱涝主要受暴雨、大雨影响，春季旱涝主要受中雨、小雨影响，秋季旱涝主要受中雨、大雨影响。

（4）近 50 a 华北干旱化趋势主要是由于夏季降水日数（降水量）减少造成的。华北地区降水减少不是由于雨强变化造成的，而主要是由于夏季雨日（降水量）减少造成的，其中夏季暴雨、大雨日数减少造成的影响最为重要，这是华北降水减少的一个内在特征。这为改进华北夏季降水预测技术提供了思路，即应把着眼点放在暴雨、大雨过程预测上，不应该简单地通过平均环流来预测夏季降水量偏多或偏少。

（5）华北雨季年代际变化与华北干旱化趋势密切相关。1961—2012 年，华北雨季平均开始日期为 6 月 26 日，结束日期为 8 月 31 日，雨季长度 67 d，累积降水量为 282 mm，雨季平均降水强度 4.21 mm，峰值雨量平均出现日期为 7 月 27 日。华北雨季年代际变化特征非常明显。20 世纪 60 年代雨季为单峰分布；70 年代雨季为三峰分布，表现为主峰值加大变窄、两侧出现小峰值；80 年代，主峰值显著减小、消失，两侧小峰值进一步加大，表现为双峰分布；90 年代，雨季仍表现为明显的双峰分布特征；21 世纪初，峰值进一步减小，表现为多峰分布，雨季内峰值有三个；2011 年以来，雨季表现为多峰分布，雨季内峰值有四个，同时主峰值突然增大。由此可见，华北雨季峰值雨量显著减小和出现多峰分布是华北夏季降水量减少的又一个内在特征。在长期变化上，雨季开始日期、结束日期、雨季长度无明显变化趋势，雨季累积雨量明显减少，雨季降水平均强度也明显减小。近两年雨季累积雨量突然增多、峰值雨量突然增大、平均雨强突然增大。从年代演变过程看，2011 年以来，华北雨季主峰值雨量突然增大，雨季特征可能正在调整，如果两侧小峰值与主峰值并合，华北雨季就有可能恢复到 20 世纪 60—70 年代的情况，这个问题值得关注。

（6）华北降水季节演变第一模态长期变化是华北干旱化趋势形成的一个原因。第一模态解释总方差的 34.63%，而且与华北夏季降水相关系数高达 0.9866，为非常显著的正相关。河北降水演变过程主要受第一模态控制。第一模态时间系数，1976 年之前在正负之间呈现 3 a 周期的波动变化；1976 年之后波动幅度减小；1997 年之后系数基本都为负值，说明这一时段夏季，全区降水偏少，燕山南麓和北段太行山东麓至渤海沿岸地区降水偏少更加明显；2010 年以来，系数变为正值，说明华北降水转为偏多形势，与近几年华北夏季实况降水偏多有很好的对应关系。研究旱涝应关注第一模态及其对应的环流变化，以便更好地改进预测技术。

参考文献

陈伯民，纪立人，杨培才，等，2003. 改善月动力延伸预报水平的一种新途径[J]. 科学通报，48（5）：513-520.

陈伯民，信飞，沈愈，等，2013. 月内重要天气过程与气候趋势预测系统及应用进展[J]. 气象科技进展，3（1）：46-51.

陈丽娟，李维京，1999. 月动力延伸期预报产品的评估和解释应用[J]. 应用气象学报，10（4）：486-490.

丁一汇，梁萍，2011. 基于 MJO 的延伸预报[J]. 气象，36 (7)：111-122.
丁一汇，2011. 季节气候预测的进展和前景[J]. 气象科技进展，1 (3)：14-27.
郝立生，丁一汇，闵锦忠，2011. 华北降水季节演变主要模态及影响因子[J]. 大气科学，35 (2)：217-234.
郝立生，向亮，周须文，2015. 华北平原夏季降水准双周振荡与低频环流演变特征[J]. 高原气象，34 (2)：486-493.
郝立生，2011. 华北降水时空变化及降水量减少影响因子研究[D]. 南京：南京信息工程大学.
何金海，梁萍，孙国武，2013. 延伸期预报的思考及其应用研究进展[J]. 气象科技进展，3 (1)：11-17.
琚建华，刘一伶，李汀，等，2010. 预测夏季南海季节内振荡的一种新方法[J]. 热带气象学报，26 (5)：521-525.
康志明，鲍媛媛，周宁芳，2013. 我国中期和延伸期预报业务现状以及发展趋势[J]. 气象科技进展，3 (3)：18-24.
李崇银，1993. 大气低频振荡[M]. 北京：气象出版社：12-18.
李维京，陈丽娟，1999. 动力延伸预报产品释用方法的研究[J]. 气象学报，57 (3)：338-345.
李泽椿，毕宝贵，朱彤，等，2004. 近 30 年中国天气预报业务进展[J]. 气象，30 (12)：4-10.
梁萍，丁一汇，2012. 基于季节内振荡的延伸预报试验[J]. 大气科学，36 (1)：102-116.
梁萍，丁一汇，2013. 强降水过程气候态季节内振荡及其在延伸期预报中的应用[J]. 高原气象，32 (5)：1329-1338.
孙国武，陈葆德，1988. 青藏高原上空大气低频波的振荡及其经向传播[J]. 大气科学，12 (3)：250-256.
孙国武，冯建英，陈伯民，等，2012. 大气低频振荡在延伸期预报中的应用进展[J]. 气象科技进展，2 (1)：12-18.
孙国武，孔春燕，信飞，等，2011. 天气关键区大气低频波延伸期预报方法[J]. 高原气象，30 (3)：594-599.
孙国武，李震坤，信飞，等，2013. 延伸期天气过程预报的一种新方法——低频天气图[J]. 大气科学，37 (4)：945-954.
孙国武，信飞，陈伯民，等，2008. 低频天气图预报方法[J]. 高原气象，27 (增刊)：64-68.
孙国武，信飞，孔春燕，等，2010. 大气低频振荡与延伸期预报[J]. 高原气象，29 (5)：1142-1147.
王遵娅，丁一汇，2008. 中国雨季的气候学特征[J]. 大气科学，32 (1)：1-13.
魏凤英，2007. 现代气候统计诊断与预测技术[M]. 北京：气象出版社：71-76.
温克刚，臧建升，2008. 中国气象灾害大典（河北卷）[M]. 北京：气象出版社：76-197.
肖子牛，2010. 我国短期气候监测预测业务进展[J]. 气象，36 (7)：21-25.
信飞，孙国武，陈伯民，2008. 自回归统计模型在延伸期预报中的应用[J]. 高原气象，27 (增刊)：69-75.
杨玮，何金海，孙国武，等，2011. 低频环流系统的一种统计预报方法[J]. 气象与环境学报，27 (3)：1-5.
张培群，丑纪范，1997. 改进月延伸预报的一种方法[J]. 高原气象，16 (4)：376-388.
郑志海，2013. 月动力延伸预报研究进展回顾[J]. 气象科技进展，3 (1)：25-30.
竺可桢，李良骐，1934. 华北之干旱及其前因后果[J]. 地理学报，1 (2)：1-9.
GALIN M B，2007. Study of the low-frequency variability of the atmospheric general circulation with the use of time dependent empirical orthogonal functions[J]. Izvestiya，Atmospheric and Oceanic Physics，43 (1)：15-23.
JONES C，CARVALHO M V，HIGGINS R W，et al，2004. A statistical forecast model of tropical intraseasonal convective anomalies[J]. Journal of Climate，17 (11)：2078-2094.
KALNAY E，KANAMITSU M，KISTLER R，et al. The NCEP/NCAR 40-year reanalysis project[J]. Bulletin of the American Meteorological Society，1996，77 (3)：437-472.

MIYAKODA K, GORDON T, CARERLY R, et al, 1983. Simulation of a blocking event in January 1977 [J]. Monthly Weather Review, 111 (4): 846-849.

MIYAKODA K, HEMBREE G D, STRICKLER R F, et al, 1972. Cumulative results of extended forecast experiments I. Model performance for winter cases[J]. Monthly Weather Review, 100 (12): 836-855.

WANG B, AN S, 2005. A method fordetecting season-depenent modes of climat variability: S-EOF analysis [J]. Geophysical Research Letters, 32, L15710, doi: 10.1029/2005GL022709.

WHEEL M C, HENDON H H, 2004. An all-season real time multivariate MJO index: Development of an index for monitoring and prediction[J]. Monthly Weather Review, 132 (8): 1917-1932.

第3章　华北暴雨气候特征

20世纪60年代中期以后，华北夏季降水呈现减少趋势，特别是70年代以来，华北变干更加明显（叶笃正和黄荣辉，1996）。对华北夏季降水减少成因的研究已成为气象学者关注的重大课题（徐桂玉等，2005；杨修群等，2005）。黄荣辉等（1999）分析我国夏季降水年代际变化特征及华北干旱化趋势，发现我国夏季降水在1965年前后发生了一次气候跃变，指出这种气候变化可能主要是由于60年代中期和80年代到90年代初赤道东太平洋海表温度明显升高所致。张庆云（1999）将华北地区降水变化归于西太平洋副热带高压的异常。彭京备等（2005）研究青藏高原雪盖变化与中国夏季降水的关系，发现在20世纪70年代后期发生了一次年代际气候跃变，积雪由少雪期向多雪期转化，与华北夏季降水变化有很好的对应关系。更多的研究表明华北夏季降水减少与东亚夏季风减弱有密切的联系（张人禾，1999；郝立生等，2007；丁一汇和刘芸芸，2008）。研究表明，在年降水量趋向减少的地区，极端强降水事件频率一般也趋于下降（IPCC，2007）。

目前，对华北夏季降水变化规律把握上仍然存在很大难度，表现在对夏季降水预测的水平不高，有必要对华北地区夏季降水减少的内在特征和减少原因做进一步深入的研究。本章对华北地区降水事件变化特征和影响暴雨事件的因子进行归纳总结，为认识华北降水变化规律和改进夏季降水气候预测技术提供一些科学参考依据。

3.1　华北降水气候概况

所用代表区参见第2章相关内容。华北受季风影响，降水高度集中在夏季，冬季寒冷干燥，降水稀少。多年平均（1961—2011年），夏季降水量为332 mm，占年降水总量的65％；春季降水量72 mm，占全年的14％；秋季降水量96 mm，占全年的19％；冬季只有12 mm，占全年的2％。1961—2011年平均年降水量为512 mm。

华北多年平均降水日数为76 d，夏季最多，为35 d，春、秋各为17 d，冬季仅有7 d。如果按降水级别统计，小雨日数最多，为61 d，中雨10 d，大雨4 d，暴雨1.14 d。大雨、暴雨雨日主要集中在夏天。在夏季，小雨、中雨、大雨、暴雨日数多年平均分别为25.1 d，6.11 d，2.65 d，1.03 d。

3.2　夏季降水量减少特征

3.2.1　降水异常年份分析

为了分析夏季降水异常是何级降水变化造成的，以1971—2000年平均值为常年值，统计降水偏多30%以上和降水偏少30%以上的年份，结果可知，降水偏多年有6 a，降水偏少年有4 a，见表3.1。

在偏多年中，主要是由于暴雨雨量偏多造成的年份有2 a（1977年、1996年），主要是由于大雨雨量偏多造成的年份有4 a（1964年、1973年、1966年、1967年）。因此，在夏季降水偏多主要是由于暴雨、大雨雨量偏多造成的。在偏少年中，主要是由于暴雨雨量偏少造成的年份有3 a（1997年、1999年、1968年），主要是由于大雨雨量偏少造成的年份有1 a（1972年）。因此，在夏季降水偏少主要是由于暴雨、大雨雨量偏少造成的。由此可见，华北降水异常，偏多年主要是由于暴雨、大雨雨量偏多造成的，偏少年主要是由于暴雨雨量偏少造成的，暴雨雨量的多少对华北夏季降水量多少影响很大。

表3.1　华北夏季降水量偏多年和偏少年统计

	降水偏多年						降水偏少年			
年份	1977年	1964年	1973年	1966年	1996年	1967年	1997年	1999年	1972年	1968年
降水距平/mm	136	134	131	123	109	107	−150	−137	−118	−117
小雨雨量距平/mm	11	11	16	14	6	−1	−23	−9	−13	−8
中雨雨量距平/mm	12	33	31	43	9	22	−40	−33	−37	−21
大雨雨量距平/mm	39	41	41	47	36	60	−42	−45	−45	−31
暴雨雨量距平/mm	47	24	35	27	82	55	−44	−49	−24	−57
大雨日数距平/%	66	36	50	46	40	43	−47	−48	−50	−34
暴雨日数距平/%	67	108	46	35	49	38	−49	−57	−35	−68

3.2.2　夏季暴雨事件变化

由于暴雨强度大且出现次数少，其变化对夏季降水影响很大。华北暴雨高度集中在夏季，多年平均暴雨日数1.03 d，占全年暴雨日数的90%以上。图3.1是华北地区夏季暴雨日数和夏季降水量、年降水量逐年变化。可以看到，第一，华北年降水量变化与华北夏季降水量变化趋势一致，二者相关系数为0.884，通过了99.9%的置信水平；线性趋势分析表明，年降水量和夏季降水量都呈线性减少趋势，都通过了95%的显著性检验。第二，夏季暴雨日数与夏季降水量、年降水量变化有很好的对应关系，相关系数分别达到0.872，0.824，通过了99.9%的显著性检验；线性趋势分析表明，夏季暴雨日数也呈减少趋势，通过了95%的显著性检验。因此，华北年降水量、夏季降水量减少主要是由华北夏季暴雨日数减少造成的。

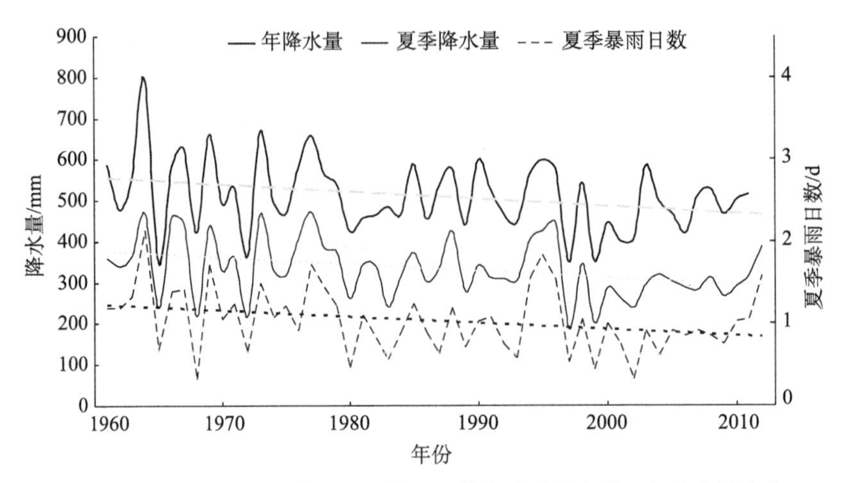

图 3.1 1961—2012 年华北夏季暴雨日数与夏季降水量、年降水量变化

因为全年降水量减少主要是由于夏季雨量减少造成的，其中夏季暴雨雨日减少造成的影响非常重要。下面重点从东亚夏季风、水汽通量、热带对流、副热带高压变化方面分析华北暴雨事件减少的原因。

3.3 夏季暴雨事件减少原因

3.3.1 东亚夏季风变化

华北处于东亚夏季风北边缘，夏季风的变化对华北降水影响很大（郝立生等，2011，2016）。早在70多年前，我国著名气候学家竺可桢（1934）就开始研究东亚夏季风对中国降水的影响，之后，国内很多著名科学家开展了广泛研究，Ding 和 Johnny（2005）对此进行了很好的总结。为了定量衡量东亚夏季风变化，气象学家定义了很多不同的指数（Wang et al.，2008），这里选用 Wang（2002）定义的东亚夏季风指数、Chen 等（2007）定义的亚洲夏季风指数来分析夏季风变化与华北夏季暴雨事件的关系。

前面线性趋势分析表明，近50 a华北年降水量、夏季降水量、夏季暴雨日数都呈线性减少趋势，通过了95%的显著性检验。对近50 a季风指数分析发现，东亚夏季风指数和亚洲季风指数也呈线性减小趋势，都通过了95%的显著性检验（图3.2）。对华北年降水量、夏季降水量、夏季暴雨日数、东亚夏季风指数、亚洲季风指数彼此之间求相关系数，结果发现，相关系数都通过了95%的显著性检验（表3.2），说明近50 a华北年降水量减少与夏季降水减少密切相关，而夏季降水量减少与夏季暴雨日数减少密切相关，夏季暴雨日数的减少与东亚夏季风减弱和亚洲夏季风减弱有关。

因此，华北夏季暴雨日数与东亚（亚洲）夏季风有很好的正相关，即东亚（亚洲）夏季风强，华北夏季暴雨日数多，反之亦然。线性趋势分析表明，近50 a多年东亚（亚洲）夏季风指数呈减小趋势，都通过了95%的显著性检验。近50 a多年华北夏季暴雨日数减少可能与东亚（亚洲）夏季风明显减弱有关。

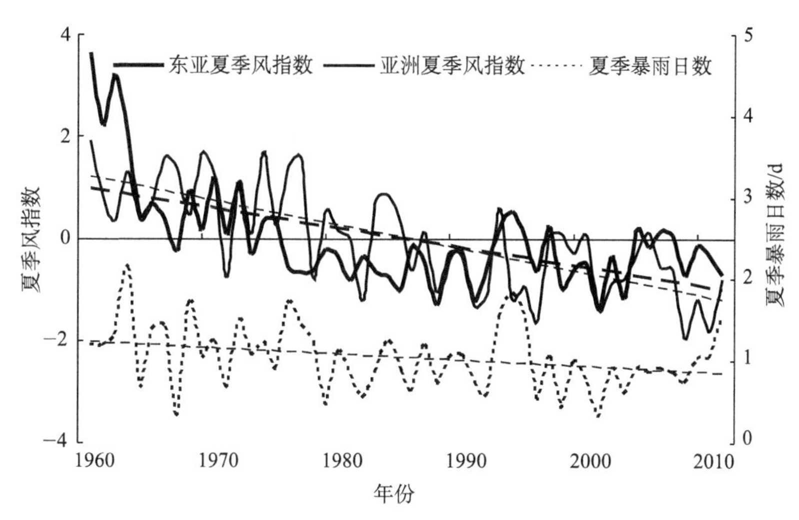

图3.2 1961—2012年东亚夏季风指数（粗实线）、亚洲夏季风指数（细实线）和年暴雨日数（点线）变化

（斜线是线性趋势）

表3.2 华北降水与季风指数相关系数

	年 降水量	夏季 降水量	夏季 暴雨日数	王会军 东亚季风指数	丁一汇等 亚洲季风指数
年降水量	1.0				
夏季降水量	0.8838	1.0			
夏季暴雨日数	0.8317	0.8764	1.0		
王会军东亚季风指数	0.4308	0.3841	0.4946	1.0	
丁一汇等亚洲季风指数	0.3512	0.4280	0.4236	0.4743	1.0

图3.3是1961—2012年夏季东亚（110°～120°E）地区850 hPa平均经向风风速纬向—时间剖面图，把平均经向风速≥2 m·s^{-1}定义为有效风速。可以看到，在20世纪70年代中期以前，东亚经向风可以到达40°N左右的华北地区，70年代中期以后基本都在32°N以南，很难到达华北地区，在偶尔到达的年份（如1995年前后）华北暴雨日数就明显偏多。图3.4是东亚区域平均（30°～40°N，110°～120°E）的850 hPa层经向风风速变化，可以看到，20世纪60年中期和70年代中期经向风速有两次减小，自此以后平均风速一直比较小。因此，近50 a多年华北夏季暴雨日数减少可能与850 hPa层东亚地区经向风风速减小有关，但又不完全对应，可能夏季风季节内、月内强弱振荡也很重要，有待进一步研究。

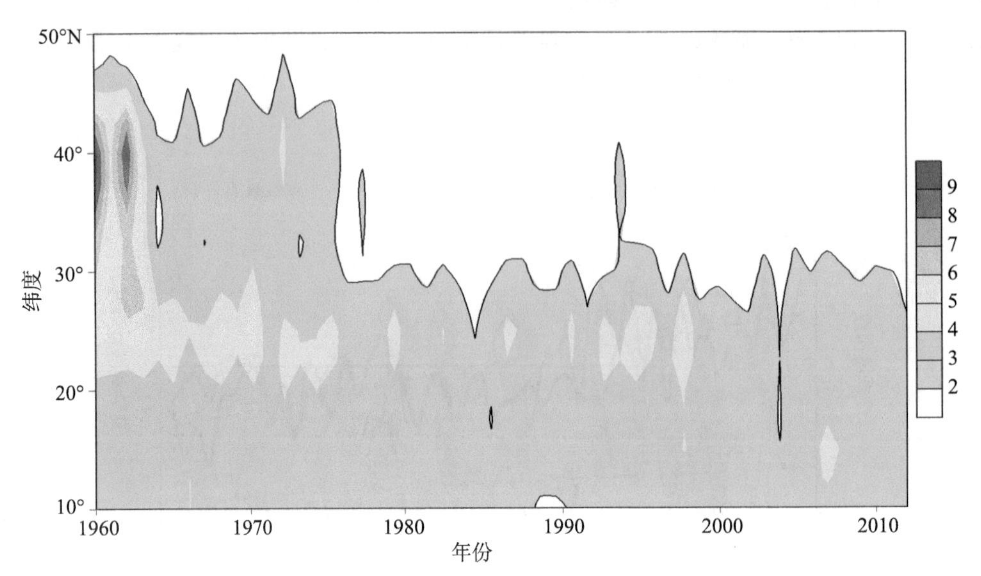

图 3.3 1961—2012 年夏季东亚（110°～120°E）平均 850 hPa 层经向风风速纬向—时间剖面图（单位：m·s^{-1}）

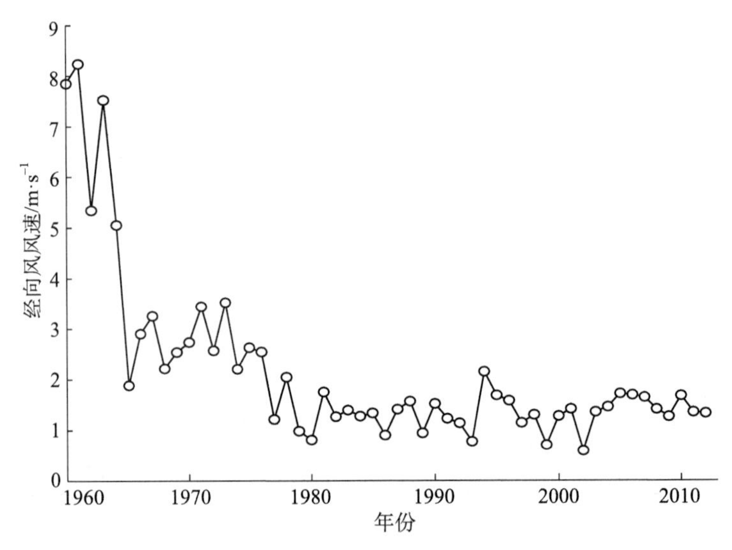

图 3.4 1961—2012 年夏季东亚区域平均（30°～40°N，110°～120°E）的 850 hPa 层经向风风速变化（单位：m·s^{-1}）

3.3.2 水汽通量变化

暴雨发生的条件之一就是水汽条件，华北夏季暴雨异常必然伴随水汽通量的异常。图 3.5 是多年平均的夏季整层水汽通量场。可以看到几个特征：首先，强大的索马里越赤道气流将南半球水汽源源不断输送到阿拉伯海、印度、孟加拉湾，经中南半岛和南海输送到我国长江中下游、华北、东北太平洋，可将这个通道称为孟加拉湾水汽大通道；第二，西北太平洋副高外围东南、偏南气流向华北的水汽输送通道；第三，第一条水汽大通道在南海至菲律宾附近有分支向东输送的倾向。这几个方面中任意一个因子发生变化都会对华北夏季暴雨发生产生重要影响。

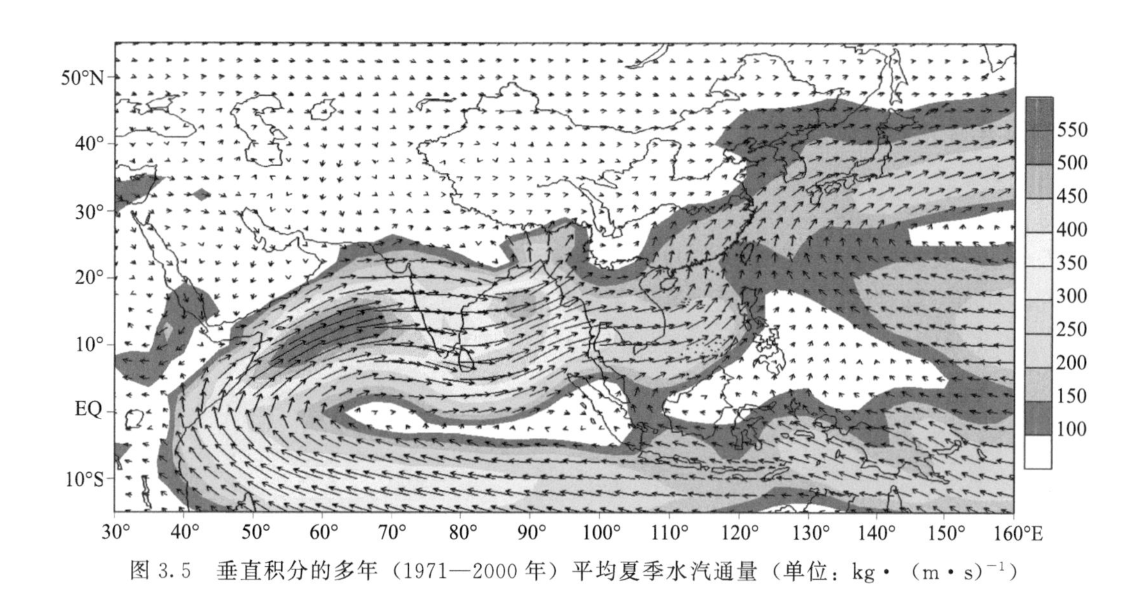

图 3.5 垂直积分的多年（1971—2000 年）平均夏季水汽通量（单位：kg·（m·s）$^{-1}$）

由于东亚夏季风近 50 a 出现减弱趋势，必然引起东亚水汽输送发生改变。图 3.6 是 1961—2012 年夏季通过华北南边界（32.5°N，110°～120°E）进入华北的整层水汽通量变化。可以看到，近 50 a 进入华北的水汽通量呈明显的线性减少趋势，通过了 95％的显著性检验。进入华北的水汽通量与华北暴雨日数的相关系数为 0.534，呈正相关关系，通过了显

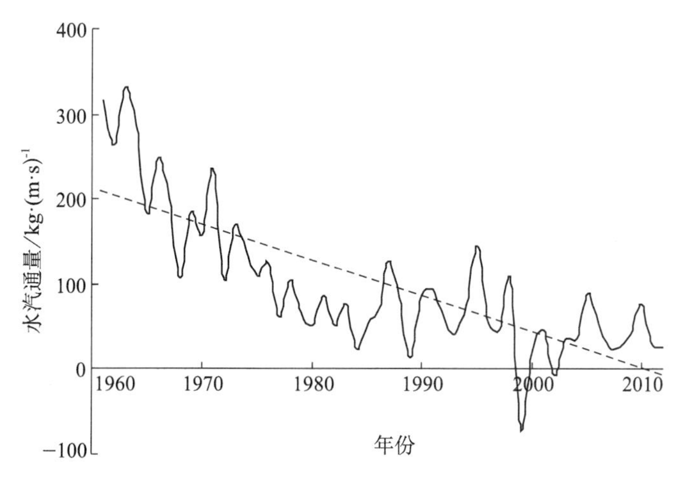

图 3.6 1961—2012 年夏季通过华北南边界（32.5°N，110°～120°E）进入华北的水汽通量变化（单位：kg·（m·s）$^{-1}$）

著性检验，即夏季通过南边界进入华北的水汽多，华北暴雨日数多；进入华北水汽少，华北暴雨日数少。华北夏季暴雨事件减少可能与南边界进入华北的水汽通量大量减少有关。近两年华北夏季降水量和暴雨日数有所增加，可能与进入华北的水汽增多有关。

3.3.3 热带对流变化

关于夏季热带对流变化对华北降水的影响研究还不多见，这里对此进行分析。地气向外长波辐射（Outgoing Longwave Radiation，OLR）资料是监测热带对流变化的很好资料，但从1974年6月才有观测数据，而且1978年有几个月缺测。因此，多年平均选择1981—2000年时段。

图3.7是多年（1981—2000年）平均夏季OLR分布，低值区是对流位置，数值越低表明对流越强。在印度西南洋面、孟加拉湾、南海至菲律宾各存在一个对流中心，分别称为印度对流、孟加拉湾对流、南海对流，其中孟加拉湾对流最为强大。前期研究发现（郝立生，2011），华北暴雨与孟加拉湾对流相关性不是很好，与印度对流、南海对流相关性较好。

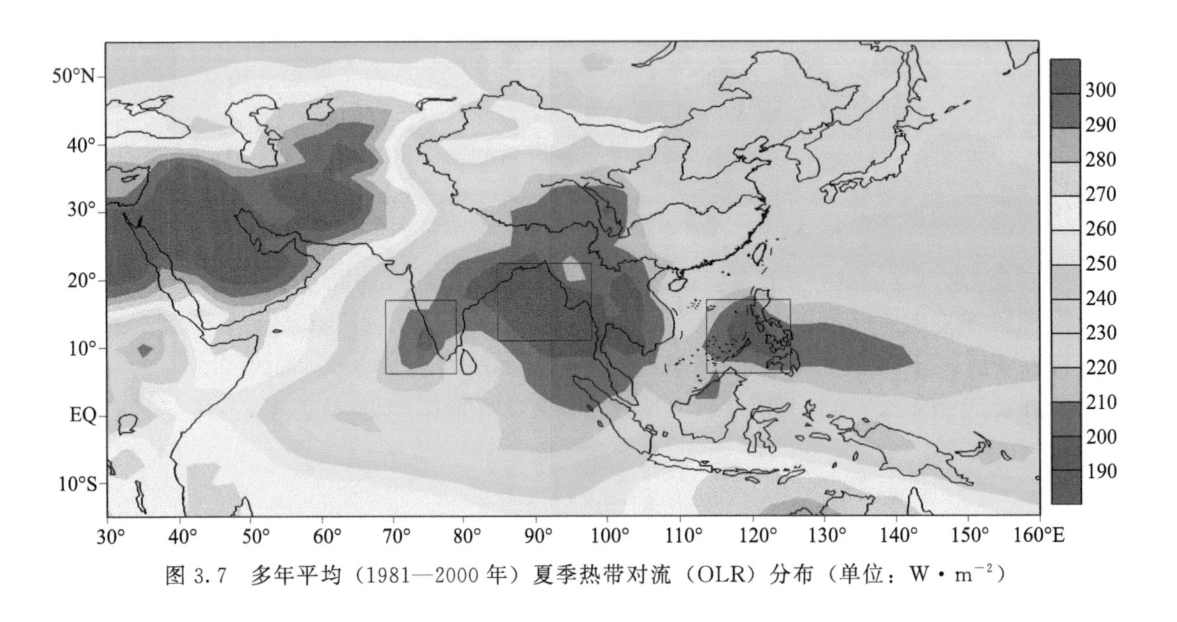

图3.7 多年平均（1981—2000年）夏季热带对流（OLR）分布（单位：W·m^{-2}）

我们定义一个热带对流指数来定量分析其与华北夏季暴雨发生的关系。将印度对流区OLR平均值减去南海对流区OLR平均值，再做标准化处理，定义为热带对流指数。对孟加拉湾对流区OLR也做标准化处理，定义为孟加拉湾对流指数。对流指数负值越大表明对流越强。相关分析表明，华北夏季暴雨日数与孟加拉湾对流相关性不大，而与热带对流指数呈显著的负相关，即夏季印度对流强、南海对流弱，华北夏季暴雨日数多。

图3.8是华北夏季暴雨日数和热带对流、孟加拉湾对流指数变化。热带对流指数、孟加拉湾指数都呈波动减小趋势。近些年热带对流指数有所加强，即印度对流加强、南海对流减弱，造成2011年、2012年夏季华北暴雨日数明显偏多。

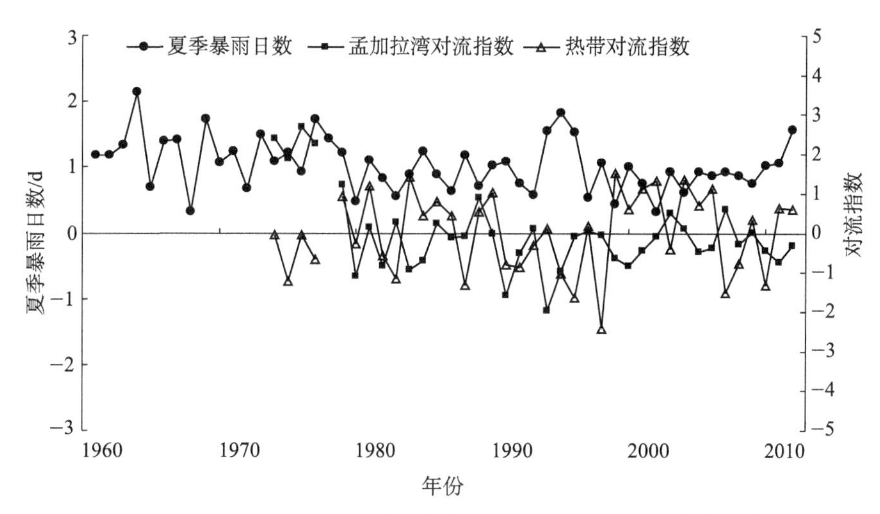

图 3.8　华北夏季暴雨日数和热带对流、孟加拉湾对流指数变化

3.3.4　副热带高压变化

近 50 a 热带对流发生了变化，那么与之对应的副热带高压变化如何呢？用夏季（6—8 月）暴雨日数与夏季西太平洋副热带高压指数（副高面积、副高强度、副高脊线位置、副高北界位置、副高西伸点）求相关，相关系数分别为－0.029，－0.015，0.278，0.254，－0.157，与副高脊线指数的正相关通过了 95％的显著性检验，与副高北界指数的正相关通过了 90％的显著性检验，而与副高面积、强度、西脊点指数呈负相关，但没通过显著性检验。可见，华北夏季暴雨日数只与副高脊线和副高北界有关，呈明显的正相关关系。副高脊线（北界）位置偏北，华北发生暴雨的天数可能偏多。可见，华北夏季暴雨日数多少与副高脊线、北界位置关系密切，与西伸点呈不显著的负相关关系，与副高面积、强度没有明显的相关性。但从近 50 a 变化线性趋势看，副高强度、副高面积呈增大趋势（图 3.9），且通过了 95％的显著性检验；副高东西位置长期变化呈西伸趋势（图 3.10），但没通过显著性检验；副高脊线和北界位置长期变化无明显趋势（图 3.10）。最近几年暴雨有所增多，尤其 2012 年偏多很明显，而副高强度、面积是明显减小的，副高明显偏北同时偏东。副高变化对华北夏季暴雨事件发生的影响比较复杂，通常认为副高的位置决定暴雨发生的位置。另外，副热带高压季节内变化可能对华北夏季暴雨发生有重要影响，有待进一步研究。

因此，近 50 a 华北暴雨事件减少与东亚夏季风减弱，进入华北的水汽大量减少有关。而热带对流、西太平洋副热带高压长期变化趋势不明显，与华北暴雨事件减少关系不明显，但与华北暴雨年际变化关系密切。

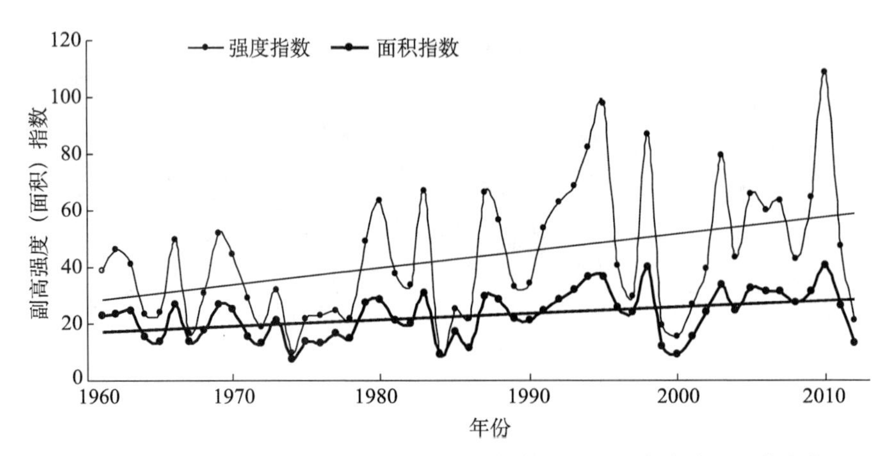

图 3.9 1961—2012 年夏季副高强度（细实线）、面积（粗实线）指数变化（斜线是线性趋势）

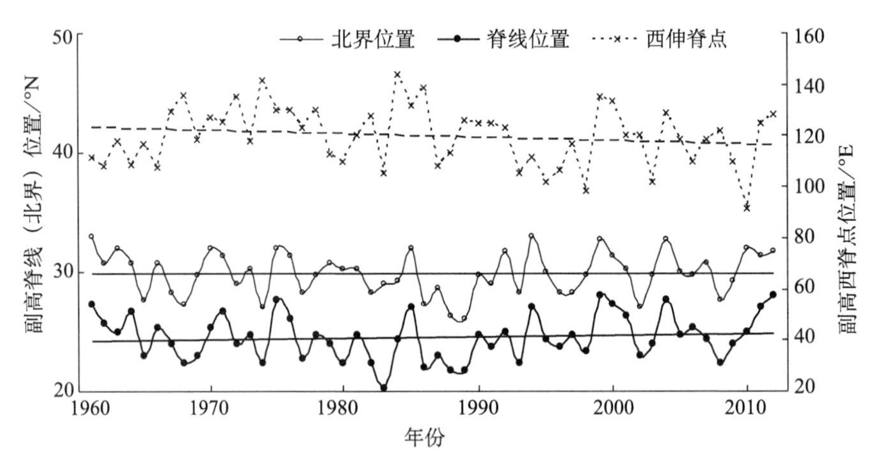

图 3.10 1961—2012 年夏季副高脊线（粗实线）、北界（细实线）、西脊点（虚线）位置变化，斜线是线性趋势

3.4 夏季暴雨异常分析

为了改进华北暴雨预测技术，必须对暴雨异常原因进行分析，找出预报着眼点。华北多年（1971—2000 年）全区平均暴雨日数为 1.03 d，1968 年最少，为 0.33 d，1964 年最多，为 2.14 d。下面选择 5 个暴雨日数最多的年份和 5 个暴雨日数最少的年份进行对比分析（表 3.3），以便为改进预测技术提供科学基础。

表 3.3 华北夏季暴雨日数异常年统计

	偏多年					偏少年				
年份	1964 年	1969 年	1977 年	1995 年	2012 年	1968 年	1980 年	1997 年	1999 年	2002 年
暴雨日数距平/d	1.11	0.69	0.69	0.8	0.55	−0.7	−0.56	−0.5	−0.59	−0.7

3.4.1 东亚夏季风对比

图 3.11 是华北夏季暴雨异常年 850 hPa 层水平风场空间分布。在 1971—2000 年平均场上（图 3.11e），可以看到几个明显特征：第一，赤道南半球偏东风经索马里越过赤道后转为偏西强风经阿拉伯海吹向印度，继续向东经孟加拉湾、中南半岛，到达南海转为偏南风沿我国东部吹向华北地区，这是北半球夏季最强的季风气流，可称为索马里强气流。第二，在苏门答腊岛东 110°E 附近和菲律宾南部 125°E 附近各存在一支明显向北的越赤道气流，可能有利于南半球水汽向北输送并入索马里强气流中。第三，索马里强气流在南海有向东分支的趋势，这种趋势会减弱索马里强气流向华北的水汽输送。第四，西太平洋副高西部外围东南、偏南气流与东亚偏南气流汇合吹向华北。

在暴雨偏多年（图 3.11a），风场整体特征似乎与平均场差别不大，明显特征是东亚地区南风偏强，有利于水汽向华北输送。在减去平均场后，发现风场异常有四个明显特征（图 3.11c）：(1) 东亚南风异常明显，说明有大量水汽会输送到华北；(2) 青藏高原南部有偏西风异常，说明印度夏季风位置偏北，从而加强了索马里强气流向华北输送水汽；(3) 西太平洋副热带高压位置有反气旋异常环流，从而加强了东南风、偏南风向华北的水汽输送；(4) 南海南部及以东海上有偏东风异常。

在暴雨偏少年（图 3.11b），风场整体特征似乎也与平均场差别不大，与暴雨偏多年风场比较发现，明显特征是东亚南风到达长江后迅速减小，在长江流域形成风速辐合，淮河流域为风速辐散场，造成华北水汽来源不足。这种情况下，长江流域应该多暴雨，淮河流域、华北地区少暴雨。在异常场上有三个明显特征（图 3.11d）：(1) 朝鲜半岛南部至海上有气旋性环流异常，从而造成华北出现北风异常，减弱了南风向华北的水汽输送；(2) 青藏高原南部偏西风异常南移到了孟加拉湾海上，说明印度夏季风位置偏南，可能减弱了索马里强气流向华北的水汽输送；(3) 南海南部及以东海上有偏西风异常，对索马里强气流造成向东的抽吸作用，可能会造成向东亚的水汽输送通道向东南方向压，长江下游、朝鲜半岛、日本可能暴雨会偏多。

在偏多年减去偏少年异常场上（图 3.11f），敏感地区异常特征表现得更加明显，有四点值得关注：(1) 东亚为偏南风异常；(2) 青藏高原南侧为偏西风异常；(3) 西太平洋副高西侧在台湾附近有明显的东南风异常；(4) 南海及以东海上为东风异常。预测华北夏季暴雨时应关注这几个区域的风场是否出现异常。

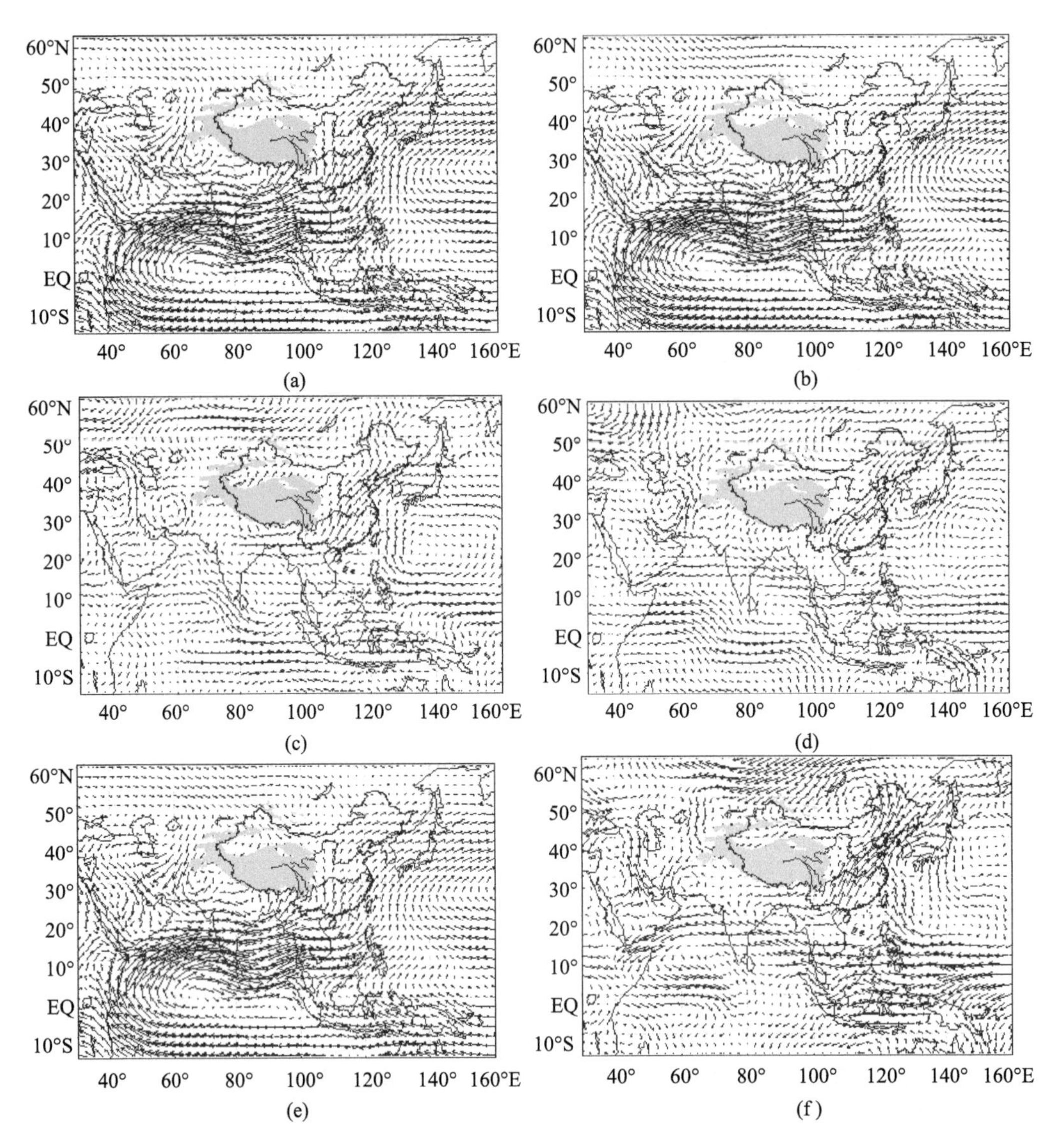

图 3.11　华北暴雨异常年夏季 850 hPa 层水平风场空间分布（单位：$m \cdot s^{-1}$）

(a) 偏多年；(b) 偏少年；(c) 偏多年－平均场；(d) 偏少年－平均场；

(e) 多年平均场；(f) 偏多年－偏少年

3.4.2　水汽通量对比

暴雨发生的重要条件就是水汽条件，华北夏季暴雨异常必然伴随水汽输送的异常。图 3.12 是低层（地面至 850 hPa）水汽通量场。

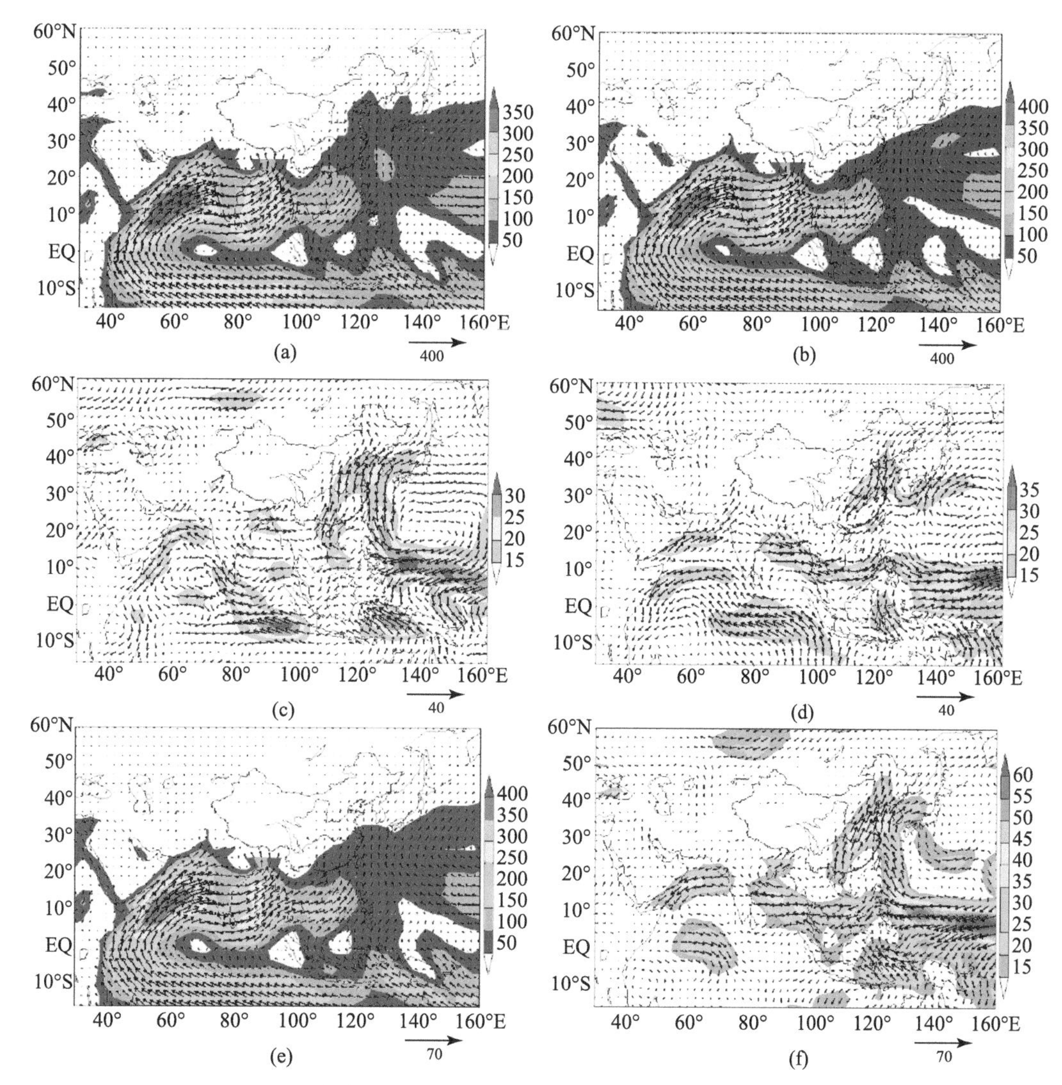

图 3.12　华北暴雨异常年低层（850 hPa 以下）水汽通量场（单位：kg·（m·s）$^{-1}$）

（a）偏多年；（b）偏少年；（c）偏多年－平均场；（d）偏少年－平均场；

（e）多年平均场；（f）偏多年－偏少年

图 3.12e 是多年平均（1971—2000 年）夏季水汽通量场。有四个明显特征：第一，强大的索马里越赤道气流将南半球水汽源源不断输送到阿拉伯海，经印度、孟加拉湾、中南半岛到达南海，然后转向输送到东亚地区，可将这个通道称为索马里水汽大通道，可以看到，水汽输送到达华北时已非常弱；第二，西北太平洋副高外围东南、偏南气流向华北的水汽输送通道，可称为副高东南水汽输送通道；第三，在苏门答腊岛东 110°E 附近和菲律宾南部 125°E 附近各存在一支明显的越赤道向北的水汽输送，110°E 附近的水汽输送并入索马里水汽大通道，125°E 附近的水汽输送并入副高外围偏南气流水汽通道，然后向东亚输送水汽，可把这两支越赤道水汽输送称为东亚越赤道水汽输送通道；第四，第一条水汽输送大通道在

南海至菲律宾附近有分支向东输送的倾向。这几个方面中任意一个发生变化都会对华北夏季暴雨发生产生重要影响。

华北夏季暴雨偏多年（图 3.12a）。水汽通量场整体形势与平均场差别不大，但东亚地区从南海至华北的水汽输送明显偏强，华北水汽偏多。在水汽通量距平场上可以看到三个明显异常（图 3.12c），一是东亚西南风水汽输送异常偏强；二是索马里水汽大通道在孟加拉湾北部为西风异常，加强了索马里水汽向华南进而向华北的水汽输送；三是在菲律宾东部海面上有强的偏东风水汽输送异常，也是三个特征中最明显的，该异常水汽输送通道在台湾附近转为偏南风向华北输送大量水汽，是三个异常输送通道中最强的一个。第三个异常水汽通道可能是华北夏季暴雨偏多的主要原因。

华北夏季暴雨偏少年（图 3.12b）。水汽通量场整体形势与平均场差别不大，但东亚地区向北的水汽输送明显偏弱，整个水汽输送带明显南压，华北水汽明显偏少。在水汽通量距平场上可以看到四个明显异常（图 3.12d），一是东亚华北地区出现异常偏北风水汽输送，说明夏季华北水汽大量减少；二是索马里水汽大通道在孟加拉湾西风异常移到偏南位置，减弱了索马里水汽向华南进而向华北的水汽输送；三是在朝鲜半岛与日本海出现气旋性异常环流，加强了华北偏北风水汽输送异常，西其外围偏北、西北气流会将偏南风水汽输送压到偏南位置，日本应该暴雨会增多；四是在南海至菲律宾东部海面上出现强的偏西风水汽输送异常，加强了对索马里水汽大通道的抽吸作用，从而减弱了索马里大通道向东亚、华北的水汽输送，同时，副高外围东南风水汽输送也会因此明显减弱。

图 3.12f 是华北暴雨偏多年与偏少年水汽通量差值场。主要特征有三个：一是东亚华北地区为偏南风水汽输送异常；二是孟加拉湾北部为西风输送异常，南部为东风输送异常，说明印度夏季风位置偏北；三是在菲律宾以东洋面为显著地偏东风水汽输送异常，这个异常输送带在台湾附件转为偏南风水汽输送，进而加强了向华北的水汽输送。

因此，印度季风位置在孟加拉湾是否偏北、菲律宾东部海面是否有显著的偏东风水汽输送异常是判断华北暴雨偏多的关键因子。而印度季风位置在孟加拉湾是否偏南、南海至菲律宾东部海面是否有显著的偏西风水汽输送异常、朝鲜半岛至日本海是否有气旋性水汽输送异常是判断华北暴雨偏少的关键因子。

3.4.3 热带对流对比

华北暴雨多少与西太平洋副热带高压密切相关，而副高与热带对流密切相关。热带对流与华北暴雨有什么样的对应关系呢？采用地气向外长波辐射（OLR）资料进行分析。由于地气向外长波辐射资料从 1974 年 6 月才有，而且 1978 年有几个月缺测。因此，多年平均选择 1981—2000 年，选择暴雨异常年要在 1974 年以后挑选，这样，暴雨事件偏多年有 1977 年、1995 年、2012 年，偏少年有 1980 年、1997 年、1999 年、2002 年。

在夏季 OLR 多年平均图上（图 3.13），热带地区主要存在三个对流：一个在印度半岛西南海面上，称为印度对流；一个在孟加拉湾，称为孟加拉湾对流；一个在南海至菲律宾东部海面上，称为南海对流。

比较暴雨日数偏多年（图 3.13a）、偏少年（图 3.13b）的 OLR 场，可以看到：在暴雨偏多年，印度对流偏强、南海对流偏弱；在暴雨偏少年，印度对流偏弱、南海及菲律宾东部海面对流偏强。根据副热带压形成机制推断，印度对流强，西北太平洋副高位置应该偏西，华北多暴雨；而南海至菲律宾对流强，副高位置会偏东，华北少暴雨。是否存在这种关系还需进一步深入研究。

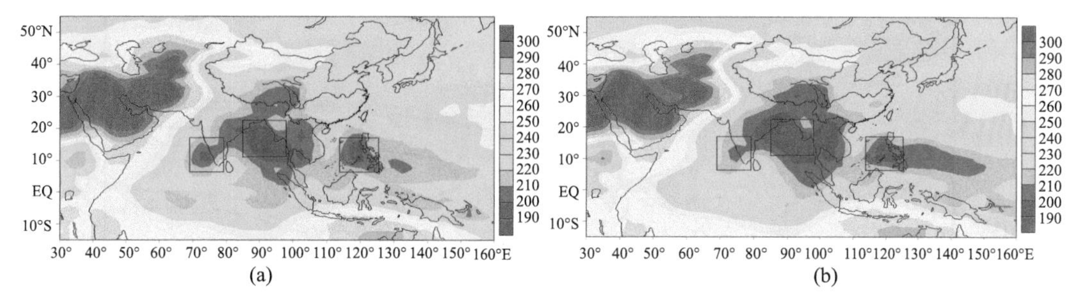

图 3.13　华北暴雨异常年热带对流（OLR）分布（单位：W·m^{-2}）

（a）偏多年；（b）偏少年

3.4.4　副热带高压对比

前面分析表明，华北夏季暴雨日数多少与副高脊线、北界位置关系密切，与西伸点呈不显著的负相关关系，与副高面积、强度没有明显的相关性。那么华北夏季暴雨异常年副热带高压位置如何呢?

图 3.14 是华北夏季暴雨偏多年、偏少年的 500 hPa 副热带高压情况。从相关场上可以看到，华北暴雨日数与蒙古至我国西北地区高度场为负相关，与热带地区高度场也为负相关，与日本海地区高度场为正相关。说明当副热带高压位置偏北、我国高空西北为低槽时，华北暴雨会偏多。

从副高外围廓线看，副高南北位置在暴雨偏多年、偏少年没什么区别，强度上在暴雨偏少年时偏强、在暴雨偏多年时偏弱，东西位置在暴雨偏少年时偏西、在暴雨偏多年时偏东，与热带对流分析推断结论明显存在矛盾。利用国家气候中心副高指数资料，进一步统计分析也发现，面积指数、强度指数在暴雨偏多年有偏强的、也有偏弱的，在暴雨偏少年也如此；脊线位置、北界位置在暴雨偏多年有偏北的、也有偏南的，在暴雨偏少年也如此；西伸脊点在暴雨偏多年有偏西的、也有偏东的，在暴雨偏少年也如此。副高变化与华北暴雨异常对应关系不是很好，用副高指数变化预测华北夏季暴雨困难很大。

所以，副高对华北夏季暴雨发生的影响比较复杂，副热带高压季节内变化可能对华北夏季暴雨发生有重要影响，有待进一步研究。

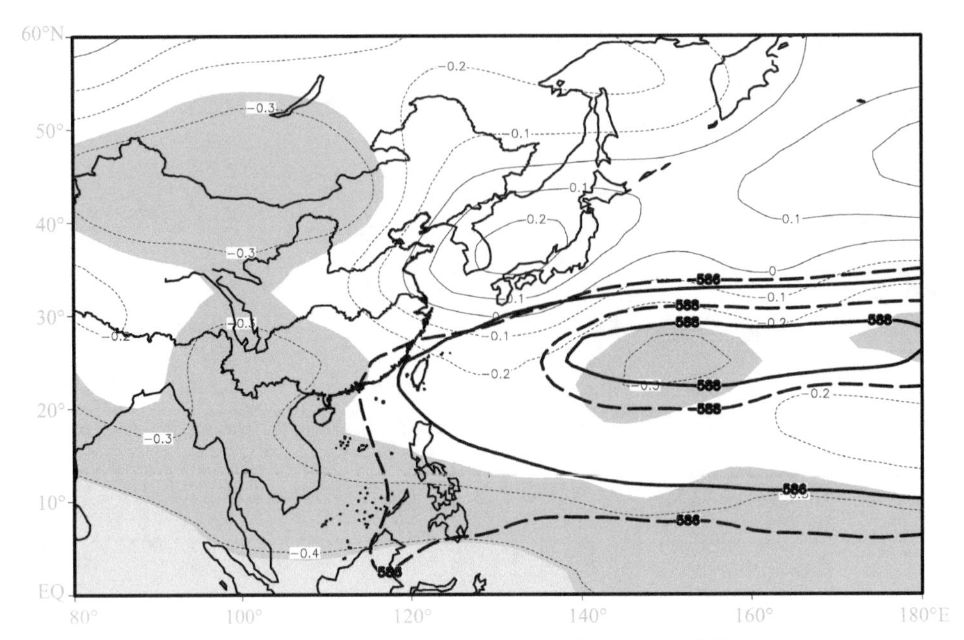

图 3.14 华北暴雨事件偏多年（粗实线）、偏少年（粗虚线）500 hPa 副高外围廓线（单位：gmp）

（细线是暴雨日数与高度场相关系数分布，阴影区通过 95％显著性检验）

3.5 本章小结

（1）华北降水异常，偏多年主要是由于暴雨、大雨雨量偏多造成的，偏少年主要是由于暴雨雨量偏少造成的，暴雨雨量的多少对华北夏季降水量多少影响很大。近 50 a，华北干旱化趋势主要是由于夏季雨量减少造成的，其中夏季暴雨雨日减少造成的影响非常重要。

（2）近 50 a，华北夏季暴雨日数减少可能东亚夏季风减弱，进入华北水汽大量减少有关。而热带对流、西太平洋副热带高压无明显长期变化趋势，与华北暴雨事件减少关系不明显，但与华北夏季暴雨年际变化关系密切。夏季印度对流强、南海对流弱，华北夏季暴雨日数多，反之亦然。近两年印度对流偏强、南海对流偏弱，造成 2011 年、2012 年夏季华北暴雨日数明显偏多。华北夏季暴雨日数多少与副高脊线、北界位置有显著的正相关关系，与西伸点呈不显著的负相关关系，与副高面积、强度没有明显的相关性。

（3）华北夏季暴雨异常预报着眼点

在 850 hPa 风场上，有四点值得关注：①东亚为偏南风异常；②青藏高原南侧为偏西风异常；③西太平洋副高西侧在台湾附近有明显的东南风异常；④南海及以东海上为东风异常。预测华北夏季暴雨时应关注这几个区域的风场是否出现异常。

在低层（地面至 850 hPa 层）水汽通量场上：印度季风位置在孟加拉湾是否偏北、菲律宾东部海面是否有显著的偏东风水汽输送异常是判断华北暴雨偏多的关键因子。而印度季风位置在孟加拉湾是否偏南、南海至菲律宾东部海面是否有显著的偏西风水汽输送异常、朝鲜半岛至日本海是否有气旋性水汽输送异常是判断华北暴雨偏少的关键因子。

OLR监测热带对流：印度对流偏强、南海和菲律宾对流偏弱，华北夏季多暴雨；印度对流偏弱、南海及菲律宾东部海面对流偏强，华北夏季少暴雨。

副高对华北夏季暴雨发生的影响比较复杂，副热带高压季节内变化可能对华北夏季暴雨发生有重要影响，有待进一步研究。

参考文献

丁一汇，刘芸芸，2008. 亚洲—太平洋季风区的遥相关研究[J]. 气象学报，66（5）：670-682.

郝立生，2011. 华北降水时空变化及降水量减少影响因子研究[D]. 南京：南京信息工程大学.

郝立生，丁一汇，闵锦忠，2016. 东亚夏季风变化与华北夏季降水异常关系[J]. 高原气象，35（5）：1280-1289.

郝立生，闵锦忠，丁一汇，2011. 华北地区降水事件变化和暴雨事件减少原因分析[J]. 地球物理学报，54（5）：1160-1167.

郝立生，闵锦忠，姚学祥，2007. 华北和印度夏季风降水变化的对比分析[J]. 气候变化研究进展，3（5）：271-275.

黄荣辉，徐予红，周连童，1999. 我国夏季降水的年代际变化及干旱化趋势[J]. 高原气象，18（4）：465-476.

彭京备，陈烈庭，张庆云，2005. 青藏高原异常雪盖和ENSO的多尺度变化及其与中国夏季降水的关系[J]. 高原气象，24（3）：366-377.

徐桂玉，杨修群，孙旭光，2005. 华北降水年代际、年际变化特征与北半球大气环流的联系[J]. 地球物理学报，48（3）：511-518.

杨修群，谢倩，朱益民，等，2005. 华北降水年代际变化特征及相关的海气异常型[J]. 地球物理学报，48（4）：789-797.

叶笃正，黄荣辉，1996. 长江黄河流域旱涝规律和成因研究[M]. 济南：山东科学技术出版社：1-387.

张庆云，1999. 1880年以来华北降水及水资源的变化[J]. 高原气象，18（4）：486-495.

张人禾，1999. El Nino盛期印度夏季风水汽输送在我国华北地区夏季降水异常中的作用[J]. 高原气象，18（4）：567-574.

竺可桢，1934. 东南季风与中国之雨量[J]. 地理学报，1（1）：1-27.

CHEN H，DING Y，HE J，2007. Reappraisal of Asian summer monsoon indices and the long-term variation of monsoon[J]. Acta Meteorologica Sinica，21（2）：168-178.

DING Y，CHAN J C L，2005. The East Asian summer monsoon：An overview[J]. Meteorology and Atmospheric Physics，89（1）：117-142.

IPCC，2007. Climate Change 2007：The Physical Science Basis. Contribution of Working Group l to the Fourth Assessment Report of the Intergovernmental Panel on Climate Change[R]. Cambridge：Cambridge University Press.

WANG B，WU Z，LI J，et al，2008. How to measure the strength of the East Asian summer monsoon[J]. Journal of Climate，21（17）：4449-4463.

WANG H，2002. Instability of the East Asian summer monsoon-ENSO relations[J]. Advances in Atmospheric Sciences，19（1）：1-11.

第4章　华北夏季降水与北半球环流的关系

华北地区人口密集，是近年中国重点开发建设的地区。水资源已成为制约该地区发展的一个关键因素，而降水是该地区最重要的补充来源。自20世纪60—70年代以来，华北夏季降水呈减少趋势（叶笃正和黄荣辉，1996；郝立生等，2007）。由于夏季降水减少而引起的该地区干旱化问题引起了气象学者们的广泛关注（徐桂玉等，2005；杨修群等，2005；谭桂容等，2003；建军等，2005；Huang et al.，2007），很多学者从不同方面对华北夏季降水减少进行了很好的研究（建军等，2006；李春等，2005；蔡学湛等，2009）。黄荣辉等（1999）分析我国夏季降水年代际变化特征及华北干旱化趋势，发现夏季降水在1965年前后发生了一次气候跃变，这种气候变化可能主要是由于20世纪60年代中期和80—90年代初赤道东太平洋海表温度明显升高所致；张庆云（1999）将华北地区降水变化归因于西太平洋副热带高压的异常；彭京备等（2006）研究青藏高原雪盖变化与中国夏季降水的关系，发现积雪在20世纪70年代后期发生了一次年代际气候跃变，积雪由少雪期向多雪期转化，与华北夏季降水变化有很好的对应关系；很多学者还研究了夏季水汽输送变化与华北降水减少的联系（Fan et al.，1992；张人禾，1999；谢坤等，2008）；更多的研究表明，华北夏季降水减少与东亚夏季风减弱有密切的关系（Dai et al.，2003；Ding et al.，2005，2007；丁一汇和刘芸芸，2008）。

虽然很多学者从各个角度对华北夏季降水减少成因进行了分析，但对华北夏季降水变化规律把握上仍然存在很大难度，表现在对夏季降水预测的水平不高，因此，有必要对华北地区夏季降水减少原因做进一步深入的研究。本章对华北夏季降水突然开始减少前后北半球大气环流异常变化进行对比分析（郝立生等，2010），寻找其与华北夏季降水减少的联系，为改进华北夏季降水预测提供一些科学参考依据。

4.1　海平面气压场变化的影响

海平面气压场上的高、低压系统会带来不同的天气过程，低压往往伴随降水天气，高压常常晴天少雨。华北夏季降水减少与海平面天气系统变化有密切关系。这里重点分析冬季西伯利亚高压和夏季印度低压、蒙古低压与华北夏季降水的关系。在1971—2000年平均海平面气压场上，冬季最显著的系统是西伯利亚（蒙古）冷高压（图4.1a），夏季最显著的系统是印度低压和蒙古低压（图4.1b）。

华北夏季降水与海平面气压有什么样的关系呢？图4.2是华北夏季降水量与海平面气压相关系数空间分布。图4.2a是与上年冬季气压相关图，可以看到，夏季降水量与冬季西伯利亚冷高压区为显著地正相关。这说明，上年冬季西伯利亚高压偏强，接下来夏季华北降水

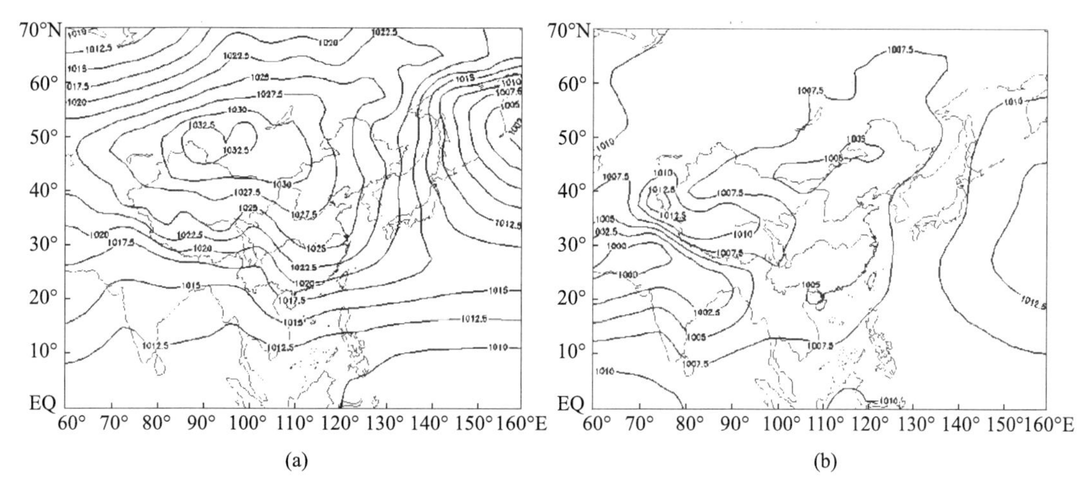

图 4.1 1971—2000 年平均的（a）冬季、（b）夏季海平面气压场分布（单位：hPa）

会偏多。图 4.2b 是与当年夏季气压相关图，可以看到，夏季降水量与印度低压区及热带印度洋地区为显著负相关，与蒙古至我国华北地区也为显著负相关，即夏季这两地区气压偏低，则夏季华北降水量偏多，也就是印度低压、蒙古低压偏强时，夏季华北降水量偏多。

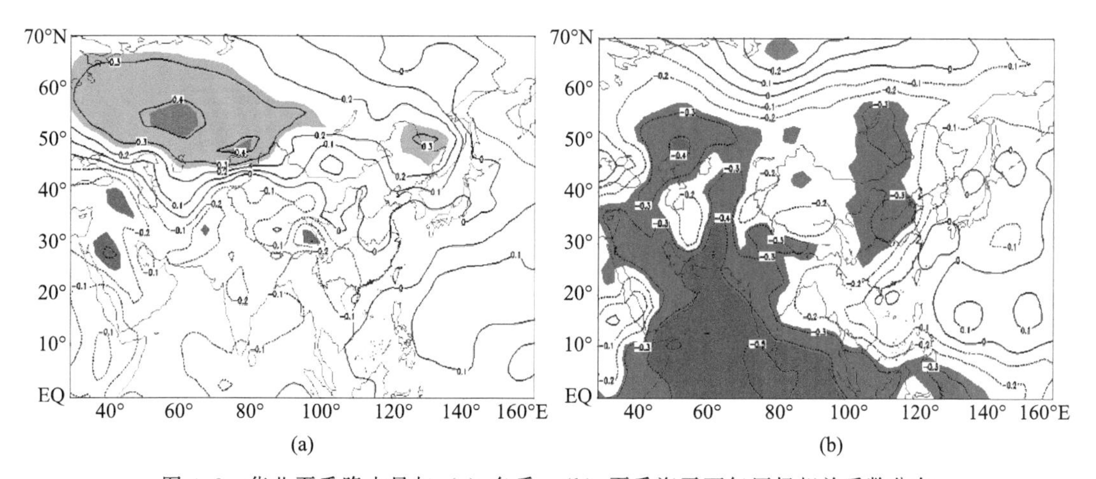

图 4.2 华北夏季降水量与（a）冬季、（b）夏季海平面气压场相关系数分布
（阴影区通过了 95%显著性检验）

为了找出预测的指标，选择华北夏季降水异常偏多年（1964 年、1966 年、1967 年、1973 年、1977 年）、偏少年（1968 年、1972 年、1991 年、1997 年、2002 年），进一步对比分析气压距平变化。图 4.3 是华北夏季降水偏多偏少年对应的上年冬季、当年夏季气压距平场。在上年冬季气压距平场上（图 4.3a～b），在夏季降水偏多年，西伯利亚地区为显著地正距平，蒙古地区也为明显正距平；在夏季降水偏少年，气压场异常不很明显，只是西伯利亚和蒙古地区为很小的负距平。在当年夏季气压距平场上（图 4.3c～d），在夏季降水偏多

年，蒙古地区为显著的负距平；在夏季降水偏少年，气压场异常不很明显，各地距平值都很小。由此看到，华北夏季降水偏多年，在海平面气压场上有显著异常特征，即冬季西伯利亚至蒙古为显著正距平、夏季蒙古地区为显著负距平时；而华北夏季降水偏少年，海平面气压场异常特征不是很明显。

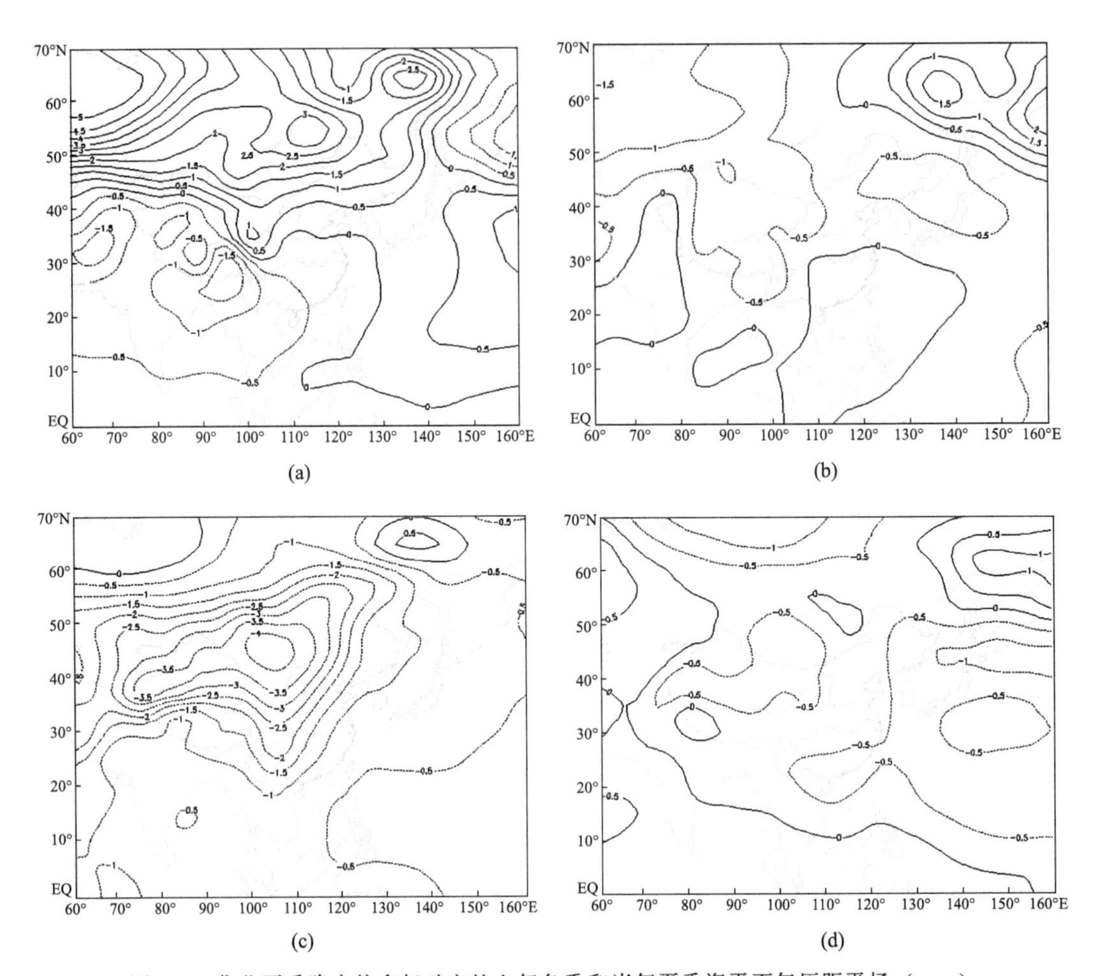

图 4.3　华北夏季降水偏多年对应的上年冬季和当年夏季海平面气压距平场（a，c）、偏少年对应的上年冬季和当年夏季海平面气压距平场（b，d）（单位：hPa）

为了更好地分析冬季西伯利亚高压、夏季印度低压和蒙古低压变化与华北夏季降水的关系，必须对它们进行定量描述，为此定义三个指数，即西伯利亚高压指数、蒙古低压指数、印度低压指数。西伯利亚高压区域取（60°～90°E，45°～65°N），蒙古低压区域取（100°～120°E，40°～50°N），印度低压区域取（60°～80°E，20°～30°N）。各指数定义如下：

$$GI_{sb} = \frac{slp - \overline{slp}}{\sigma_{slp}}$$

$$DI_{\mathrm{mg}}=\frac{slp-\overline{slp}}{\sigma_{slp}}$$

$$DI_{\mathrm{in}}=\frac{slp-\overline{slp}}{\sigma_{slp}}$$

式中，GI_{sb}是西伯利亚高压指数，DI_{mg}是蒙古低压指数，DI_{in}是印度低压指数；slp 是某年对应的区域平均海平面气压值，$\overline{slp}$为对应季节 1971—2000 年平均气压值，σ_{slp}为 slp 的均方差。

图 4.4 是华北夏季降水量距平、西伯利亚冷高压、蒙古低压、印度低压指数变化。可以看到，近 50 a，华北夏季降水量呈减少趋势，90 年代后期以来显著偏少，近两年逐渐增多，有专家说“南涝北旱”的格局正在向“南旱北涝”转变，是否降水发生转型还需进一步深入研究。

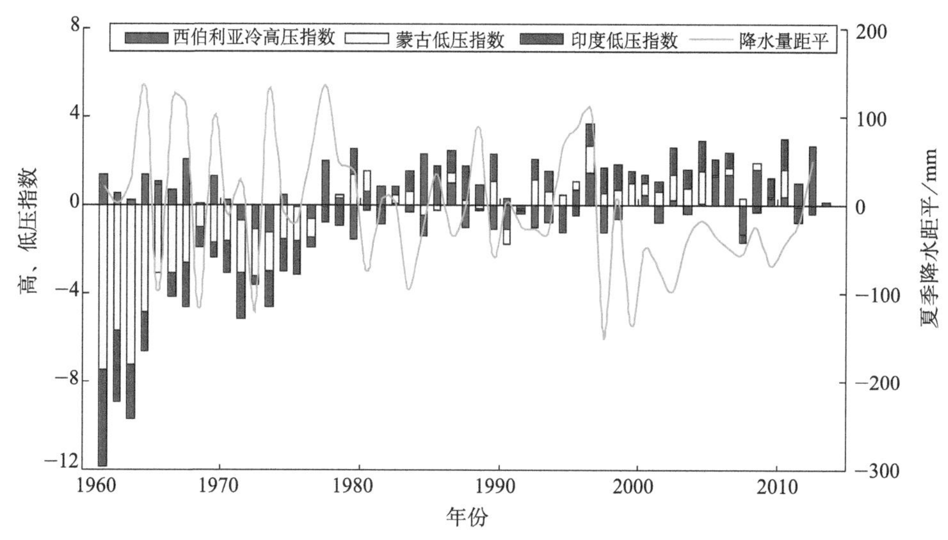

图 4.4　华北夏季降水量距平（绿线）与西伯利亚冷高压（蓝）、蒙古低压（黄）、印度低压（紫）指数变化

西伯利亚高压指数呈现阶段性变化，但基本无长期增强或减弱的趋势，20 世纪 60 年代偏强，70 年代偏弱，80 年代偏强，1990—2004 年偏弱，2005 年以来显著偏强。根据前面分析，冬季西伯利亚异常偏强，夏季华北降水会偏多，现在 2012 年 12 月至 2013 年 2 月西伯利亚高压不是很强，从这一个因素判断，2013 年华北夏季降水不应多于 2012 年夏季。

近 50 a，印度低压指数在 1980 年前后由负值转为正值，说明印度低压呈减弱趋势。根据前面分析，印度低压偏强，华北夏季降水偏多，印度低压变化趋势与华北夏季降水变化有很好的对应关系。2011 年以来，印度低压转为负值，表明印度低压转为偏强，与华北近两年夏季降水偏多对应很好。近 50 a，蒙古低压减弱最明显。1961—1976 年，蒙古低压指数为很小的负值，说明蒙古低压异常强大，之后转为正值，蒙古低压开始减弱，到 2010 年一直偏弱，近两年转为小的负值，即蒙古低压可能开始加强，与华北夏季降水偏少对应很好。

冬季西伯利亚高压指数、夏季印度低压指数、蒙古低压指数变化与华北夏季降水变化有很好的对应关系，三指数与华北夏季降水量相关系数分别为0.341、−0.287、−0.403，都通过了95%的显著性检验，说明三者与华北夏季降水关系密切。近2～3 a三个指数都开始增强，这可能是我国东部降水转型的部分前兆信号。

如果说三个指数可能是我国东部降水转型的部分前兆信号，那它们与其他地区的降水关系如何呢？图4.5是三个指数对应的我国夏季降水空间异常分布。对应上年冬季西伯利亚冷高压，华北夏季降水除北部外都为正距平，淮河流域为负距平，长江中下游地区为小的正距

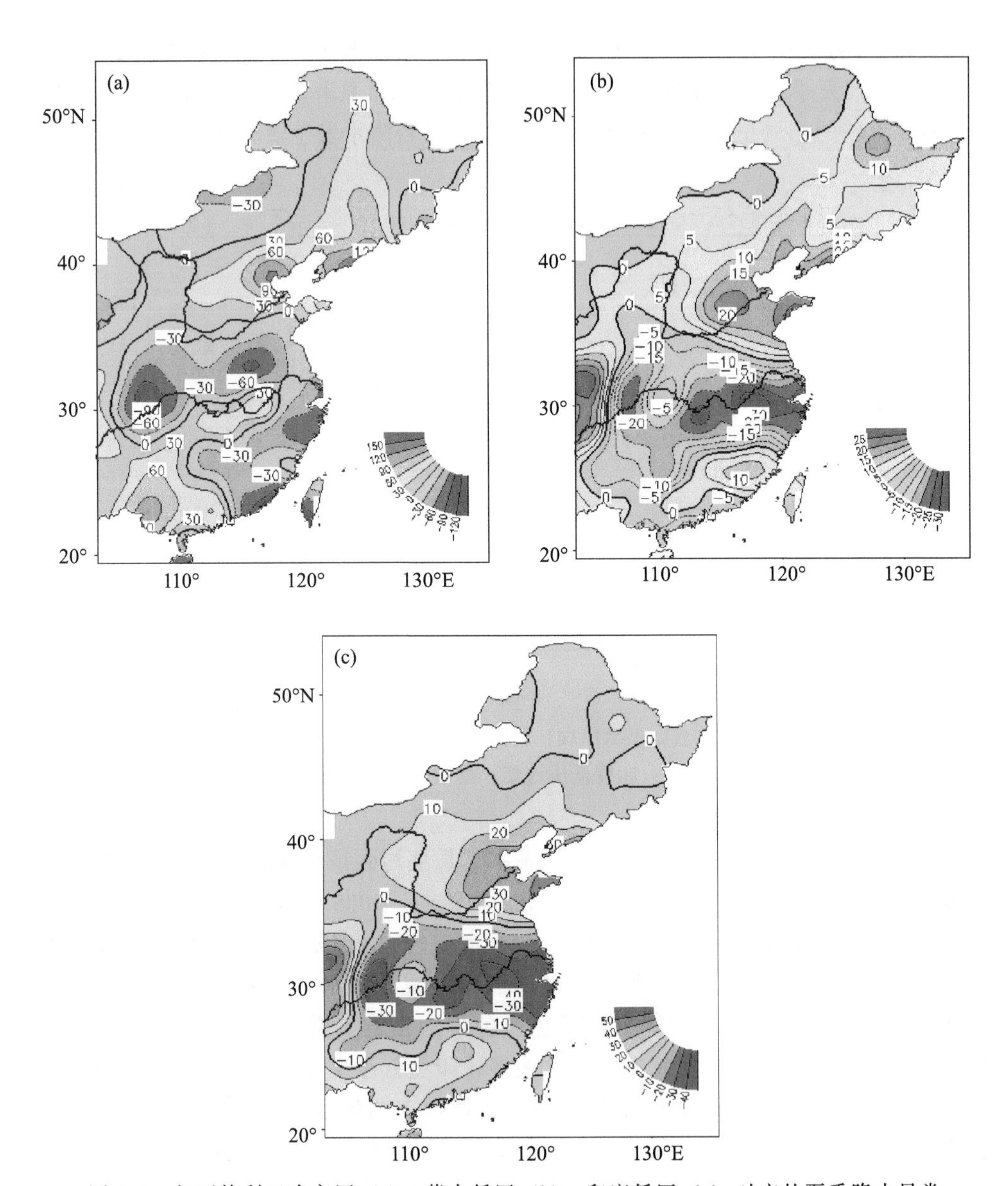

图4.5 与西伯利亚冷高压（a）、蒙古低压（b）、印度低压（c）对应的夏季降水异常空间分布（单位：mm）

平。这表明，冬季西伯利亚高压偏强时，夏季华北降水偏多、淮河降水偏少、长江中下游略偏多，类似于2类雨型反位相（赵振国，1999）。对应夏季蒙古低压、印度低压，华北地区都为明显的正距平，长江中下游为负距平，但对应印度低压的降水异常表现更明显一些。这表明，蒙古低压、印度低压偏强时，夏季华北降水偏多、长江中下游降水偏少，类似于三类雨型反位相（赵振国，1999）。

赵振国（1999）提出的三类雨型是根据1951—1996年夏季降水资料统计归纳出来的，实际近年来主要雨型分布可能发生了变化，为此，采用全国160站100°E以东的测站1961—2012年夏季降水做自然正交分解，分析主要雨型空间分布。降水前5个主要模态分别解释总方差的14.12%，11.50%，7.61%，6.47%，6.12%。以后的模态所占方差更小，都在5%以下，且空间分布没什么规律，不做分析。图4.6是前5个模态空间分布。第一模态，华北基本为降水偏多，江淮少雨，江南南部至华南多雨，为典型的第1类雨型；第二模态主要多雨带位于淮河以北地区，长江流域和东南沿海少雨，为典型的第3类雨型反位相；第三模态主要多雨带位于淮河流域，黄河以北和长江以南大部分地区少雨，为典型的第2类雨型；第四模态从华北、淮河、长江、华南、海南岛为“－＋－＋－”分布，华北、长江少雨，淮河、华南多雨；第五模态多雨带位于浙江、福建一带，淮河以北少雨；第4类、第5类雨型也占有较大比重，它们的形成原因值得进一步研究。从计算结果看，我国东部降水主要雨型并不是很集中，用过去的三种雨型分类似乎并不合理，应该加以改进，如采用这里的五种雨型分发可能更为合理。

4.2 850 hPa 等压面环流变化的影响

850 hPa等压面是最重要的水汽输送层，该层风场变化会直接影响水汽空间输送发生异常，进而影响华北夏季降水。图4.7是1971—2000年平均的冬季、夏季850 hPa等压面水平风场分布。在冬季（图4.7a），最显著的特征是：华北为强的西北风；赤道北侧从菲律宾以东洋面至南海和热带印度洋为强的东风，南海中西部、非洲东岸东风最大，这支强东风分别在40°E（索马里）、75°E（印度南）、105°E（苏门答腊岛）、125°E（菲律宾南）形成向南的越赤道气流，其中索马里越赤道气流最强，其次是苏门答腊岛附近较强。在夏季（图4.7b），最显著的特征是：赤道以南东风气流向西吹到非洲东岸，沿索马里转为南风吹向阿拉伯海，然后转为西风吹向印度半岛、孟加拉湾、中南半岛、南海，再转为南风吹向华南、长江、华北地区；南半球分别在40°E（索马里）、110°E（苏门答腊岛）、125°E（菲律宾南）、145°E形成向北的越赤道气流。其中索马里向北的越赤道气流异常强大，远大于其他气流，也远远大于该地区冬季向南的越赤道气流，在索马里地区冬、夏季越赤道气流大小是不对称的。另一支比较强的向北越赤道气流是苏门答腊岛附近的气流。夏季向北的越赤道气流在位置、强度上与冬季有明显不同。这些特征的变化有可能与华北近50 a干旱化趋势有关。

为了找出预测的指标，选择华北夏季降水异常偏多年（1964年、1966年、1967年、1973年、1977年）、偏少年（1968年、1972年、1991年、1997年、2002年），进一步对比分析850 hPa等压面水平风场变化。图4.8是华北夏季降水偏多、偏少年对应的上年冬季风场变化情况，图4.9是华北夏季降水偏多、偏少年对应的当年夏季风场变化情况。

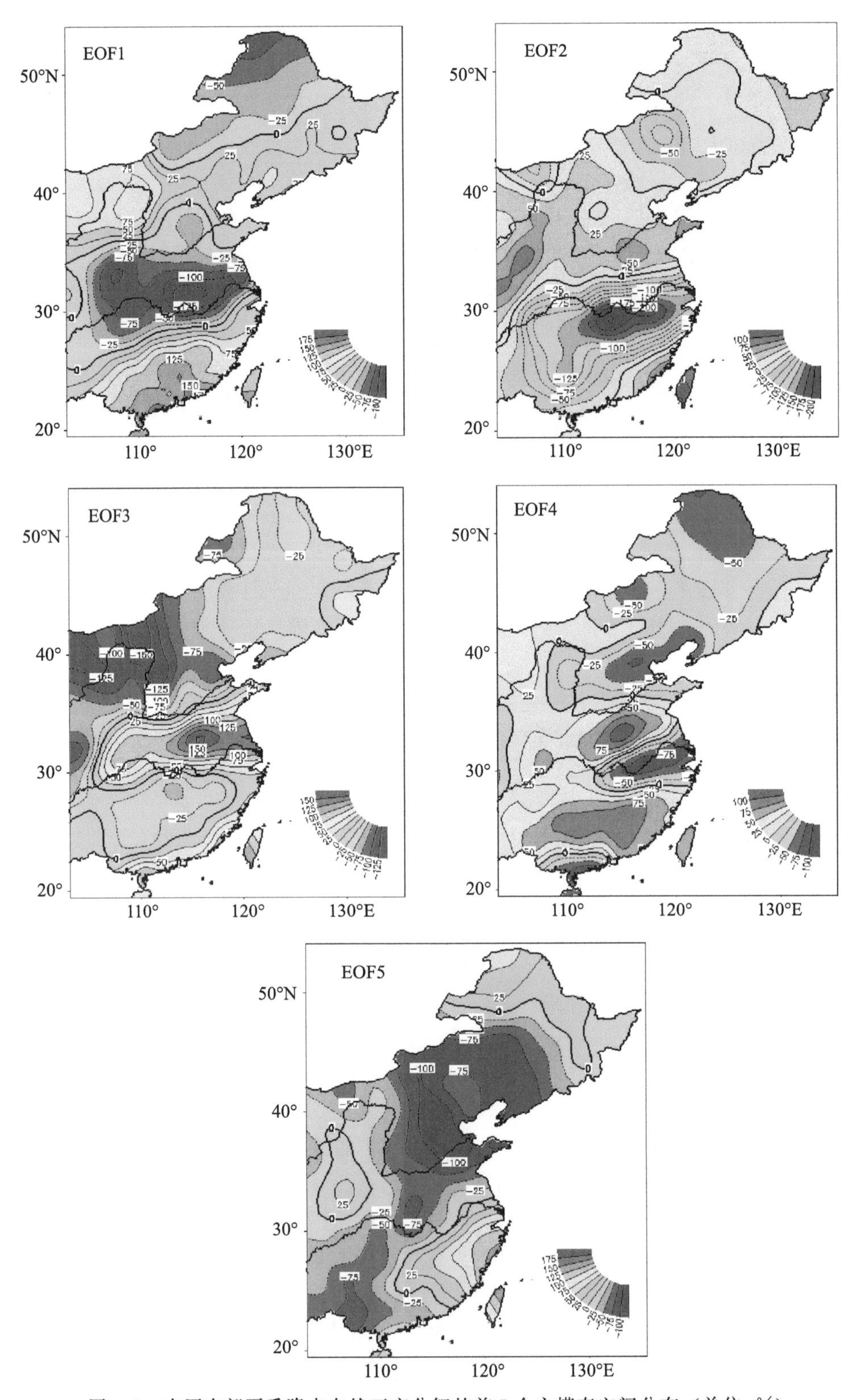

图 4.6 中国东部夏季降水自然正交分解的前 5 个主模态空间分布（单位：%）

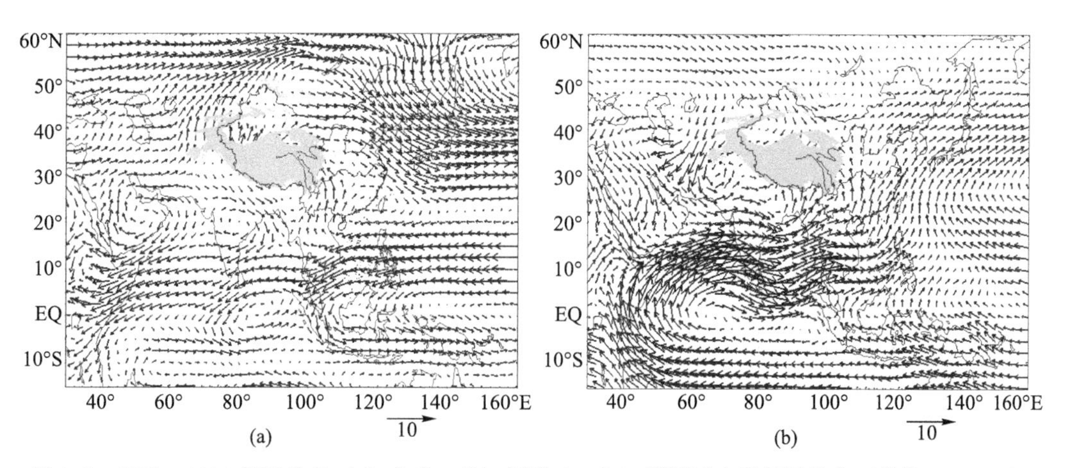

图 4.7 1971—2000 年平均的（a）冬季、（b）夏季 850 hPa 等压面水平风场分布（单位：m·s^{-1}）

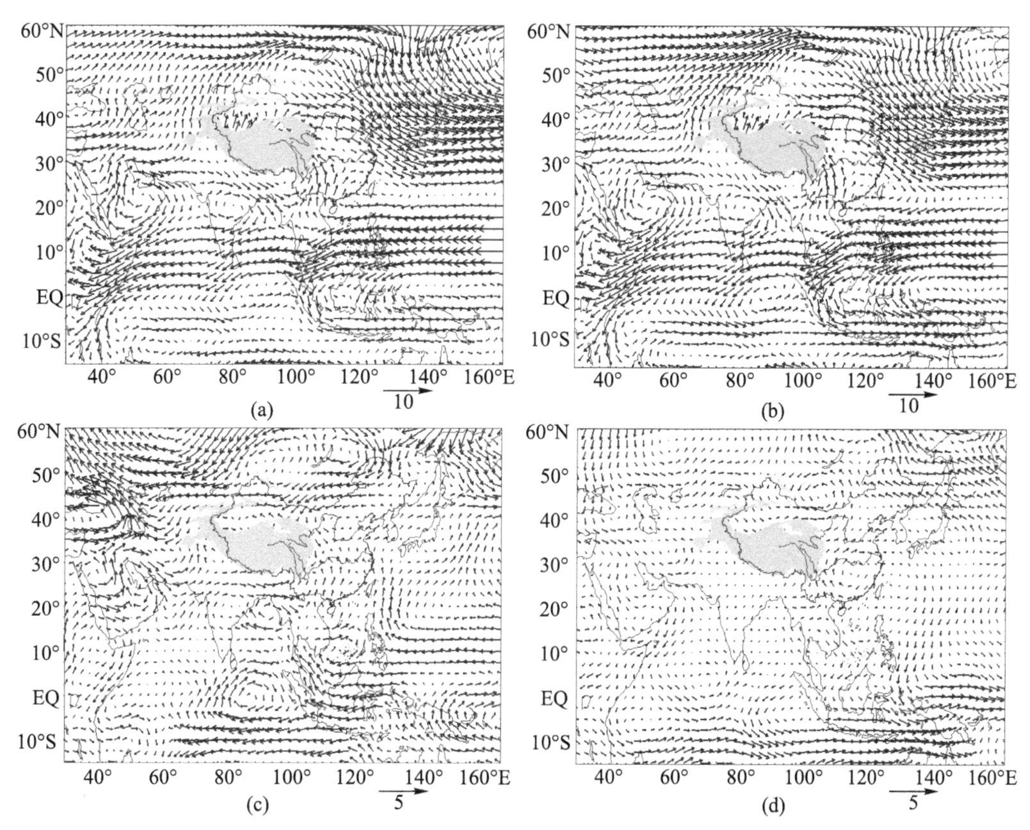

图 4.8 华北夏季降水异常年前冬季 850 hPa 等压面水平风场（单位：m·s^{-1}）

（a）偏多年；（b）偏少年；（c）偏多年－平均场；（d）偏少年－平均场

上年冬季。在华北夏季降水偏多年：风场整体特征似乎与多年平均场差别不大，但在减去平均值后就可以看到明显的异常特征（图 4.8c）。首先，在华北北部出现东风异常，即冬季风偏弱。第二，索马里越赤道气流为北风异常，即向南越赤道气流有所加强。第三，在75°E（印度南）、105°E（苏门答腊岛）附近越赤道气流出现南风异常，异常值明显大于索马里气流异常值，即这两个地方在正常年向南的越赤道气流在降水偏多年前期显著减弱。因此，当华北地区冬季风偏弱、索马里向南越赤道气流偏强、印度以南和苏门答腊岛附近向南的越赤道气流显著减弱或转为向北的越赤道气流时，接下来的夏季华北降水可能会偏多。在华北夏季降水偏少年：风场整体特征似乎也与多年平均场差别不大，但在减去平均值后就可以看到一些异常特征（图 4.8d）。第一，整个风场异常不像偏多年时那样显著，异常风场风速很小。第二，一个显著的特征是，在 130°E（菲律宾南）出现北风异常，即向南的越赤道气流异常偏强。因此，当冬季 130°E（菲律宾南）向南的越赤道气流异常偏强时，接下来的夏季华北降水可能会偏少。

由此可知，上年冬季，对应华北夏季降水偏多年的风场异常特征表现明显，而对应偏少年的风场异常特征不是很明显。因此，可以推断，华北夏季降水偏多年与 850 hPa 等压面风场关系密切，而偏少年与 850 hPa 等压面风场关系不是很密切。

当年夏季。在华北夏季降水偏多年：风场整体特征也似乎与多年平均场差别不大，但在减去平均值后就可以看到明显的异常特征（图 4.9c）。首先，东亚地区为偏南风异常，从华

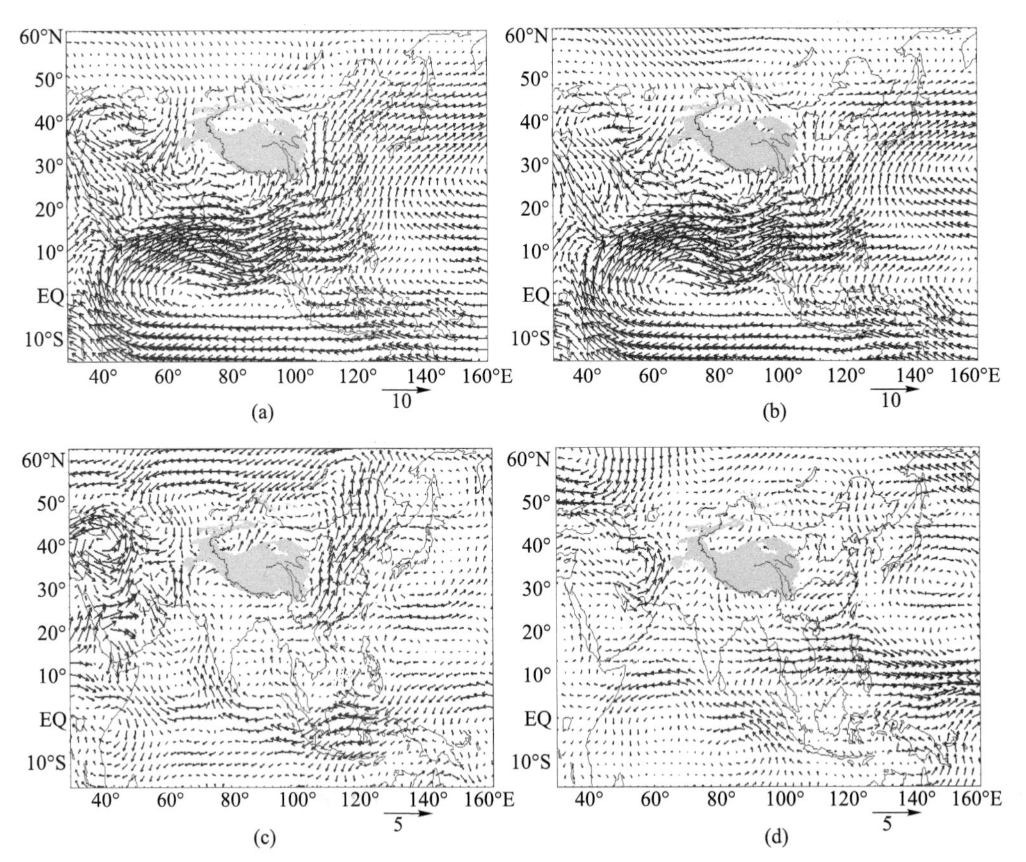

图 4.9 华北夏季降水异常年夏季 850 hPa 等压面水平风场（单位：$m \cdot s^{-1}$）

（a）偏多年；（b）偏少年；（c）偏多年－平均场；（d）偏少年－平均场

南一直吹到华北、东北地区；其次，孟加拉湾北岸为西风异常，该异常气流与东亚异常南风连通；第三，在赤道 45°E（索马里）出现北风异常，在 75°E，115°E 出现弱的南风异常，表明夏季索马里向北越赤道气流有所减弱，而在 75°E，115°E 向北的越赤道气流有所加强。因此，当夏季孟加拉湾北岸为西风异常、东亚地区为强的南风异常，华北夏季降水可能会偏多。在华北夏季降水偏少年：风场整体特征也似乎与多年平均场差别不大，但在减去平均值后就可以看到明显异常特征（图 4.9d）。第一，风场异常显著，不像偏少年冬季那样无明显特征。第二，最显著的特征是，孟加拉湾北岸风速无明显异常，而在南部出现显著地西风异常，这个异常西风向东一直吹到南海、菲律宾以东洋面上，这说明印度季风位置偏南，减弱了向华北的水汽输送，，从而造成印度、华北夏季降水偏少。第三，东亚地区出现弱的北风异常，减小了偏南气流向华北的水汽输送。因此，当夏季印度季风位置偏南，同时在南海至菲律宾及以东洋面为显著地西风异常时，华北夏季降水会偏少，这时印度夏季降水也应偏少。

由此可知，当年夏季，对应华北夏季降水偏多年的风场异常特征表现明显，而对应偏少年的风场异常特征也很明显，但异常区域明显不同。偏多年异常主要为东亚南风异常，偏少年主要是南海西风异常。这里似乎隐含着华北夏季降水与印度降水同位相变化的机制，同时也包含着与 ENSO 的联系机制，尚需进一步深入研究。

为了进一步认识 850 hPa 等压面风速变化与华北干旱化趋势的联系，计算了东亚地区（110°～120°E，20°～50°N）区域平均逐年夏季经向风风速值。图 4.10 是经向风速多年变化和对应的夏季降水空间分布情况。

首先可以看到（图 4.10a），东亚地区夏季为南风，在 20 世纪 60 年代中期和 70 年代中期有两次明显减小，之后一直维持较小的数值，与华北夏季降水量两次减少及 80 年代以来的干旱化趋势有很好的对应关系（叶笃正和黄荣辉，1996）。

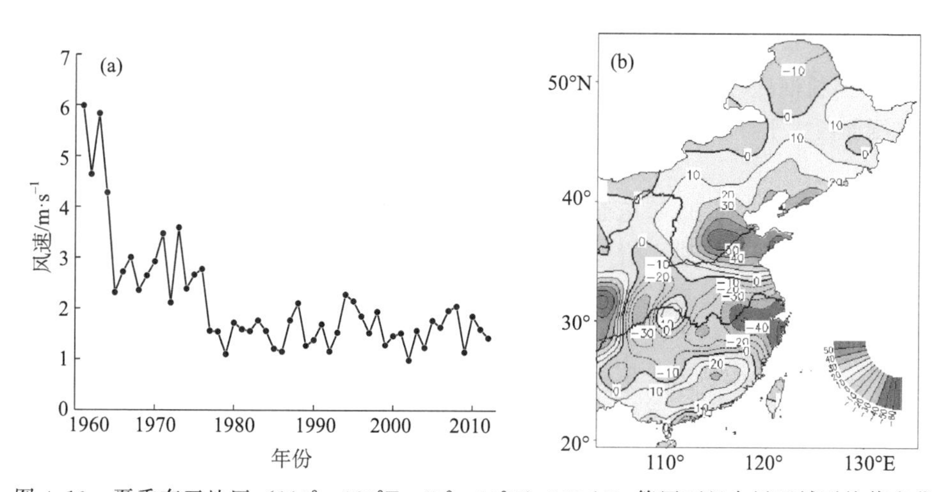

图 4.10 夏季东亚地区（110°～120°E，20°～50°N）850 hPa 等压面经向风区域平均值变化（a，单位：$m \cdot s^{-1}$）及对应的夏季降水异常分布（b，单位：mm）

图 4.10b 是与东亚经向风对应的夏季降水空间分布。华北地区为降水正距平，长江中下

游地区为负距平，即东亚南风偏强时，华北降水偏多、长江中下游偏少，反之亦然。由于东亚夏季经向风一直偏弱，造成华北出现干旱化趋势。

4.3 500 hPa 等压面环流变化的影响

500 hPa 等压面环流变化常常预示着动力上升条件变化、冷暖空气活动等，进而引起华北夏季降水发生异常。这里重点分析西太平洋副热带高压和亚洲纬向环流变化，采用国家气候中心整理的西太平洋副热带高压指数和亚洲纬向环流指数资料。副高环流指数包括面积指数、强度指数、脊线位置指数、副高北界指数、西伸脊点指数。下面分别对它们多年变化进行分析。

500 hPa 等压面最显著的环流特征就是西太平洋副热带高压和亚洲中高纬槽脊环流。前面分析发现，华北暴雨日数与西太平洋副高的脊线位置、副高北界位置呈显著正相关，即副高偏北，华北暴雨日数多。而与副高面积、强度、西脊点指数呈弱负相关，没通过显著性检验。那么副热带高压与华北夏季降水量的关系如何呢？用夏季（6—8 月）降水量与夏季西太平洋副热带高压指数（副高面积、副高强度、副高脊线位置、副高北界位置、副高西伸点）求相关，相关系数分别为 0.0060，－0.0096，0.1225，0.1417，－0.1540。可见，华北夏季降水量与副高的面积、强度相关性较差，与副高脊线位置、副高北界呈正相关，与副高西神脊点呈负相关，即副高偏北、偏西有利于华北夏季降水量偏多（图 4.11b～c），但都没通过显著性检验。因此，西太平洋副热带高压主要是通过对暴雨日数的影响来影响华北夏季降水，与暴雨日数的相关性大，与整体降水量的相关性小。图 4.11d 是亚洲纬向环流指数（IZ，60°～150°E）与华北夏季降水量的对应变化，二者基本呈反相关，相关系数为－0.2016，即纬向环流突出，冷暖空气交换弱，华北降水量偏少；反之，经向环流突出，冷暖空气交换频繁，华北降水量偏多。

华北夏季降水量年际变化与 500 hPa 等压面西太平洋副热带高压、亚洲纬向环流有一定对应的关系，但长期变化趋势与华北夏季降水变化趋势对应的不是很好（图 4.11）。因此，500 hPa 等压面西太平洋副热带高压的变化、亚洲纬向环流变化可能不是华北夏季降水减少的主要原因。

为了进一步认识 500 hPa 等压面环流与华北夏季降水的关系，将华北夏季降水量分别对夏季副高面积指数、强度指数、脊线位置指数、副高北界指数、西伸脊点指数和亚洲纬向环流指数做回归重构，得到对应的降水异常场（图 4.12）。

对应副高面积指数、强度指数（图 4.12a～b），华北地区降水无异常，而长江流域中下游为明显正距平。这表明，西太平洋副高面积变化、强度变化对华北夏季降水影响不明显，而对长江中下游地区降水有显著影响，副高面积大、副高强度大，则长江流域中下游降水偏多，反之亦然。

对应副高脊线位置指数、副高北界位置指数（图 4.12c～d），华北地区为正距平，而长江流域中下游为明显负距平。这表明，西太平洋副高脊线偏北、副高位置偏北，华北夏季降水偏多、长江中下游降水偏少，反之亦然。

对应副高西伸指数（图 4.12e），华北北部略偏多、南部略偏少，而长江流域中下游为

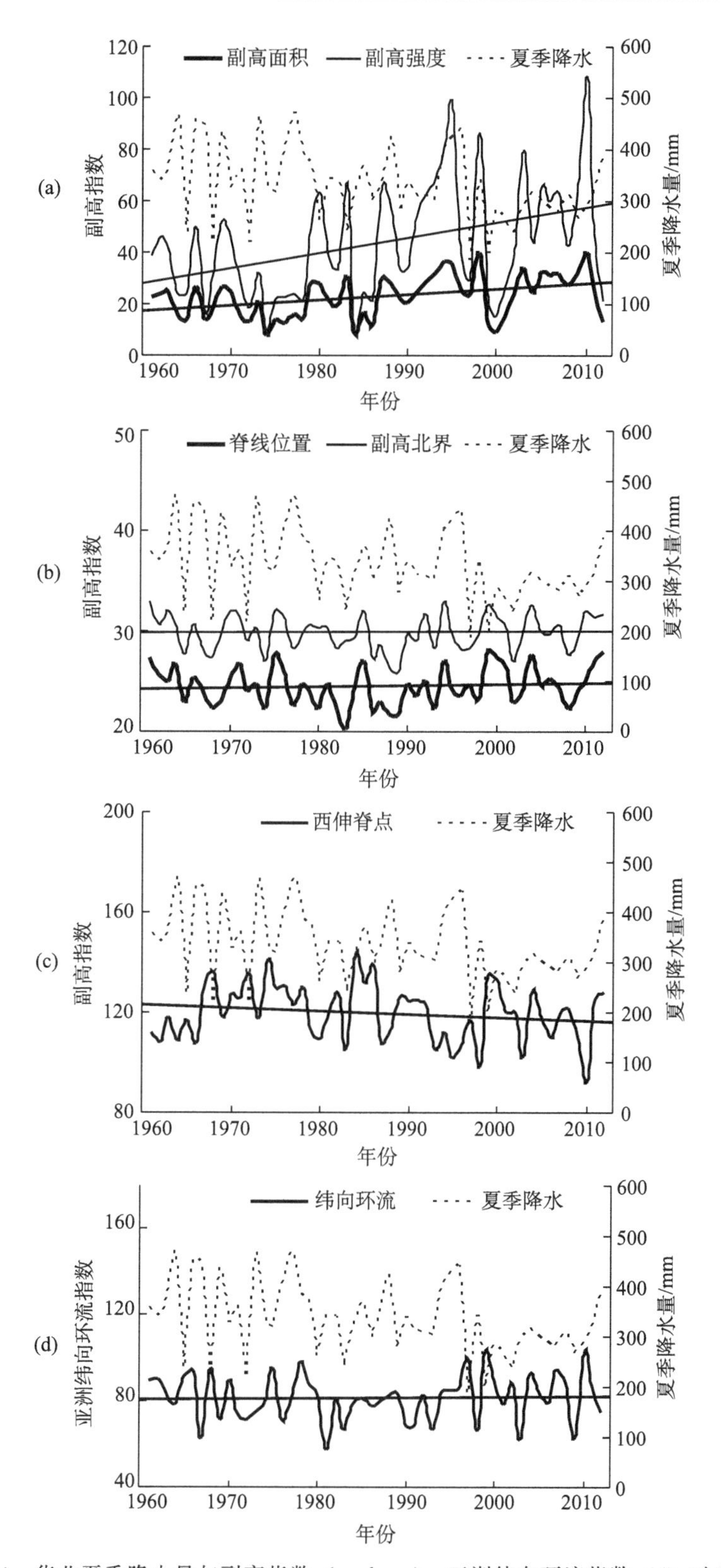

图 4.11 华北夏季降水量与副高指数（a，b，c）、亚洲纬向环流指数（d）对应关系

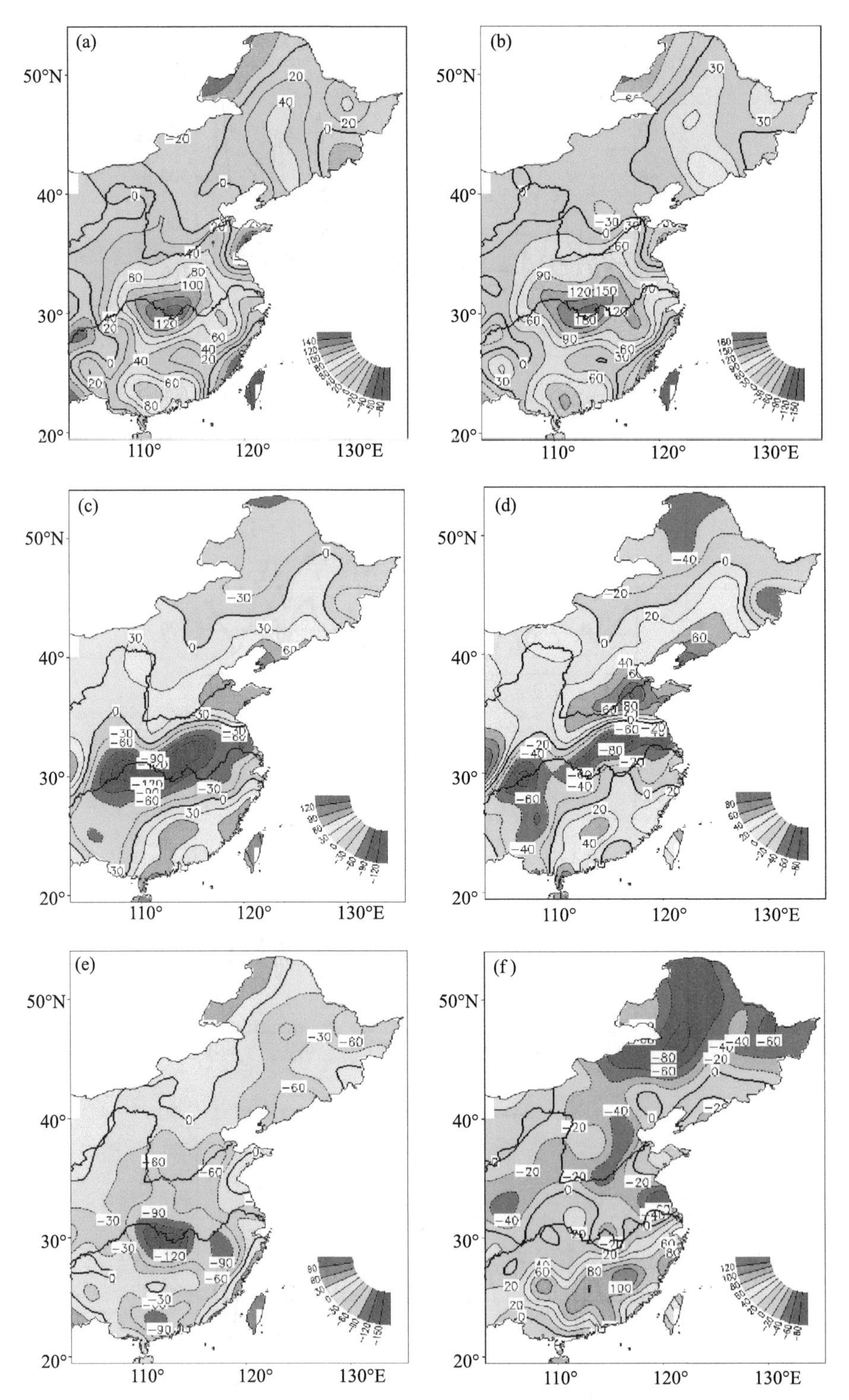

图 4.12 对应西太平洋副高面积（a）、强度（b）、脊线（c）、北界（d）、西伸脊点（e）和亚洲纬向环流（f）指数的夏季降水异常分布（单位：mm）

明显负距平。这表明，西太平洋副高位置偏西，华北夏季降水整体变化不大，而长江中下游降水明显偏少，反之亦然。

对应亚洲纬向环流指数（图 4.12f），淮河及以北地区为明显负距平，长江流域中下游为正常，长江以南地区为明显的正距平。这表明，亚洲纬向环流突出，华北夏季降水偏少、长江中下游降水正常、长江以南降水偏多；反之，亚洲经向环流突出，华北夏季降水可能偏多、长江中下游降水正常、长江以南降水可能偏少。

由此可知，副高不同特征和亚洲纬向环流对各地区降水的影响明显不同：副高面积和强度变化对华北地区降水影响不明显，而对长江中下游地区影响异常显著，副高面积大、强度大，长江中下游降水会明显偏多。副高脊线位置、北界位置变化对华北、长江中下游地区降水都有明显影响，副高脊线位置、北界位置偏北，华北降水偏多，而长江中下游明显偏少。副高西伸脊点位置变化对华北整体降水影响不大，但对长江中下游地区降水有一定影响，副高位置偏东，长江中游降水会偏少。亚洲纬向环流指数变化对华北降水有明显影响，对长江中下游影响不大，即亚洲纬向环流突出，华北夏季降水偏少，而经向环流突出时，华北夏季降水偏多。应用这些指数预测降水时，在不同地区应区别对待。

4.4 本章小结

（1）华北干旱化趋势形成的可能原因

地面气压变化。近 50 a，西伯利亚高压无长期增强或减弱的趋势，年代际变化特征突出。印度低压呈减弱趋势，与华北夏季降水变化有很好的对应关系，2011 年以来，印度低压转为负值，表明印度低压转为偏强，与华北近些年夏季降水偏多对应很好。蒙古低压减弱最明显，与华北夏季降水偏少对应很好。华北干旱化趋势主要是由于印度低压、蒙古低压减弱造成的，与西伯利亚（蒙古）高压关系不大。

850 hPa 等压面风场变化。东亚南风偏强时，华北降水偏多、长江中下游偏少，反之亦然。近 50 a，东亚地区夏季为南风，在 20 世纪 60 年代中期和 70 年代中期有两次明显减小，之后一直维持较小的数值，造成华北夏季降水量两次减少及出现干旱化趋势。

500 hPa 等压面环流变化。华北夏季降水量年际变化与 500 hPa 等压面西太平洋副热带高压、亚洲纬向环流有一定对应的关系，但长期变化趋势与华北夏季降水变化趋势对应的不是很好。因此，500 hPa 等压面西太平洋副热带高压的变化、亚洲纬向环流变化可能不是华北夏季降水减少的主要原因。

（2）预测指标

地面气压场异常。华北夏季降水偏多年，在海平面气压场上有显著异常特征，即上年冬季西伯利亚高压偏强，夏季印度低压、蒙古低压偏强时，夏季华北降水量偏多。而华北夏季降水偏少年海平面气压场异常特征不明显。

850 hPa 等压面风场异常。华北夏季降水偏多年与上年冬季 850 hPa 等压面风场关系密切，而偏少年时关系不是很密切。即当华北地区冬季风偏弱、索马里向南越赤道气流偏强、印度以南和苏门答腊岛附近向南的越赤道气流显著减弱或转为向北的越赤道气流时，接下来的夏季华北降水可能会偏多；当冬季 130°E（菲律宾南）向南的越赤道气流异常偏强时，接下来的夏季华北降水可能会偏少。

华北夏季降水偏多年对应的夏季风场异常特征表现明显，偏少年的夏季风场异常特征也很明显，但两种情况下异常区域明显不同。偏多年异常主要为东亚南风异常，偏少年主要是南海西风异常。即当夏季孟加拉湾北岸为西风异常、东亚地区为强的南风异常，华北夏季降水可能会偏多；当夏季印度季风位置偏南，同时在南海至菲律宾及以东洋面为显著西风异常时，华北夏季降水会偏少。

500 hPa 等压面环流异常。西太平洋副热带高压不同特征和亚洲纬向环流对各地区降水的影响明显不同。副高面积和强度变化对华北地区降水没什么影响，而对长江中下游地区影响异常显著，副高面积大、强度大，长江中下游降水会明显偏多。副高脊线位置、北界位置变化对华北、长江中下游地区降水都有明显影响，副高脊线位置、北界位置偏北，华北降水偏多，而长江中下游明显偏少。副高西伸脊点位置变化对华北整体降水影响不大，但对长江中下游地区降水有一定影响，副高位置偏东，长江中游降水会偏少。亚洲纬向环流指数变化对华北降水有明显影响，对长江中下游影响不大，即亚洲纬向环流突出，华北夏季降水偏少，而经向环流突出时，华北夏季降水偏多。应用这些指数预测降水时，在不同地区应区别对待。

参考文献

蔡学湛，温珍治，扬义文，2009. 东亚夏季风异常大气环流遥相关及其对我国降水的影响[J]. 气象科学，29（1）：46-51.

丁一汇，刘芸芸，2008. 亚洲—太平洋季风区的遥相关研究[J]. 气象学报，66（5）：670-682.

郝立生，闵锦忠，顾光芹，2010. 华北夏季降水变化与北半球大气环流异常[J]. 大气科学学报，33（4）：420-426.

郝立生，闵锦忠，姚学祥，2007. 华北和印度夏季风降水变化的对比分析[J]. 气候变化研究进展，3（5）：271-275.

黄荣辉，徐予红，周连童，1999. 我国夏季降水的年代际变化及干旱化趋势[J]. 高原气象，18（4）：465-476.

建军，余锦华，荣艳淑，2005. 华北地区降水的准周期信号及其阶段件变化特征[J]. 南京气象学院学报，28（6）：770-777.

建军，余锦华，2006. 登陆我国台风与华北夏季降水的相关[J]. 南京气象学院学报，29（6）：819-826.

李春，罗德海，方之芳，等，2005. 北极涛动年代际变化与华北夏季降水的联系[J]. 南京气象学院学报，28（6）：755-762.

彭京备，陈烈庭，张庆云，2005. 青藏高原异常雪盖和 ENSO 的多尺度变化及其与中国夏季降水的关系[J]. 高原气象，24（3）：366-377.

谭桂容，孙照渤，陈海山，2003. 华北夏季旱涝的环流特征分析[J]. 气象科学，23（2）：135-143.

谢坤，任雪娟，2008. 华北夏季大气水汽输送特征及其与夏季旱涝的关系[J]. 气象科学，28（5）：508-514.

徐桂玉，杨修群，孙旭光，2005. 华北降水年代际、年际变化特征与北半球大气环流的联系[J]. 地球物理学报，48（3）：511-518.

杨修群，谢倩，朱益民，等，2005. 华北降水年代际变化特征及相关的海气异常型[J]. 地球物理学报，48（4）：789-797.

叶笃正，黄荣辉，1996. 长江黄河流域旱涝规律和成因研究[M]. 济南：山东科学技术出版社：1-387.

张庆云，1999. 1880年以来华北降水及水资源的变化[J]. 高原气象，18（4）：486-495.

张人禾，1999. El Nino盛期印度夏季风水汽输送在我国华北地区夏季降水异常中的作用[J]. 高原气象，18（4）：567-574.

赵振国，1999. 中国夏季旱涝及环境场[M]. 北京：气象出版社：1-4.

DAI X G，WANG P，CHOU J F，2003. Multiscale characteristics of the rainy season rainfall and interdecadal decaying of summer monsoon in North China[J]. Chinese Science Bulletin，48（24）：2730-2734.

DING Y H，CHAN J C L，2005. The East Asian summer monsoon：An overview[J]. Meteorology and Atmospheric Physics，89（1）：117-142.

DING Y H，WANG Z Y，SUN Y，2007. Interdecadal variation of the summer precipitation in East China and its association with decreasing Asian summer monsoon. Part I：Observed evidences[J]. International Journal of Climatology，28（9）：1139-1161.

FAN Z Q，LIU C Z，1992. Analysis on the process of water vapor transfer over North China during 1980-1987[J]. Chinese Journal of Atmospheric Sciences，16（5）：548-555.

HUANG J B，WANG S W，2007. Instability of the teleconnection of summer rainfall between North China and India[J]. Journal of Tropical Meteorology，13（1）：1-7.

第5章　华北夏季降水与东亚夏季风的关系

华北地区由于受东亚季风的影响，降水季节分配不均，降水量高度集中在夏季，约占全年降水量的65%以上（郝立生，2011），是我国东部地区降水集中程度最大的一个地区。由于降水和季风的这种关系，季风的年际变化极易引发洪涝和干旱等重大自然灾害，常常造成严重的经济损失（黄荣辉等，2003）。在我国，关于东亚季风与降水的关系倍受关注，竺可桢和李良骐（1934）、涂长望和黄士松（1944）最早开始了东亚季风与华北夏季降水的关系研究，之后的研究取得了很多成果。例如，近60 a华北降水量减少趋势与东亚夏季风减弱有很好的对应关系（朱锦红等，2003；Dai et al.，2003；Ding et al.，2007；郝立生等，2011；郝立生等，2012；鲍媛媛和康志明，2014），随着东亚夏季风的年代际减弱，华北地区夏季降水量减少，而长江流域降水量增多，使得我国东部地区降水呈现出“南涝北旱”的分布特征。在影响机制方面，研究认为，东亚夏季风主要通过副热带高压（孙安健等，2000；赵声蓉等，2002；丁婷等，2015）、水汽输送（张人禾，1999；李新周等，2006；He et al.，2007；谢坤等，2008；周晓霞等，2008）、高空急流（李崇银等，2004；廖清海等，2004；魏晓雯等，2015）等的变化来影响东亚气候和华北夏季降水。本章重点研究华北夏季降水与东亚夏季风环流变化的关系。

5.1　东亚季风变化

因为华北夏季降水与东亚地区季风强度关系密切，我们选择东亚地区华北范围（110°～125°E，30°～50°N）的850 hPa经向风来定义东亚季风指数。先计算该范围1961—2013年经向风速每个月的标准值——即季风指数$EAMI$，公式如下：

$$EAMI=\frac{v-\bar{v}}{\sqrt{\frac{1}{n}\sum_{mon=1}^{360}(v-\bar{v})^2}}$$

式中：$EAMI$代表逐月季风指数，v代表经向风，$\bar{v}$代表经向风1971—2000年平均值，mon代表月，n代表用于求30 a所有月平均值的总月数，即$n=360$。

图5.1是1961—2013年东亚季风指数变化情况。东亚冬季风长期变化趋势不明显，除在1969—1975年显著偏弱外，基本都是在偏强、偏弱之间波动变化。夏季风在20年代60年代中期有一次明显衰减，之后恢复，70年代中期再次减弱，之后一直维持较弱的值。

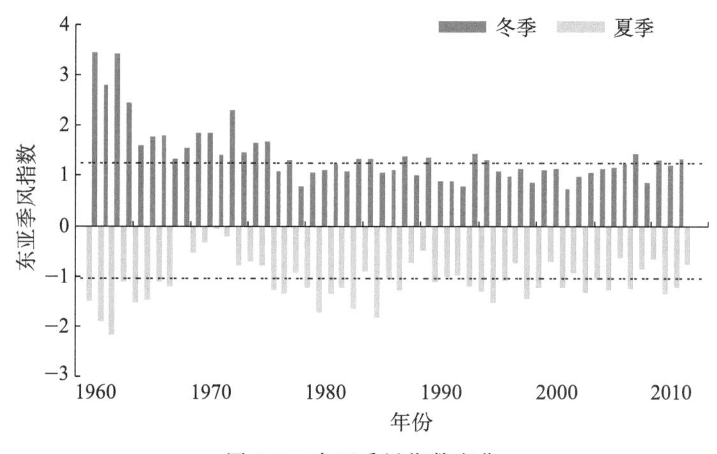

图 5.1　东亚季风指数变化

（蓝色代表冬季风，绿色代表夏季风，冬季风指上年 12 月－当年 2 月，夏季风指当年 6—8 月）

图 5.2 是与东亚季风指数对应的夏季降水空间分布。对应冬季风，华北夏季降水为正距平，即冬季风强，夏季华北降水偏多。对应夏季风，华北为明显正距平，长江中下游为明显负距平，即东亚夏季风强，华北夏季降水偏多、长江中下游降水偏少。

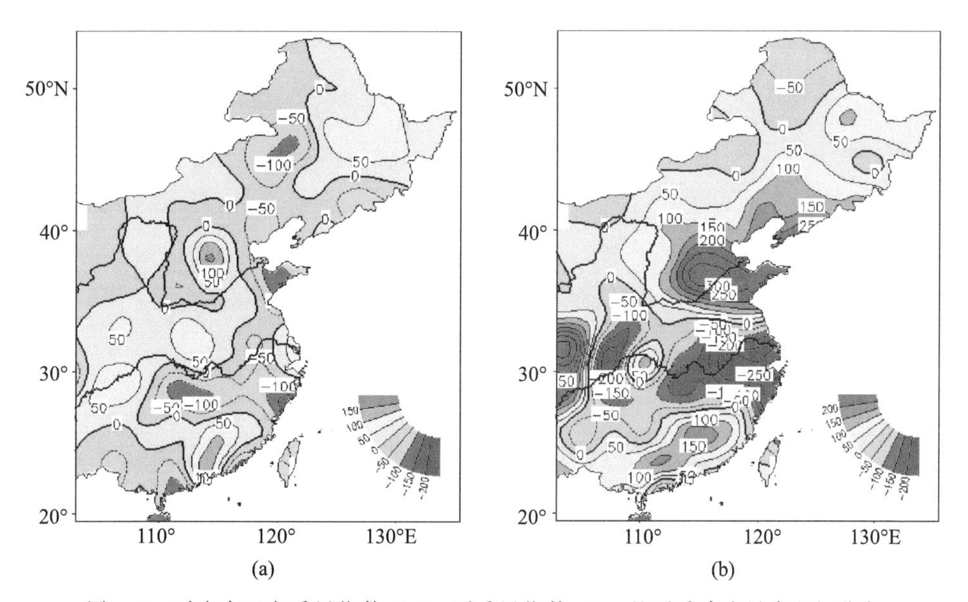

图 5.2　对应东亚冬季风指数（a）、夏季风指数（b）的夏季降水异常空间分布

（等值线间隔 50，单位：mm）

东亚夏季风具有高温高湿的特点，而假相当位温可以很好地描述气团的这种性质。假相当位温定义：未饱和湿空气块上升，直到气块内水汽全部凝结降落后，再按干绝热下沉到 1000 hPa 等压面处，此时气块所具有的温度称为该气块的假相当位温，用 θ_{se} 表示。它相当

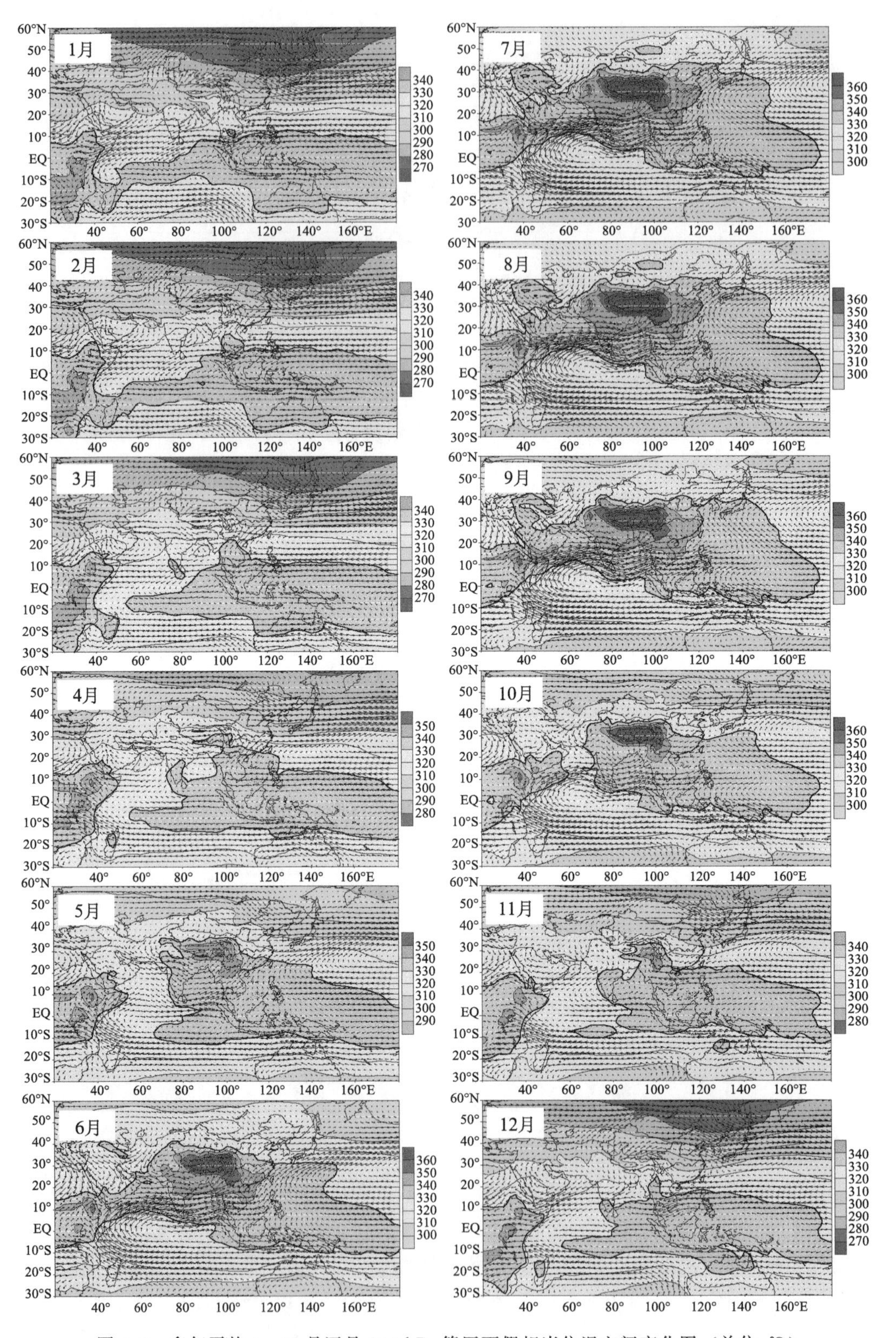

图 5.3 多年平均 1—12 月逐月 850 hPa 等压面假相当位温空间变化图（单位：℃）

于湿空气通过假绝热过程将其水汽全部凝结降落后所具有的位温。在假相当位温中，不仅考虑了气压对温度的影响，也考虑了水汽的凝结和蒸发对温度的影响。它实际上是把温度、气压、湿度包括在一起的一个综合物理量。对于干绝热、湿绝热、假绝热过程同一气块的 θ_{se} 值都保持不变。θ_{se} 的这一特性常被用来鉴别气团，因气团移动中其 θ_{se} 值等于常数。因此，这里用 θ_{se} 来分析东亚夏季风的演变过程（图 5.3）。

根据经验，选用 330℃线作为夏季风气团边缘线比较合适，用该线的南北移动表示东亚夏季风的进退，见图 5.3。1 月、2 月，夏季风主要位于热带海洋上。3 月，夏季风首先从中南半岛向北伸展。4 月，中南半岛夏季风已伸展到青藏高原东南部，另一支夏季风从印度半岛向北伸展。5 月，中南半岛夏季风和印度半岛夏季风都向青藏高原扩展、汇集。6 月，汇集到青藏高原的夏季风和整个夏季风区沿 20°～30°N 开始向东扩展。7 月，整个夏季风气团在东亚地区开始向华北、东北方向扩展，到达最北位置，北界在 40°N 附近。8 月，东亚夏季风开始南撤。9 月，东亚夏季风快速南撤，北界已退到长江一线。10 月，东亚夏季风退缩到青藏高原地区，东亚夏季风北界已退到华南沿海 20°N 附近，印度夏季风从青藏高原断列出来，向南收缩。11 月，夏季风退出青藏高原，从中南半岛和印度半岛向南收缩。12 月，东亚夏季风完全退到热带海洋上。

可见，假相当位温可以很好地表征东亚夏季风的演变，研究东亚夏季风与华北降水的关系，可考虑是用假相当位温定义季风指数。

5.2　华北夏季降水季风环流背景分析

要认识华北夏季干旱化趋势（或降水量变化），首先要搞清华北夏季降水的环流背景，这里采用线性回归重构方法进行分析。图 5.4 是标准化的华北夏季降水时间序列。从长期趋势看，近 50 a 呈减少趋势，尤其 20 世纪 90 年代后期以来一直为负距平，干旱严重。2012—2013 年，降水突然增加到正常值以上，是否发生降水转型？从长期变化看有转型的迹象。

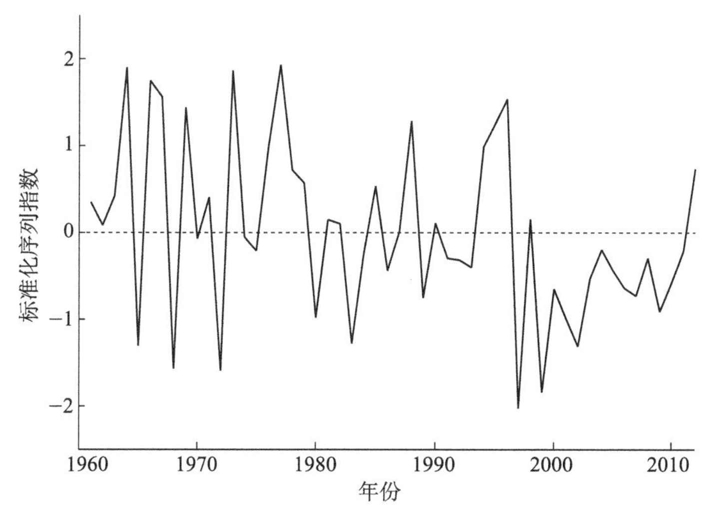

图 5.4　华北夏季降水量标准化序列

5.2.1 500 hPa 高度场季节分布

通常情况下（朱乾根等，2007），冬季在 500 hPa 西风带中有三个槽脊，其中三个大槽分别位于亚洲东岸（由鄂霍茨克海向较低纬度的日本及我国东海倾斜）、北美东部（自大湖区向较低纬度的西南方向倾斜）和欧洲东部（从欧洲东北部海面上向西南倾斜伸长，即自北部的 60°E 到南部的 10°N，最后一个槽是三个中最弱的一个。与这三个槽并列的三个脊分别位于阿拉斯加、西欧沿岸和青藏高原的北部，脊的强度比槽弱很多。冬季副热带高压强度小，中心位于偏南的南海、印度洋、加勒比海。夏季，西风带明显北移，在中、高纬度出现了四个槽：冬季从青藏高原北部伸向贝加尔湖地区的脊，到了夏季变成为槽；北美东部的大槽由冬到夏略为东移；东亚大槽夏季移到勘察加半岛附近；冬季在欧洲西海岸的平均脊，夏季变为槽。夏季北半球有四个平均槽，强度大大减弱，脊就更不清楚。但是，副热带地区的高压明显加强北移，在北太平洋、北大西洋、北非大陆西部各有一个闭合中心。

图 5.5 是用 NCEP 资料绘制的 1971—2000 年平均的 1 月、7 月 500 hPa 高度场分布情况。图 5.6 是 1971—2000 年沿 50°N 纬圈的 500 hPa 平均高度在各月演变情况。可以看到，北美大槽由冬到夏季略向东移，进一步加深。东亚地区槽脊变化最剧烈，东亚大槽夏季明显东移，明显变浅，亚洲中高纬度地区出现多个小的槽脊。具体演变是，亚洲地区 5—6 月槽脊调整明显，逐渐向夏季形势转换。7—8 月夏季槽脊形势稳定，即乌拉尔山冬季的槽在夏季转变为脊，贝加尔湖西边 90°E 附近为槽、东边 110°E 附近为脊，135°E 附近为槽，150°E 鄂霍次克海为脊。尽管这些槽、脊都比较弱，但却给华北夏季降水带来严重影响。9—10 月，亚洲尤其东亚地区槽、脊出现明显调整，逐渐向冬季形势转换。

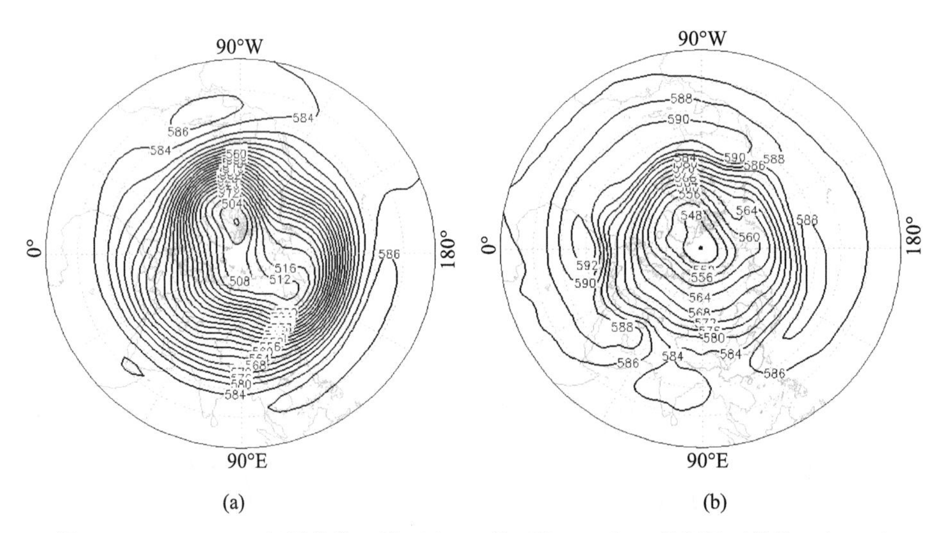

图 5.5　1971—2000 年平均的 1 月（a）、7 月（b）500 hPa 高度场（单位：dagpm）

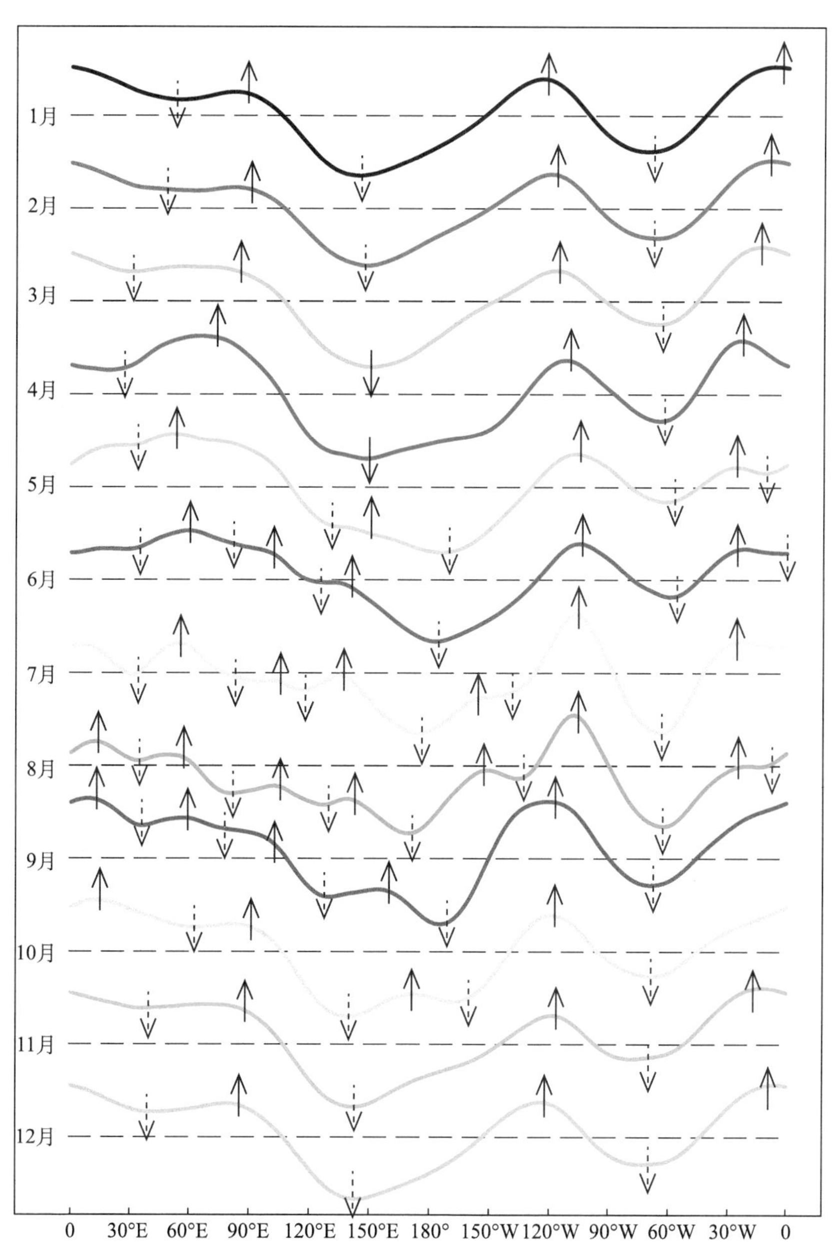

图 5.6 1971—2000 年沿 50°N 纬圈的 500 hPa 平均高度在各月演变

（箭头对应槽脊位置，虚线对应 500 dagpm，两格间距 120 dagpm）

为了认识华北夏季降水的环流背景，先将上年春、夏、秋、冬和当年春、夏、秋、冬各季节 500 hPa 高度场对华北夏季降水序列进行回归重构，得到各季节 500 hPa 高度环流异常场（图 5.7）。左列是上年春、夏、秋、冬四季演变情况，右列是当年春、夏、秋、冬四季演变情况。

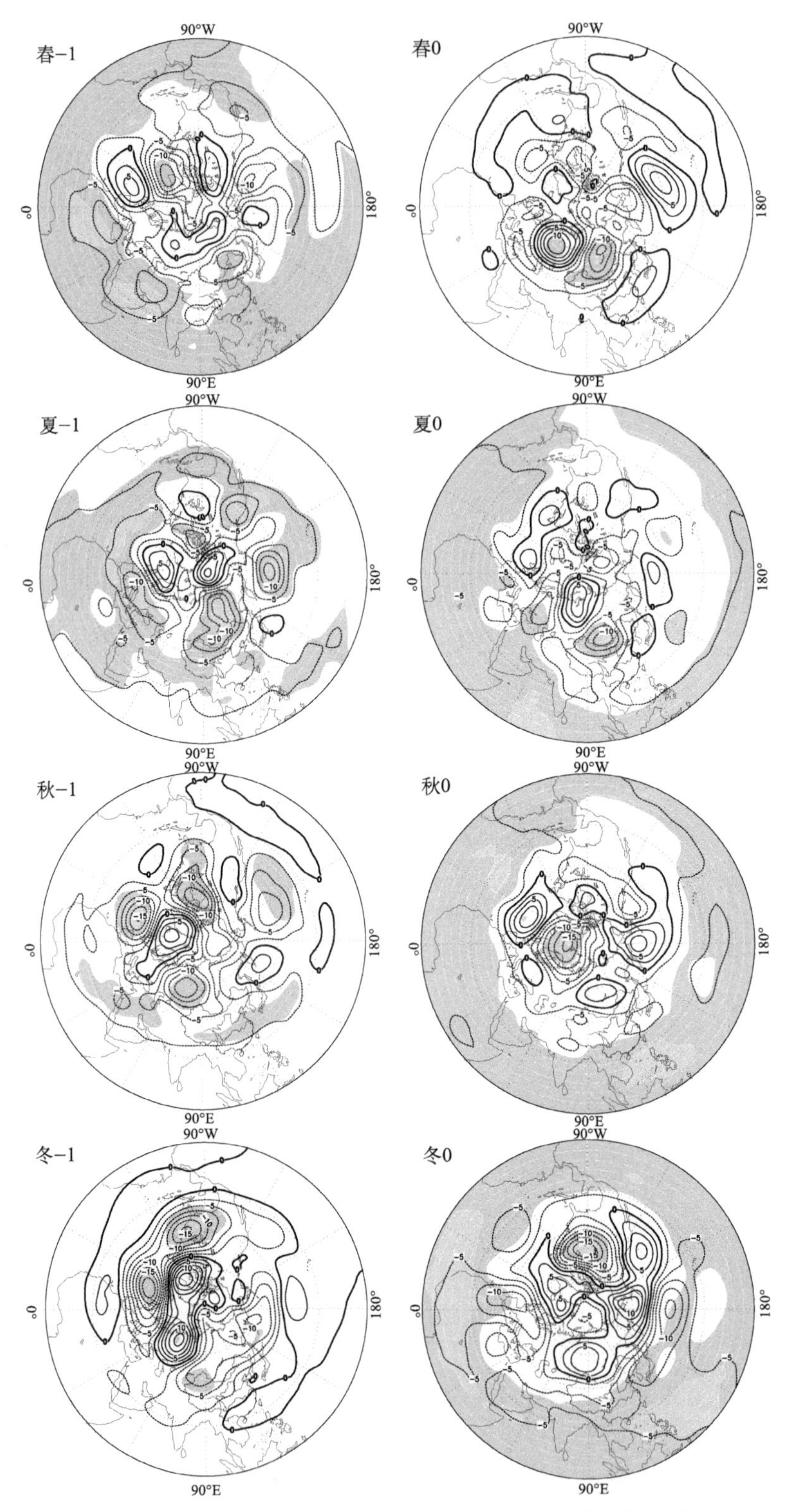

图 5.7 对应华北夏季降水序列的各季节 500 hPa 高度场异常

（−1 指上年，0 指当年，阴影区通过 95%信度检验；单位：gpm）

上年春季，北大西洋地区为北大西洋涛动（NAO）正位相；夏季，正异常区向北移动；秋季，北大西洋地区转为为明显的NAO负位相，扰动明显向东侧下游传播到达乌拉尔山东侧；冬季，NAO扰动继续向下游传播，已到达我国新疆、华南地区，这时乌拉尔山槽减弱，青藏高原北部脊减弱，纬向环流突出，东亚冬季风减弱。当年春季，扰动持续向下游传播，上游北大西洋涛动明显减弱，下游明显加强，正异常位于朝鲜半岛附近，同时北太平洋涛动开始明显加强（正位相）；夏季，传播到东亚的扰动仍然维持，乌拉尔山正异常，青藏高原北部负异常，朝鲜半岛正异常，这表明夏季乌拉尔山高压脊会加强、贝加尔湖伸展到青藏高原的槽会加深，华北东部副热带高压有所加强，结果造成夏季经向环流突出，冷暖空气交换频繁，华北多低槽活动，且受东部高压阻挡，这种环流有利于华北夏季多降水过程。秋季，下游扰动逐渐减弱消失，北大西洋开始出现NAO正位相，但接下来的演变不像上年秋季负NAO那样有规律。

所以，华北夏季降水偏多的环流背景是：上年秋、冬北大西洋出现明显的负NAO，扰动场持续向下游东亚地区传播，一直保持到夏季，造成夏季乌拉尔山高压脊偏强、贝加尔湖槽偏深，经向环流突出，华北多低槽活动，且受东部高压阻挡。

5.2.2 850 hPa风场季节分布

将上年春、夏、秋、冬和当年春、夏、秋、冬各季节850 hPa水平风场对华北夏季降水序列进行回归重构，得到各季节850 hPa风场异常场（图5.8）。左列是上年春、夏、秋、冬四季演变情况，右列是当年春、夏、秋、冬四季演变情况。

上年春季，蒙古地区出现气旋性异常环流，东亚偏南风异常，孟加拉湾北部为西风异常。夏季蒙古气旋性异常环流所有加强；东亚南风异常进一步加强，尤其在华北、东北更加明显；孟加拉湾南部为西风异常，且向东吹到南海、菲律宾东部海面；索马里有向南的异常越赤道气流，说明夏季向北的越赤道气流有所减弱。秋季，蒙古地区气旋性异常环流开始减弱；东亚为西南风异常，但位置明显南移；南海北部出现反气旋性异常环流；孟加拉湾地区无异常环流，热带印度洋出现明显东风异常。冬季，孟加拉湾地区出现反气旋性异常环流，北侧西风吹向我国华南地区。当年春季，蒙古地区为气旋性异常环流，东亚为南风异常，孟加拉湾为反气旋性环流异常。夏季，蒙古异常气旋性环流有所加强，东亚从华南至华北、东北为强的南风异常，在华北西侧产生明显气流切变辐合，南海有明显东风异常。

因此，对应华北夏季降水偏多的环流背景是：上年秋季南海为反气旋性环流异常，冬季孟加拉湾为反气旋性环流异常，当年春季、夏季蒙古地区为气旋性环流异常，且由春到夏逐渐加强，东亚从华南至华北为南风异常，南海在夏季有明显东风异常。

5.2.3 海平面气压场季节分布

为了认识华北夏季降水对应的海平面环流背景，将上年春、夏、秋、冬和当年春、夏、秋、冬各季节海平面气压场对华北夏季降水序列进行回归重构，得到各季节海平面气压异常场（图5.9）。左列是上年春、夏、秋、冬四季演变情况，右列是当年春、夏、秋、冬四季演变情况。

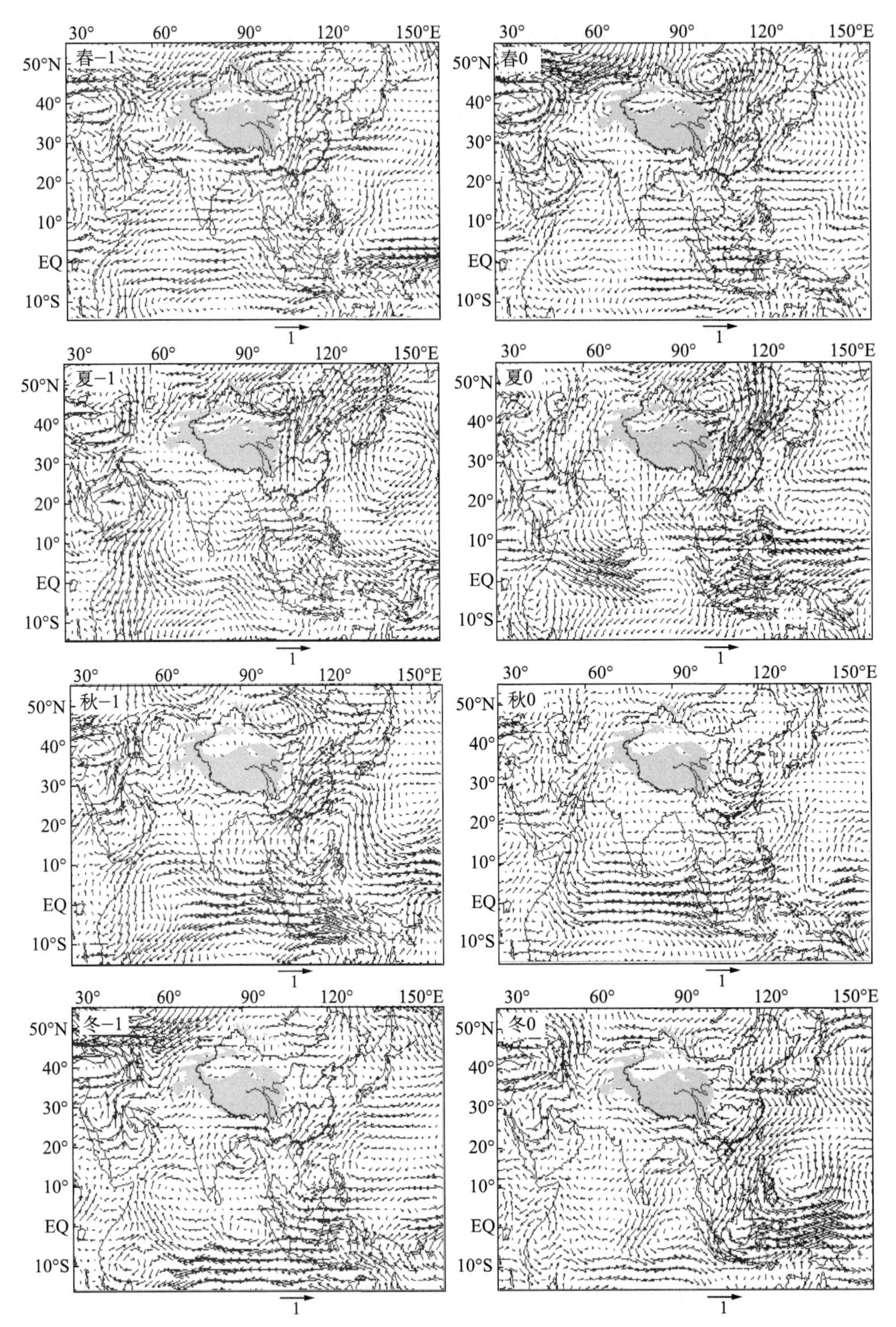

图 5.8 对应华北夏季降水序列的各季节 850 hPa 风场异常

（-1 指上年，0 指当年；单位：m·s^{-1}）

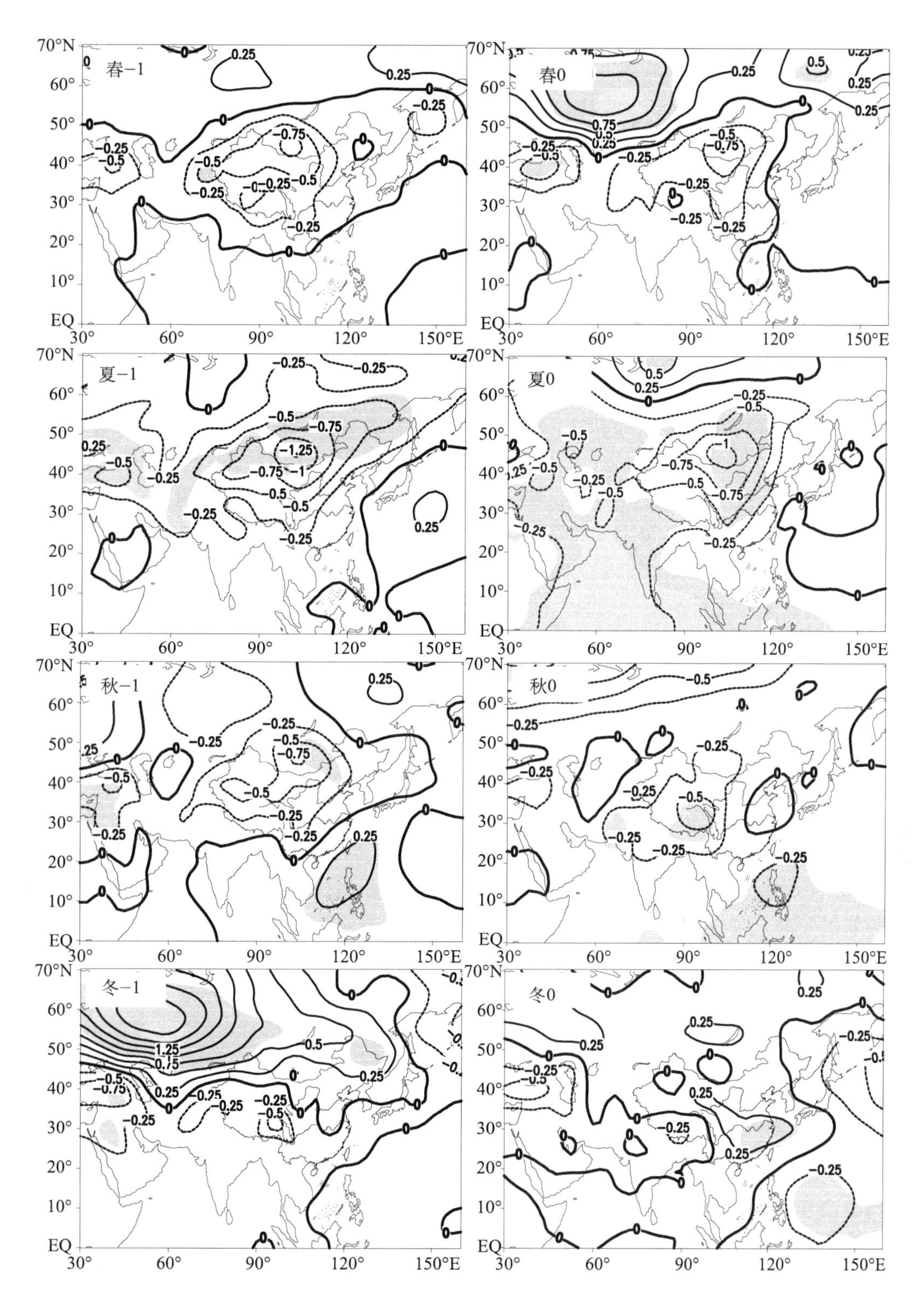

图5.9 对应华北夏季降水序列的各季节海平面气压场异常

（-1指上年，0指当年，阴影区通过95%信度检验；单位：hPa）

上年春季，中国地区都为负距平，但通过显著性检验的区域很少。夏季，蒙古地区为明显的负距平，且通过检验。秋季，我国北部为负距平，南海地区为正距平。冬季，西伯利亚地区为显著正距平。当年春季，西伯利亚地区仍然为显著正距平，我国北方开始出现负距平。夏季，蒙古东部为显著负距平。秋季，我国西北地区为负距平。

所以，对应华北夏季降水偏多的环流背景是：上年冬季，西伯利亚冷高压异常偏强；当年春季，蒙古低压开始发展；夏季，蒙古低压明显进一步加强。

5.2.4 夏季各月副热带高压情况

500 hPa 西太平洋副热带高压和 100 hPa 南亚高压是亚洲夏季风系统中的重要成员，它们的变化对华北夏季旱涝演变有重要影响。

在 1971—2000 年平均的西太平洋地区夏季各月 500 hPa 高度场演变中（图 5.10，左列）：6 月，副高脊线在 140°E 位于 23°N 附近，外围廓线（586 线）位于台湾岛北侧至华南沿海，即在东部沿海的 26°N 附近。7 月，副高明显北抬，脊线在 140°E 位于 27°N 附近，外围廓线（586 线）位于日本岛南侧至长江入海口，即在东部沿海的 31°N 附近。8 月，副高进一步北抬，脊线在 140°E 位于 30°N 附近，外围廓线（586 线）位于日本岛中部至长江入海口，即在东部沿海的 32°N 附近。9 月，副高明显南撤，脊线在 140°E 位于 27°N 附近，外围廓线（586 线）位于日本岛南侧至长江南侧，即在东部沿海的 28°N 附近。

华北夏季降水与西太平洋副热带高压变化有什么样的关系呢？或说对应华北夏季降水的副高环流背景如何呢？图 5.10（右列）是对应的副高环流异常演变情况。6 月，西太平洋海区高度场无异常，蒙古至我国河套地区为明显负距平，这表明华北夏季降水偏多时，6 月副高无异常变化，但贝加尔湖至青藏高原高空槽偏深。7 月，蒙古至河套地区仍然为明显负距平，但位置略西移。西太平洋海区高度场在日本海为正距平。这表明，副热带高压明显北抬，异常中心位于日本海，同时贝加尔湖至青藏高原高空槽加深，东高西低的形势造成华北夏季降水偏多。8 月，蒙古至我国河套地区仍然为明显负距平，但位置进一步西移。西太平洋海区高度场在朝鲜半岛为正距平。这表明，副热带高压维持在 35°N 附近，正异常中心向西移到朝鲜半岛，强度有所减弱，同时贝加尔湖至青藏高原维持为高空槽，东高西低的形势有利于华北夏季降水偏多。9 月，西太平洋高度场异常不明显，贝加尔湖以西为明显正距平。因此，造成华北夏季降水偏多的副高环流背景主要是，6 月副高无异常变化，但贝加尔湖至青藏高原高空槽偏深。7 月、8 月副高位置偏北，7 月中心位于日本海、8 月向西移到朝鲜半岛，同时贝加尔湖至青藏高原高空槽明显偏深。

5.2.5 夏季各月南亚高压情况

在 1971—2000 年平均的南亚地区夏季各月 100 hPa 高度场演变中（图 5.11，左列）：6 月，南亚高压位于印度半岛北部，中心脊线在 26°N 附近。7 月，南亚高压明显加强、北抬、略西移，中心脊线在 33°N 附近，中心主要位于伊朗高原上空，外围廓线（1680 线）向动扩展到长江中游地区。8 月，南亚高压略南移，中心脊线维持在 30°N 附近，强度略有减弱，中心东移至青藏高原西部。9 月，南亚高压南撤，脊线在 27°N 附近，中心位于印度半岛北部。

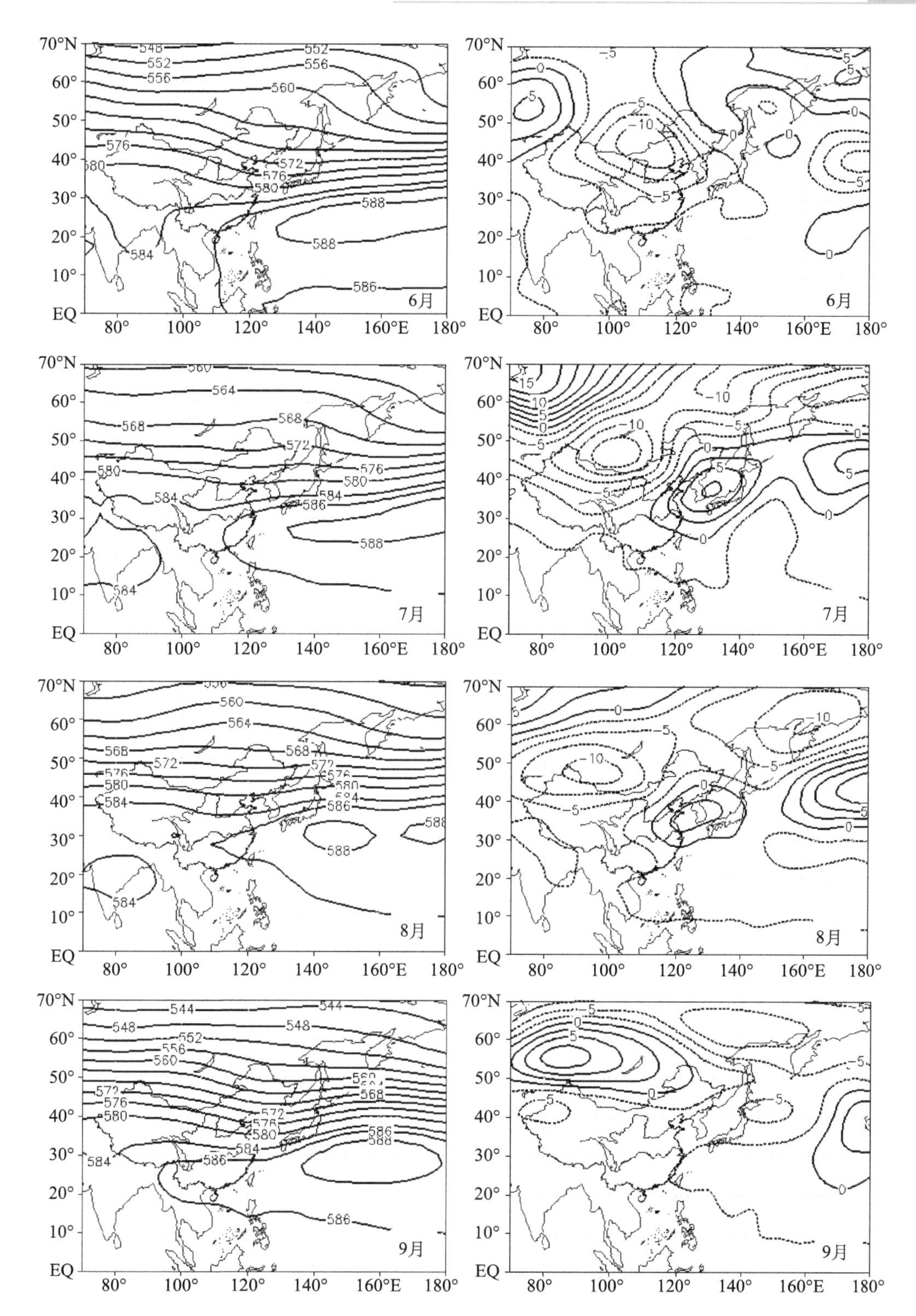

图 5.10 1971—2000 年夏季各月平均 500 hPa 高度场（左列，单位：dagpm）及对应华北夏季降水序列的异常场（右列，单位：gpm）

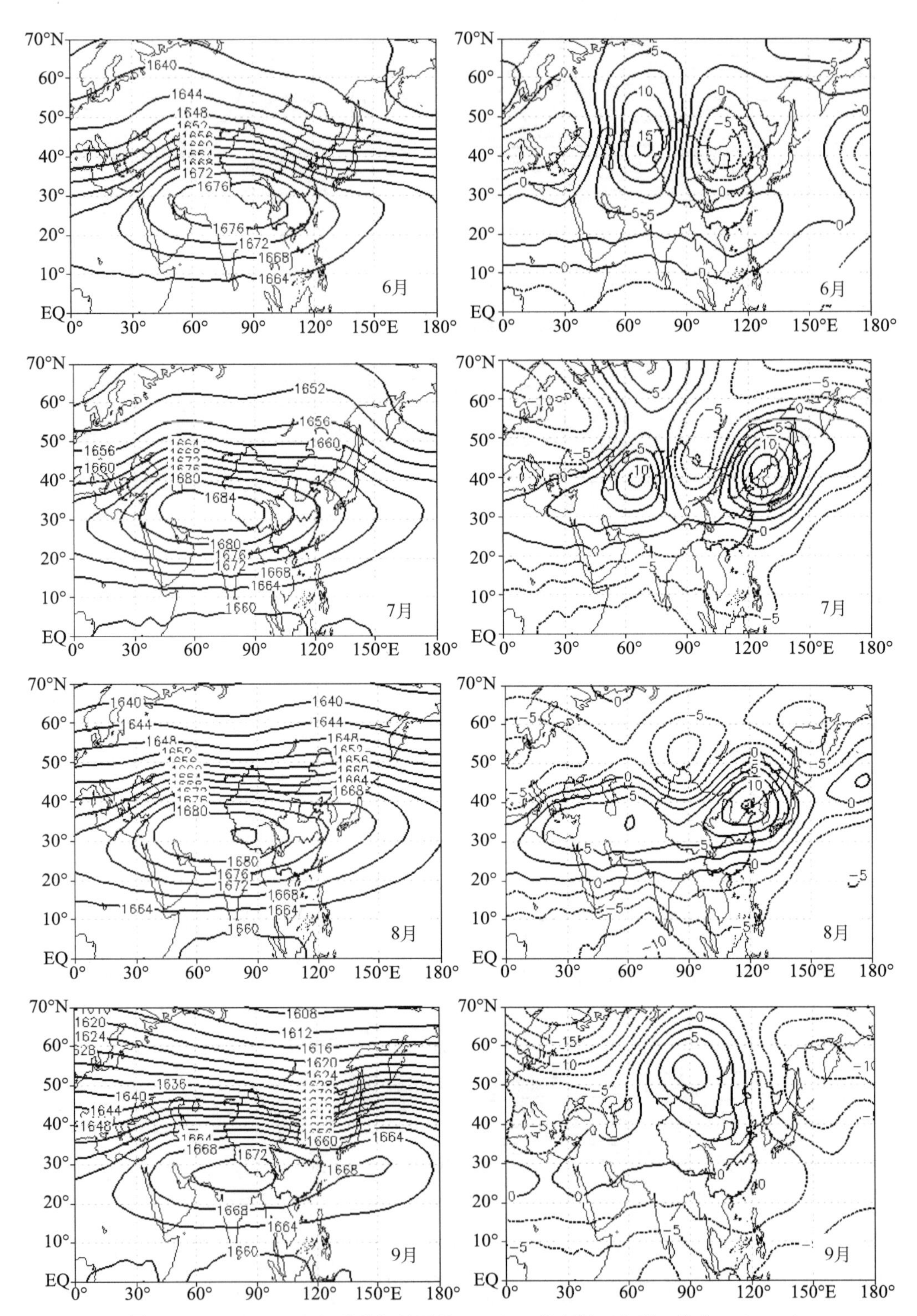

图 5.11 1971—2000 年夏季各月平均 100 hPa 高度场（左列，单位：dagpm）及对应华北夏季降水序列的异常场（右列，单位：gpm）

华北夏季降水与南亚高压变化有什么样的关系呢？或说对应华北夏季降水的南亚高压环流背景如何呢？图5.11右列是对应的南亚高压环流异常演变情况。6月，我国以西地区出现明显正距平，河套地区为负距平，这表明华北夏季降水偏多时，6月南亚高压开始从南亚向西北方向移动，中心偏西。7月，中国以西地区维持为正距平，贝加尔湖至我国新疆为负距平，朝鲜半岛出现明显正距平。这时，南亚高压中心位于伊朗高原上空。8月，原来位于蒙古至我国河套地区的负距平进一步西移，渤海地区为明显正距平。9月，南亚高压区高度场异常不明显，贝加尔湖以西为明显正距平。因此，造成华北夏季降水偏多的南亚高压环流背景主要是6月、7月高压西移北上，中心位于伊朗高原上空。8月、9月南亚高压中心位于青藏高原上空，位置南移。

5.3 季风环流变化与华北夏季降水

我国地处东亚季风区，由于东亚季风的年际和年代际变化很大，使得我国东部地区旱涝灾害发生非常频繁。鉴于季风变异对我国气候异常的重要影响，早在70多年前，我国著名气候学家竺可桢（1934a；1934b）就开展了东亚夏季风对中国降水和华北干旱化的影响研究，之后，涂长望和黄仕松（1944）研究了东亚夏季风的进退对中国雨带的季节内变化的影响。这些研究开辟了关于东亚夏季风变化及其对东亚气候影响的研究之路。继他们之后，陶诗言等（1958）、Tao和Chen（1987）、陈隆勋等（1991）、Ding（1994）关于东亚夏季风环流的结构和特征做了系统的研究，Ding（1994）、He等（2007a）对以往研究进行了总结。

东亚季风对我国降水有着非常重要的影响，因此，对其爆发时间、强度变化的研究倍受关注（He et al.，2006；何金海等，2006；Zhao et al.，2007）。以往研究大多关注的是季风年际或年代际变化（Nitta，1987；Huang和Wu，1989；Lau和Yang，1997；Wu和Wang，2000；何金海等，2004；Huang et al.，2007），也有一些学者研究了东亚季风季节内演变对我国降水的影响（Qian et al.，2002；丁一汇等，2004；廖清海和陶诗言，2004；He et al.，2007b）。由于东亚季风的复杂性，在过去的研究中已定义了数十个季风指数（Wang et al.，2008b），但每种季风指数都只能从不同的侧面反映季风整体强度的变化，很难描述季风的空间演变情况。

近年，Wang等（2008a）提出了季风的季节演变主模态概念，并研究亚澳季风演变与ENSO的关系，Wu等（2009）利用该思想研究了东亚气候季节演变特征。鉴于东亚季风对华北旱涝有重要的影响，本节采用季节演变经验正交方法识别东亚地区季风环流季节演变主要模态，并分析其变化与华北干旱化趋势的关系。这种方法与以往研究季风的指数方法明显不同，采用季节演变主要模态方法不仅可以分析季风的整体强弱变化，还可以很好地分析空间上不同地域的环流变化情况。

5.3.1 500 hPa高度场季节演变主模态变化及对应夏季降水空间分布

前面研究发现，华北夏季降水变化有其固定的环流背景，这样的背景环流是华北降水偏多或偏少的必要条件。那么，大气环流自身演变是否存在这样的模态呢？它们又对应着什么样的降水空间分布？近50 a变化如何，与华北干旱化趋势有什么样的关系？下面采用季节

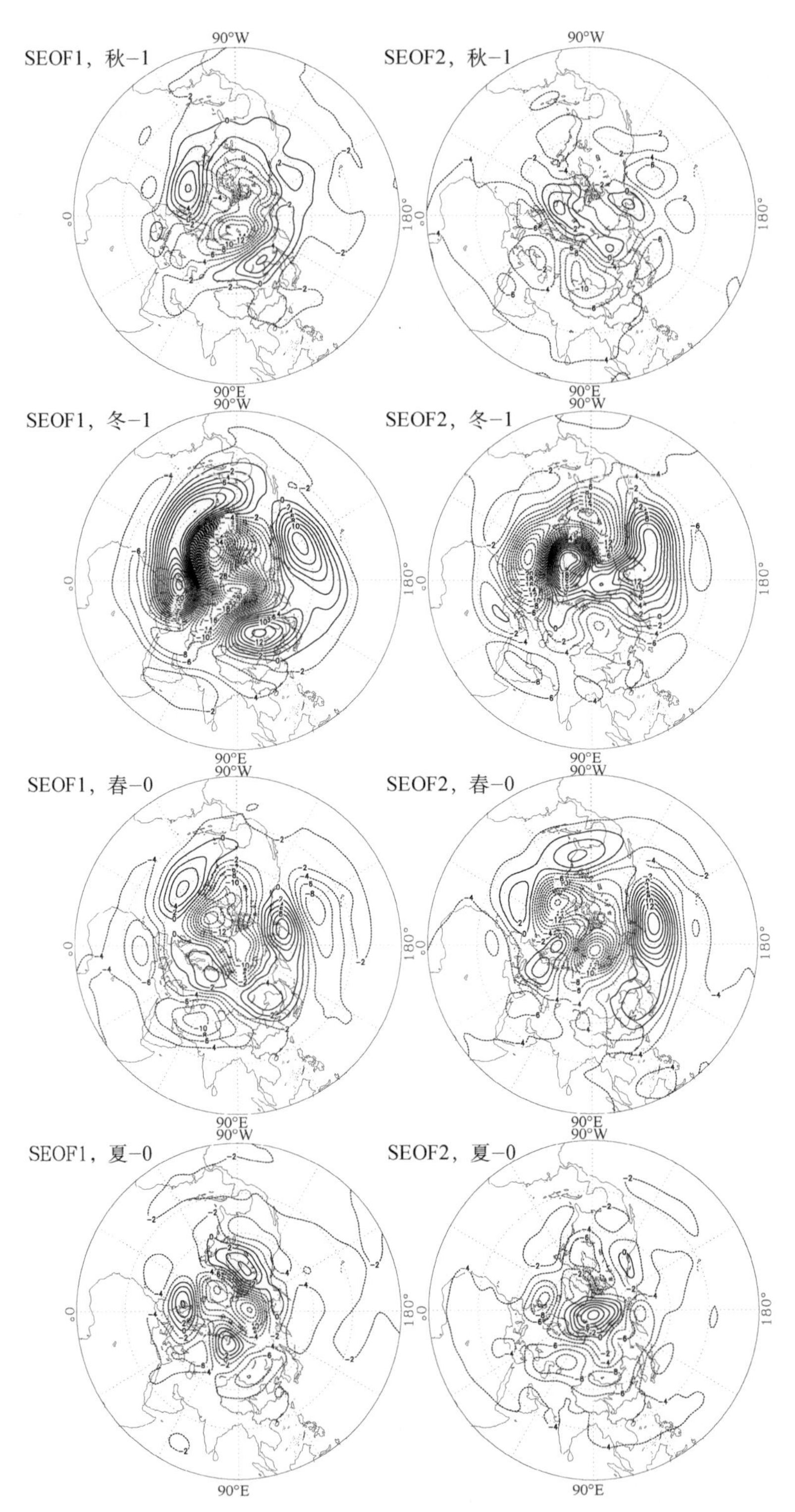

图 5.12 500 hPa 高度场季节演变主要模态 SEOF1（左列）、SEOF2（右列）空间分布（单位：gpm）

演变主模态分析方法进行分析。

500 hPa 环流场常常给降水过程带来动力条件，对华北夏季降水影响很大。先对北半球500 hPa 高度场的秋、冬、春、夏连续四季做季节演变正交分解，前10个季节演变模态分别解释总方差的16.22%，9.96%，6.85%，6.34%，5.82%，4.67%，4.27%，3.79%，3.30%，3.15%，累积占64.37%。下面重点分析前第一、第二模态变化情况。

季节演变第一模态（图5.12，左列）。上年秋季，北半球中高纬度地区为北极涛动正位相；到冬季，北极涛动显著加强；春季，北极涛动开始明显减弱，北大西洋地区为正NAO位相，北太平洋为负NPO位相，华北为北高南低异常环流；夏季，北极附近涛动都减弱，蒙古地区为负异常，华北多降水天气过程活动，但缺乏下游阻挡作用，因此，华北夏季降水可能偏多，但不会显著偏多（图5.14a）。该模态近50 a一直为减弱趋势（图5.13），这对华北干旱化趋势的形成有一定影响。

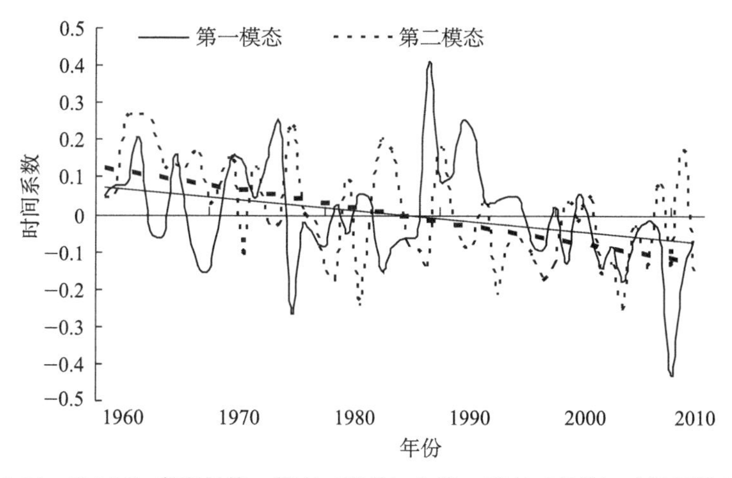

图5.13　500 hPa 高度场第一模态（实线）和第二模态（点线）时间系数变化
（斜线是线性趋势）

第一模态环流特征不是很突出，但它解释总方的比例最大，占16.22%。这也说明，影响华北夏季降水的前期500 hPa 环流场大部分情况没有明显特征，这也就是华北夏季降水不好预测的原因之一。

季节演变第二模态（图5.12，右列）。上年秋季，北半球中高纬度地区为弱的北极涛动正位相；到冬季，北大西洋负NAO强烈发展；春季，北大西洋地区转为正NAO位相，极地为负距平，极涡加深；夏季，极地为正距平，蒙古地区为负距平，这表明在夏季，极涡明显减弱，经向环流突出，蒙古至河套地区多低槽活动，受其影响，华北夏季多降水（图5.14b）。该模态近50 a为减弱趋势（图5.13），可能对华北干旱化趋势的形成有明显影响，近两年系数开始增强，与华北2011—2012年夏季降水明显偏多有很好的对应关系。

第二模态环流季节演变显著的特征是：上年冬季北大西洋负NAO强烈发展，春季转变为正NAO，极涡显著加深，到夏季，极涡显著减弱，经向环流突出，冷暖空气交换频繁，蒙古至河套多低槽活动，这种环流演变有利于华北降水。其时间系数变化与近50 a华北干旱化趋势有很好的对应关系，近两年时间系数开始明显增强，说明这种演变环流突出，造成近两年华北夏季降水明显增多。这表明，近 50 a，华北干旱化趋势的形成与第二模态环流变化有密切关系。

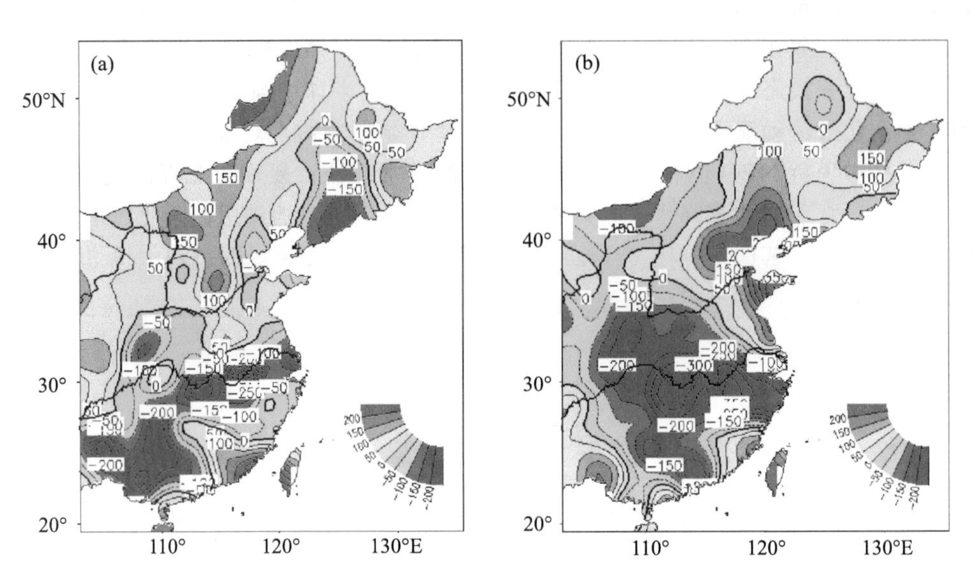

图 5.14 对应 500 hPa 高度场 SEOF1（a）、SEOF2（b）的夏季降水异常分布
（等值线间隔 50 mm；单位：mm）

5.3.2 850 hPa 风场季节演变主模态变化及对应夏季降水空间分布

季风环流演变在 850 hPa 等压面表现非常明显，显著特征就是经向风的变化。由于 850 hPa 等压面是水汽的主要输送层，水汽输送异常往往造成某地降水发生异常。对亚洲关键区（30°～160°E，20°～60°N）范围内 850 hPa 等压面水平风场的秋、冬、春、夏连续四季做季节演变正交分解，前 10 个季节演变模态分别解释总方差的 12.12%，10.10%，7.69%，5.94%，4.44%，4.11%，3.48%，3.07%，3.05%，2.68%，累积占 56.68%。除第一、二模态外，其他模态解释方差都不大。下面重点分析第一、第二模态变化情况。

季节演变第一模态（图 5.15，左列）。上年秋季，蒙古地区为明显气旋性异常环流，从云南、华南至华北为明显偏南风异常。到冬季，蒙古气旋性异常环流消失，孟加拉湾和南海都为反气旋性异常环流，南海异常更加明显。孟加拉湾反气旋异常环流有利于加强北侧偏西气流向华南的水汽输送，有利于冬季长江及华南降水偏多。南海反气旋性异常环流有利于副高较常年偏强。东亚为南风异常，这表明东亚冬季风偏弱。春季，蒙古地区气旋性异常环流强烈发展，孟加拉湾反气旋性环流维持，东亚从华南至华北为明显的南风异常；夏季，蒙古气旋性异常环流和东亚南风异常进一步加强，在河套附近产生强的风向辐合，这种形势非常有利于华北降水。与该模态对应的夏季降水场，在华北地区为明显正距平，长江中下游为明显负距平（图 5.17a）。近 50 a，该模态一直为减弱趋势（图 5.16），华北干旱化趋势的形成与此模态环流长期变化有很大关系。

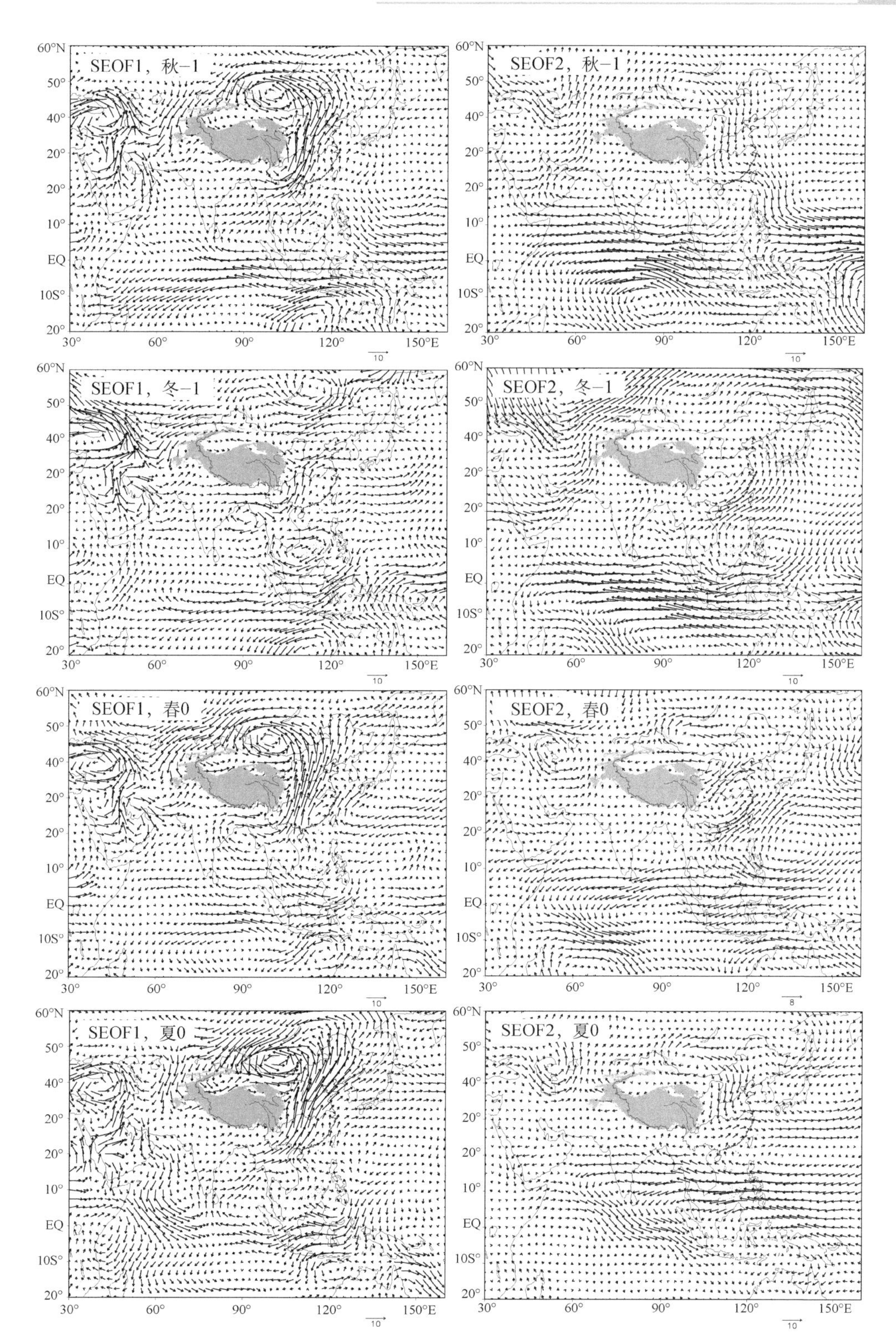

图 5.15　850 hPa 等压面水平风场季节演变主要模态 SEOF1（左列）、SEOF2（右列）空间分布（单位：m · s^{-1}）

季节演变第二模态（图 5.15，右列）。上年秋季，华北地区为北风异常，热带印度洋为东风异常。到冬季，菲律宾附近为异常反气旋环流，华南至东亚东部沿海为西南风异常，热带印度洋东风异常较秋季进一步加强，这表明，南海副高位置偏东，东亚沿海冬季风偏弱。春季，蒙古地区开始出现弱的反气旋性环流，菲律宾东北海上也为异常反气旋性环流，在这两个反气旋性环流之间的长江中下游地区形成异常气旋性环流，华北处于蒙古反气旋环流东南部和长江气旋环流后部的偏北气流影响下。夏季，蒙古地区仍然维持异常反气旋性环流，其东侧偏北风控制华北，造成华北夏季出现北风异常，减弱了南风向华北的水汽有效输送，不利于华北降水。与该模态对应的夏季降水场，在华北地区为负距平，长江中游地区为显著

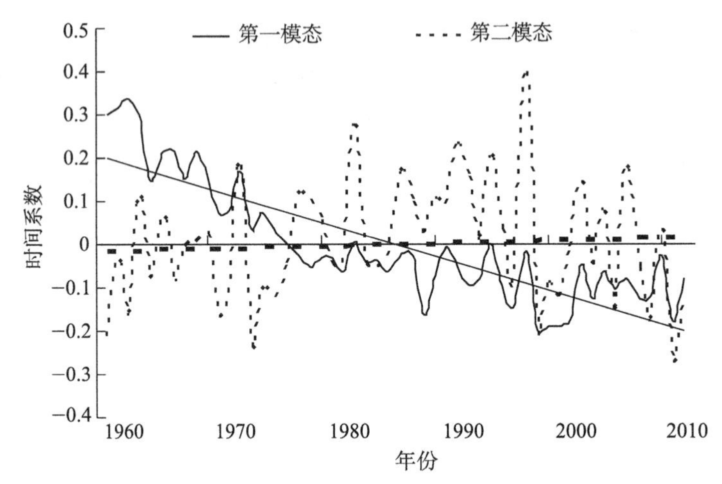

图 5.16 850 hPa 风场第一模态（实线）和第二模态（点线）时间系数变化

（斜线是线性趋势）

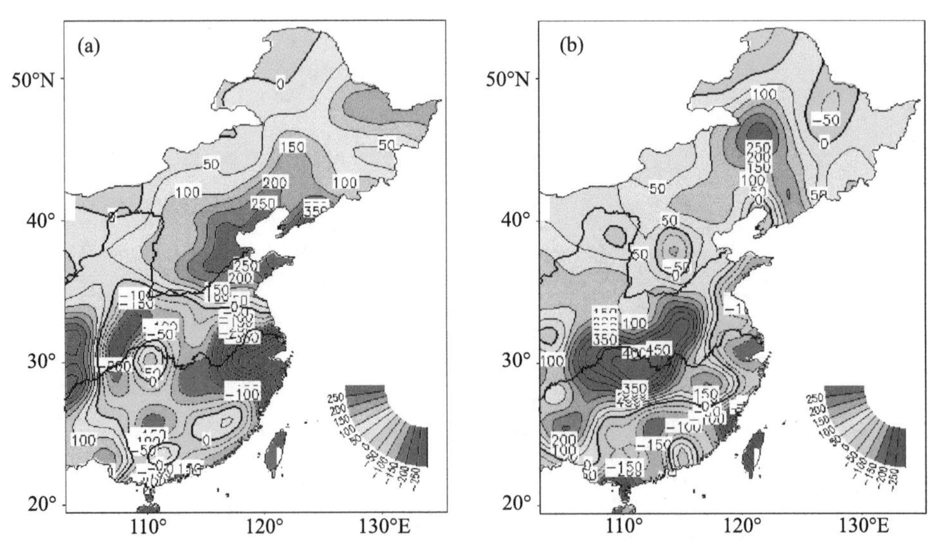

图 5.17 对应 850 hPa 风场 SEOF1（a）、SEOF2（b）的夏季降水异常分布

（等值线间隔 50；单位：mm）

的正距平（图5.17b）。近50 a，该模态时间系数无明显增大或减小趋势（图5.16），华北干旱化趋势的形成与此模态环流长期变化关系不大。

第一模态环流特征与第二模态环流特征差别非常明显。归纳起来就是，当上年秋季蒙古地区为明显气旋性异常环流，冬季孟加拉湾和南海为异常反气旋性环流，春、夏蒙古气旋性环流异常发展，华北地区南风异常明显，夏季华北多降水。当上年秋季、当年春季、夏季蒙古地区为反气旋性环流异常，夏季华北受其东侧偏北气流影响，偏北风明显，华北水汽来源不足，造成夏季降水偏少。近50 a华北干旱化趋势主要与第一模态环流变化有关。

从第一模态春、夏环流大形势看，青藏高原春、夏热力偏强会有利于东亚夏季风偏强，异常的南风会有利于大量水汽向华北输送，造成华北降水偏多。因此，蒙古地区的气旋性异常环流和青藏高原热力异常可能会有利于华北夏季降水显著偏多，有待于深入研究。

5.3.3 海平面气压场季节演变主模态变化及对应夏季降水空间分布

海平面气压场上主要季风环流系统就是高压、低压变化，这些系统的异常会给某地降水产生影响。对亚洲关键区（30°～160°E，20°～70°N）范围内海平面气压场的秋、冬、春、夏连续四季做季节演变正交分解，前10个季节演变模态分别解释总方差的26.64%，15.03%，10.52%，6.68%，4.52%，3.91%，3.27%，2.62%，2.41%，2.29%，累积占77.88%。前两个模态解释方差最大，其他模态所占方差很小，下面重点分析前第一、第二模态变化情况。

季节演变第一模态（图5.18，左列）。上年秋季，蒙古至我国中西部为明显负距平，表明蒙古高压明显偏弱。冬季，西伯利亚地区为显著正距平，青藏高原地区为负距平，表明冬季西伯利亚高压异常强大。春季，蒙古地区为负距平，说明西伯利亚至蒙古高压迅速减弱，蒙古低压开始发展。夏季，蒙古地区负距平进一步增大，说明蒙古低压进一步发展。这种形势有利于华北地区多低压天气过程活动，同时稳定低压也有利于东亚夏季风向更北位置推进，华北水汽来源充足，从而造成华北夏季降水偏多（图5.20a）。该季节演变环流突出的特征是：秋季蒙古高压弱，冬季西伯利亚至蒙古高压异常强大，春季蒙古低压开始发展，夏季蒙古低压进一步增强，这种环流演变有利于华北多降水。近50 a该环流形势为减弱趋势（图5.19），与华北干旱化趋势有很好的对应关系，近年时间系数开始增大，说明环流正向有利于华北夏季降水偏多的形势转变。

季节演变第二模态（图5.18，右列）。上年秋季，蒙古至我国中西部为明显正距平，表明蒙古高压明显偏强。冬季，西伯利亚地区为正距平，但明显小于第一模态值，蒙古地区为负距平，这表明冬季西伯利亚高压偏强、蒙古高压偏弱。春季，蒙古地区为明显正距平，说明蒙古高压在春季仍然维持，蒙古低压很难形成。夏季，蒙古地区正距平进一步增大，夏季蒙古地区仍然维持为高压，蒙古低压还是很难形成。这种形势使得华北地区低压天气过程显著减少，同时稳定的蒙古高压前部偏北风不利于东亚夏季风向北推进，华北水汽来源不足，从而造成华北夏季降水偏少（图5.20b）。该季节演变环流突出的特征是：秋季蒙古高压明显偏强，冬季西伯利亚高压偏强、蒙古高压偏弱，春季蒙古高压维持，蒙古低压很难形成，夏季蒙古地区仍然维持为明显高压系统，这种环流演变造成华北降水偏少。近50 a该环流形势为增强趋势（图5.19），与华北干旱化趋势有很好的对应关系，近年时间系数有所减小。

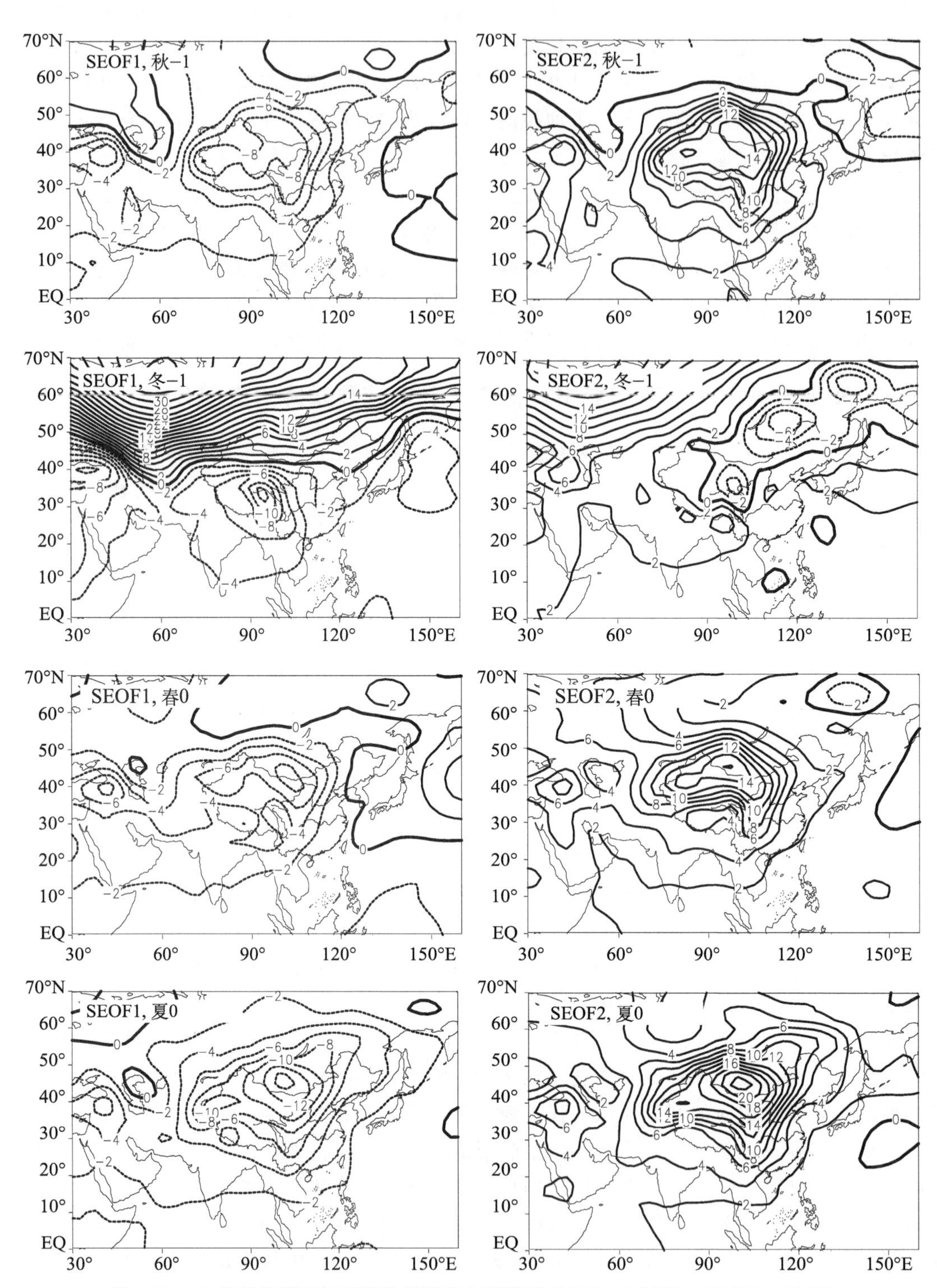

图 5.18 北半球海平面气压场季节演变主要模态 SEOF1（左列）、SEOF2（右列）空间分布（单位：hPa）

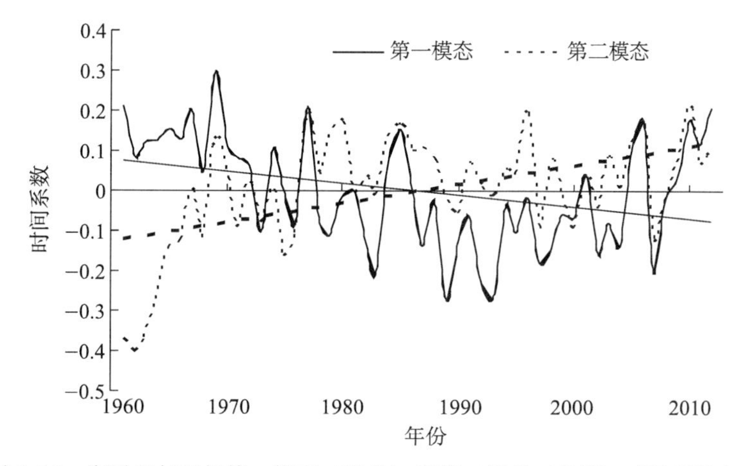

图 5.19 海平面气压场第一模态（实线）和第二模态（点线）时间系数变化
（斜线是线性趋势）

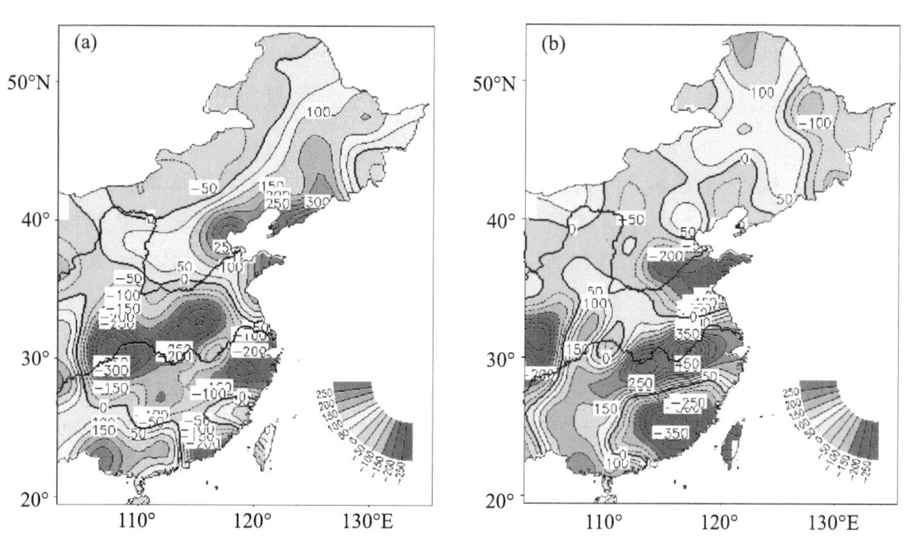

图 5.20 对应海平面气压场 SEOF1（a）、SEOF2（b）的夏季降水异常
（等值线间隔 50；单位：mm）

季节演变环流第一主模态与第二主模态明显不同。第一模态环流形势有利于华北夏季多降水，近 50 a 为减弱趋势。第二模态环流形势不利于华北夏季降水，近 50 a 为增强趋势。华北夏季降水偏多的环流特征更为明显，即上年秋季蒙古高压弱，冬季西伯利亚至蒙古高压异常强大，春季蒙古低压快速发展，夏季蒙古低压进一步增强。第二模态造成华北夏季降水偏少，其环流演变特征是，秋季蒙古高压明显偏强，冬季西伯利亚高压偏强、蒙古高压偏弱，春季蒙古高压仍然维持，蒙古低压很难形成，夏季蒙古地区仍然维持为明显高压系统。

5.3.4 副热带高压夏季逐月演变主模态变化及对应夏季降水空间分布

副热带高压是500 hPa等压面上主要的季风环流系统，它的位置、强度等参数变化，会直接影响我国东部雨带的位置和强度，对华北夏季旱涝影响很大。这里，选择西太平洋副热带高压活动关键区域（90°～180°E，0°～60°N）范围内夏季6月、7月、8月、9月连续4个月500 hPa高度场作季节演变技术正交分解，前10个季节演变模态分别解释总方差的22.61％，8.52％，7.47％，6.18％，5.72％，5.13％，4.59％，3.82％，3.58％，3.21％，累积占70.92％。除第一模态外，其他模态所占方差都很小。下面重点分析第一、第二模态变化情况。

副高演变第一模态（图5.21，左列）。首先，6—9月500 hPa高度场基本都为负距平。6月，相对高值区位于日本以东的洋面上。7月，相对高值区向西移动到日本海附近，蒙古至我国西北为明显负距平，这表明，7月副高中心脊线位于日本海地区大约36°N附近，贝加尔湖至我国西北地区有明显高空槽。8月，相对高值中心南撤东移，中心脊线在30°N附近，但副高西北部进一步向西移到朝鲜半岛附近。9月，副高进一步南撤。对应这一模态的夏季降水空间分布是华北多雨、长江中下游少雨（图5.23a）。从时间系数变化看（图5.22），第一模态呈线性减小趋势，即7月副高在日本海地区减弱，贝加尔湖地区高空槽减弱，因此不利于华北夏季降水。第一模态变化趋势与华北夏季干旱化趋势有很好的对应关系。

副高演变第二模态（图5.21，右列）。6月，相对高值区位于东部海上，蒙古至河套地区为明显正距平，这表明，6月副高异常不明显，但贝加尔湖高空槽异常偏弱或为脊。7月，相对高值区位于华南沿海，中心脊线在22°N附近，贝加尔湖至我国北部为明显正距平，这表明，7月副高位置明显偏南，贝加尔湖高空槽明显偏弱或为脊。8月，相对高值中心位于日本岛东南洋面上，中心脊线在30°N附近。这表明，夏季副高北抬时间偏晚，且位置偏南、偏东。9月，副高维持在30°N附近。对应这一模态的夏季降水空间分布是华北少雨、长江中下游多雨（图5.23b）。从时间系数变化看（图5.22），第二模态长期变化趋势不明显，但20世纪90年代中期以来呈明显减弱趋势，近几年显著减弱与华北降水偏多有很好的对应关系。

因此，夏季东亚上空位势高度偏低，6月，贝加尔湖至青藏高原北部高空槽明显偏深，7月副高在日本海地区35°N附近偏强，贝加尔湖至青藏高原北部高空槽仍然偏深，8月，副高西北部进一步向西移到朝鲜半岛附近，这些都有利于华北夏季降水偏多。当6月，贝加尔湖高空槽明显偏弱或为脊，7月副高没有北抬，8月副高才北抬，但位置偏南偏东，这种演变形势不利于华北夏季降水。华北干旱化趋势可能是由于第一模态减弱造成的。

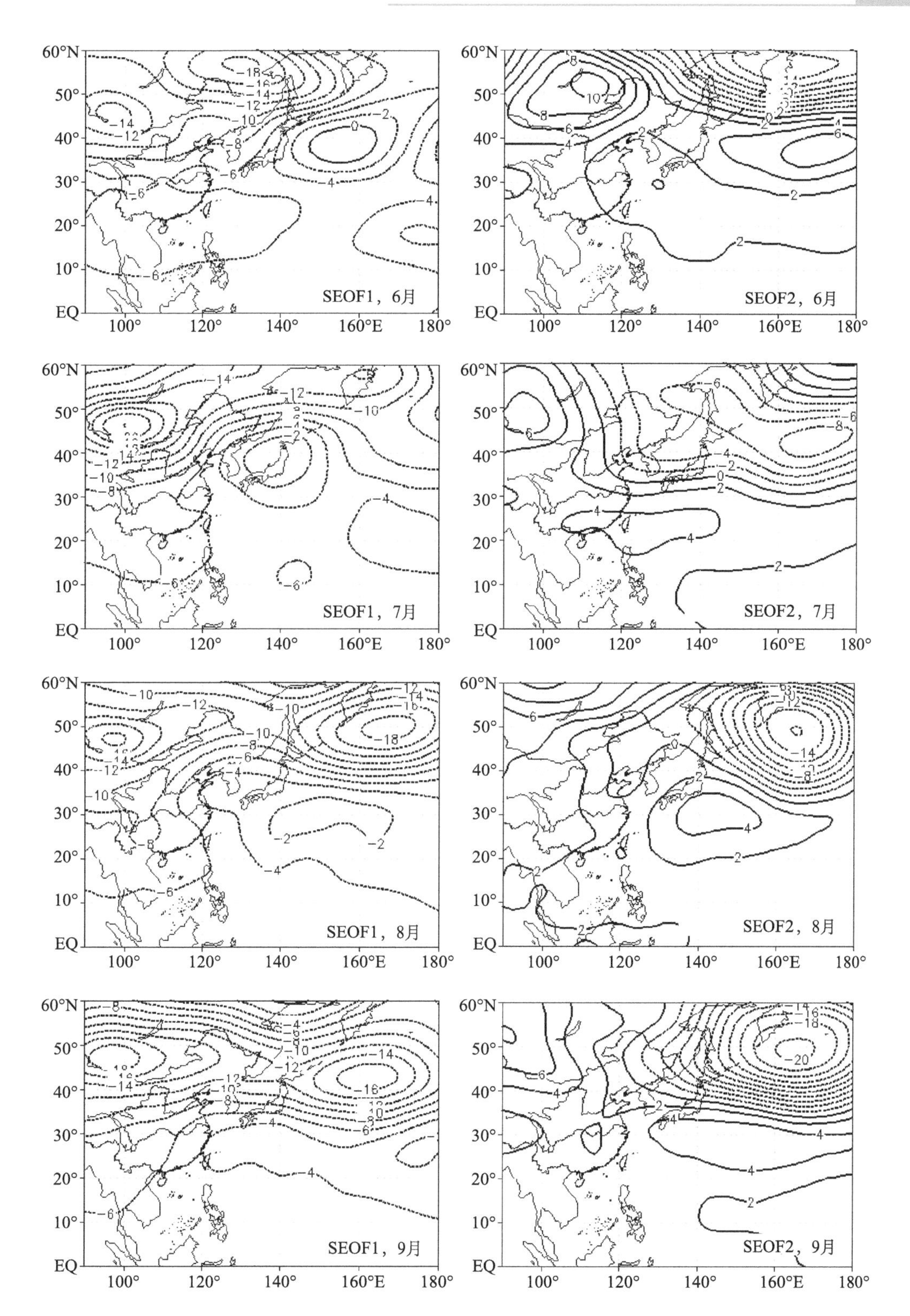

图 5.21　夏季西太平洋副高 500 hPa 高度场演变主要模态 SEOF1（左列）、SEOF2（右列）空间分布（单位：dagpm）

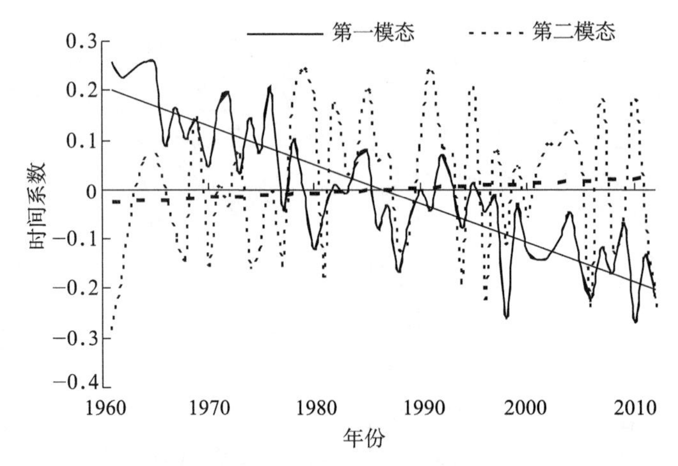

图 5.22 夏季西太平洋地区 500 hPa 高度场演变第一模态（实线）和第二模态（点线）时间系数变化（斜线是线性趋势）

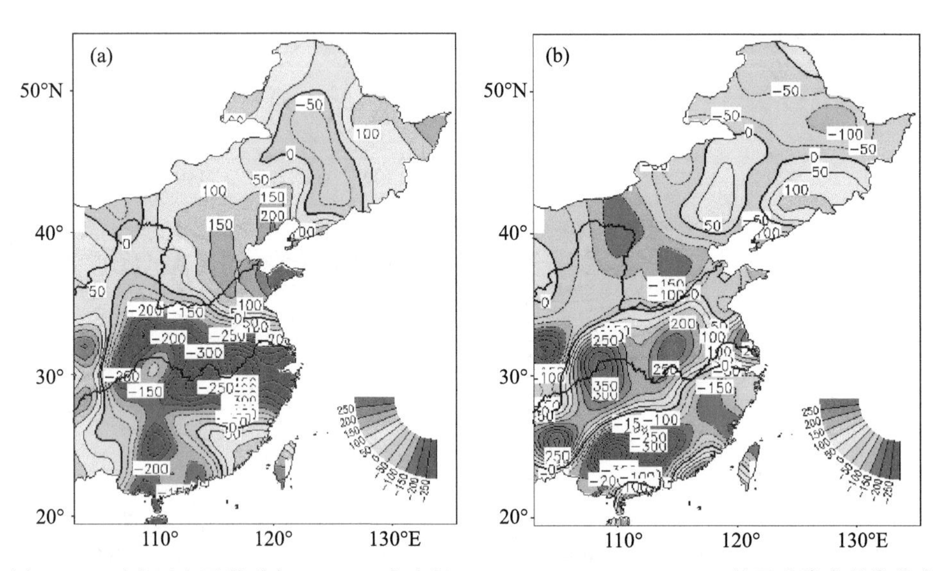

图 5.23 对应西太平洋副高 500 hPa 高度场 SEOF1（a）、SEOF2（b）的夏季降水异常分布（等值线间隔 50；单位：mm）

5.3.5 南亚高压夏季逐月演变主模态变化及对应夏季降水空间分布

南亚高压是 100 hPa 层上主要的季风环流系统，它的位置、强度等参数变化与西太平洋副热带高压季节内变化有关，进而影响我国东部雨带的位置和强度。这里，选择南亚高压活动关键区域（0°～180°E，0°～70°N）范围内夏季 6 月、7 月、8 月、9 月连续 4 个月 100 hPa 高度场做季节演变技术正交分解，前 10 个季节演变模态分别解释总方差的 38.25%，11.72%，4.82%，3.80%，3.34%，3.20%，3.00%，2.69%，2.30%，2.04%，累积占 75.16%。与西太平洋副热带高压特征明显不同，南亚高压变化特征集中第一、第二模态，前两个模态累积解释总方差的 49.97%。下面重点分析前第一、第二模态变化情况。

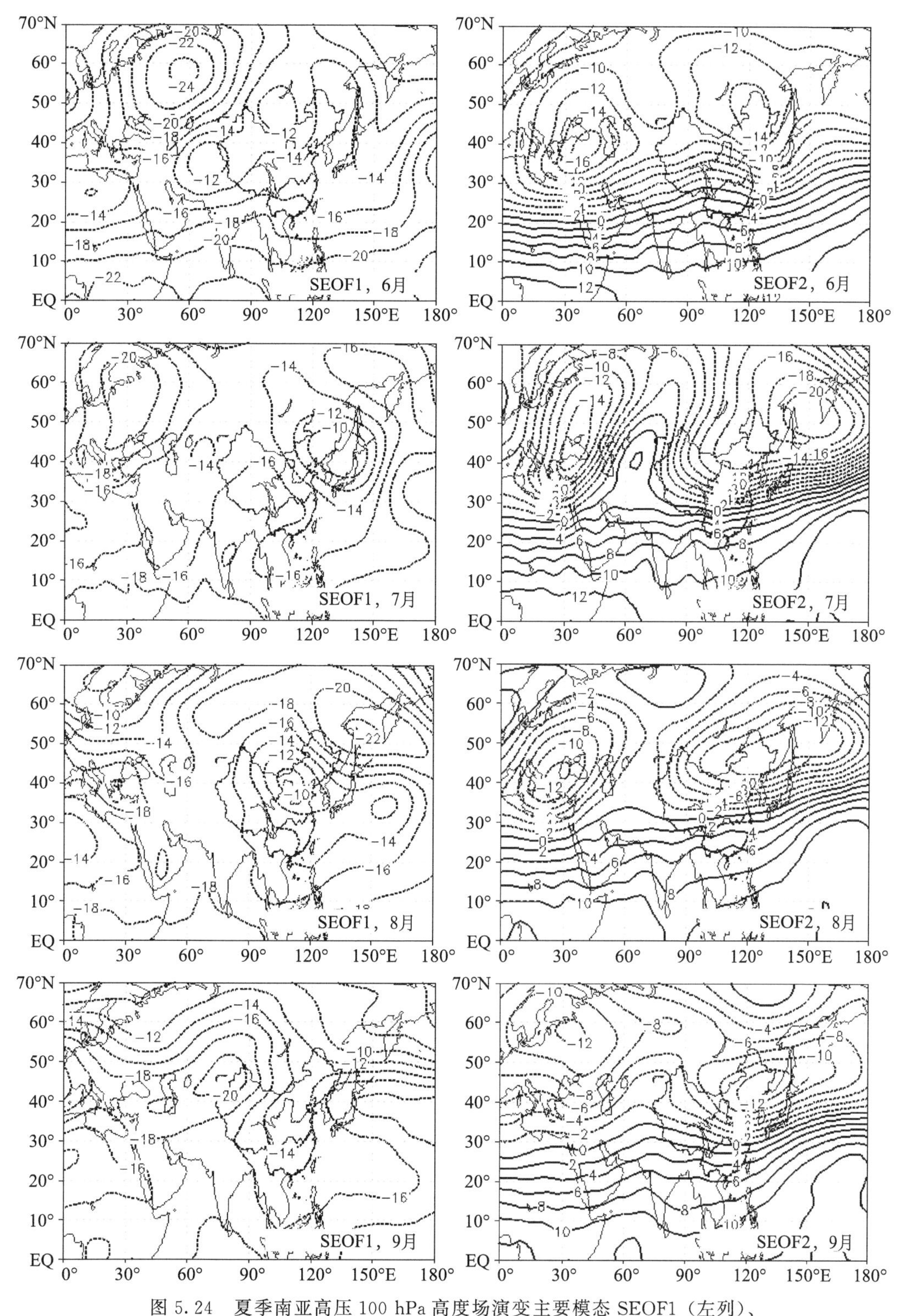

图 5.24 夏季南亚高压 100 hPa 高度场演变主要模态 SEOF1（左列）、SEOF2（右列）空间分布（单位：dagpm）

南亚高压演变第一模态（图 5.24，左列）。首先，夏季演变都表现为负异常。6 月，相对高值区位于我国以西地区，说明南亚高压中心偏西。7 月，相对高值区位于日本海地区。8 月，相对高值区位于华北地区。9 月，相对低值区为于新疆西部。总体而言，高度场空间演变特征不是很明显，主要是 6 月南亚高压位置偏西，7 月、8 月，华北及以东地区为相对高值区。对应第一模态，夏季降水空间分布是，长江中下游异常偏少，华北偏多（图 5.26a）。从时间系数变化看，该模态表现为减小趋势（图 5.25），与华北干旱化趋势和长江流域降水变化有很好的对应关系。

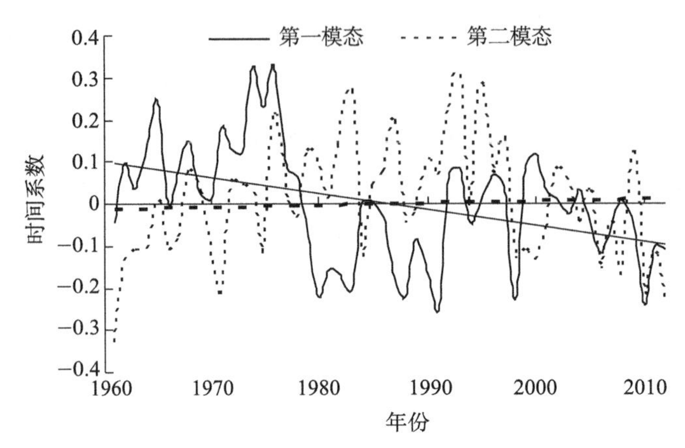

图 5.25　夏季 100 hPa 高度场演变第一模态（实线）和第二模态（点线）时间系数变化

（斜线是线性趋势）

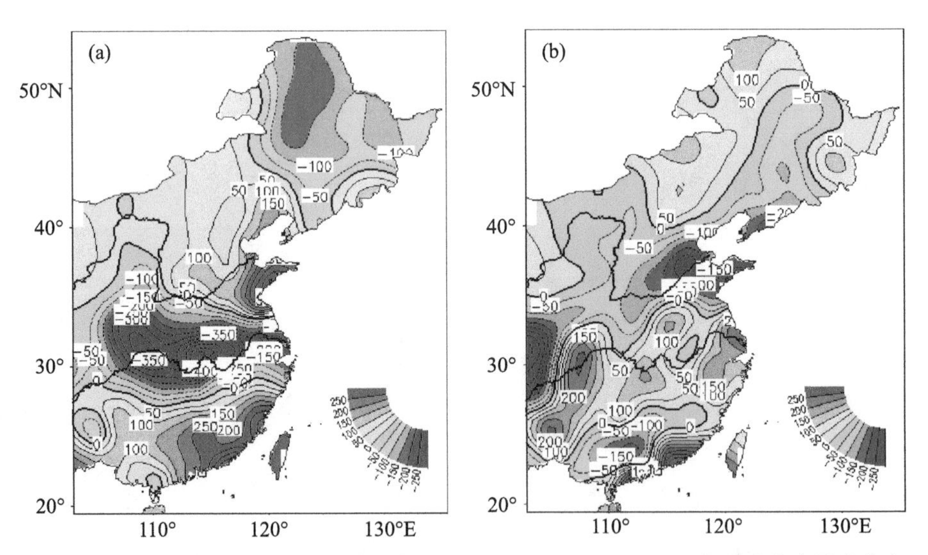

图 5.26　对应南亚高压 100 hPa 高度场 SEOF1（a）、SEOF2（b）的夏季降水异常分布

（等值线间隔 50；单位：mm）

南亚高压演变第二模态（图 5.24，右列）。6 月，25°N 以北为负距平，以南为正距平，

这表明，6月南亚高压异常强大，但还没上高原。7月，我国以西地区出现正距平，我国东北地区为明显负距平。这表明，7月南亚高压才上伊朗高原，比常年偏晚。8月，南亚高压位置不动，我国东北仍然为明显负距平。9月，南亚高压开始南撤，我国东北至华北为明显负距平。总体而言，高度场空间演变特征不是很明显，主要是南亚高压上高原的时间明显比常年偏晚，6—9月，东北、华北为明显负距平。对应第二模态，夏季长江中下游偏多，华北偏少（图5.26b）。从时间系数变化看，该模态长期趋势不明显（图5.25），但20世纪90年代中期以来减小，尤其近两年显著偏小，与近几年华北夏季降水开始增多有很好的对应关系。

5.4 东亚夏季风变化与华北夏季降水异常的关系

5.4.1 引言

短期气候预测中最重要的内容就是汛期降水预测，我国气象学家一直坚持开展此项研究（陈桂英等，2001；王会军，2001；谭桂容等，2009；黄荣辉等，2012）。近几年，我国夏季降水时空分布极不均匀，区域洪涝和干旱频繁发生，给国民经济造成巨大损失，国家迫切需要进一步提高短期气候预测水平。如何提高短期气候预测水平，这需要对异常年份旱涝成因进行深入分析，找出原因，建立预测指标。最近，赵俊虎等（2014）根据张庆云等（2003）的定义计算东亚夏季风指数，研究发现，在东亚夏季风最强的5 a，中国夏季降水空间分布差异显著，如1985年华北北部和东北降水偏多，1972年全国大旱，仅西北地区及其他少数地区降水偏多，2012年整个北方降水异常偏多，2004年黄河中下游降水偏多，1978年黄河中上游和华北降水偏多。可见，同样是东亚夏季风异常偏强年，而夏季主雨带位置却不尽相同（赵俊虎等，2014；方建刚等，2014）。另外，在强夏季风年，长江流域水汽条件也很好，但降水量却常常偏少，为什么呢？这是因为，降水的发生除水汽条件外，还会受到其他因素的影响（高庆久等，2006；郝立生等，2016）。降水是由大气中的水汽遇到上升气流或抬升条件、冷却凝结降落地面而形成的。因此，降水发生异常，其原因通常包括两个方面：①水汽输送（条件）异常；②动力上升运动（背景环流条件）异常。

本节针对东亚夏季风强弱年与华北夏季降水典型异常的关系，从水汽输送条件和动力上升背景环流条件方面进行对比分析，进一步认识东亚夏季风变化与华北夏季降水异常的关系，为改进汛期降水气候预测技术提供科学基础。

5.4.2 资料与方法

本节用到三种资料：①华北地区月降水量资料。使用国家气象信息中心提供的北京、天津、河北、山西的37个气象观测站的1961—2013年资料；②全国格点月降水量资料。使用国家气象信息中心整理的1961—2013年资料，水平格距0.5°×0.5°；③大气环流资料。使用NCAR/NCEP再分析的逐日环流格点资料（Kalnay et al.，1996），水平格距2.5°×2.5°，时间1961—2013年，选用要素为850 hPa水平风场和500 hPa高度场。

东亚夏季风指数的定义。目前，对东亚夏季风指数的研究还没有一个被公认的统一的表征东亚夏季风强度的指数（Wang et al.，2008a），为重点研究东亚夏季风水汽输送强弱，本节参照 Wang（2001）的定义使用 850 hPa 的经向风场定义东亚夏季风指数。首先，计算 850 hPa 层东亚范围（20°～40°N，110°～125°E）内的 1961—2013 年逐年夏季经向风速平均值序列，以 1971—2000 年平均值为基础做标准化处理，该标准化值定义为东亚夏季风指数 EASMI。EASMI 大于零表示东亚夏季风偏强，其值越大，表示夏季风越强；EASMI 小于零表示东亚夏季风偏弱，其值越小，表示夏季风越弱。本节所用的分析方法主要有相关分析和环流合成分析等方法，相关系数和合成风场经向风距平显著性采用 t 检验法。

5.4.3 东亚夏季风强度指数与华北夏季降水的关系

华北属于典型的季风气候，夏季降水与东亚夏季风密切相关。图 5.27 是 1961—2013 年东亚夏季风强度指数与我国东部夏季降水量相关系数空间分布，这里的降水量使用的是格点降水资料，空间分布均匀，便于相关分析。可以看到，正相关区主要位于华北和我国东北地区，负相关区主要位于长江流域。这表明，通常情况下，强夏季风年，华北、东北多雨，长江中下游少雨，反之亦然。

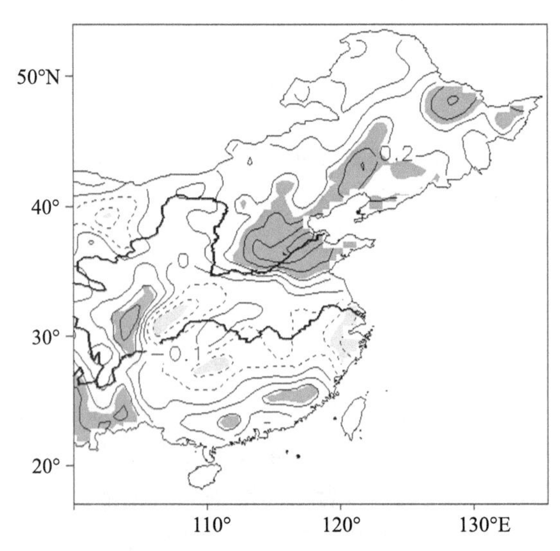

图 5.27 东亚夏季风指数与夏季降水相关系数空间分布（阴影区通过了 95%显著性检验）

为了进一步分析东亚夏季风变化与华北夏季降水量的对应关系，计算了 1961—2013 年东亚夏季风强度指数和华北夏季降水距平百分比变化，见图 5.28。这里的降水距平使用的是代表区（山西、河北、北京、天津）37 站夏季降水资料。从多年变化趋势看，两者有着很好的一致性，大部分年份是强夏季风年降水也偏多，但也有个别不完全一致的年份。

下面进一步统计分析东亚夏季风指数和华北夏季降水的关系。将降水距平在－10%～10%的年份定义为正常年，将小于－10%的年份定义为异常偏少年，将大于 10%的年份定义为异常偏多年。将季风指数小于－0.6 定义为弱季风年，将季风指数大于 0.8 定义为强季风年。统计发现，强季风有 17 a（对应降水偏多 8 a，正常 7 a，偏少 2 a）、弱季风有 12 a

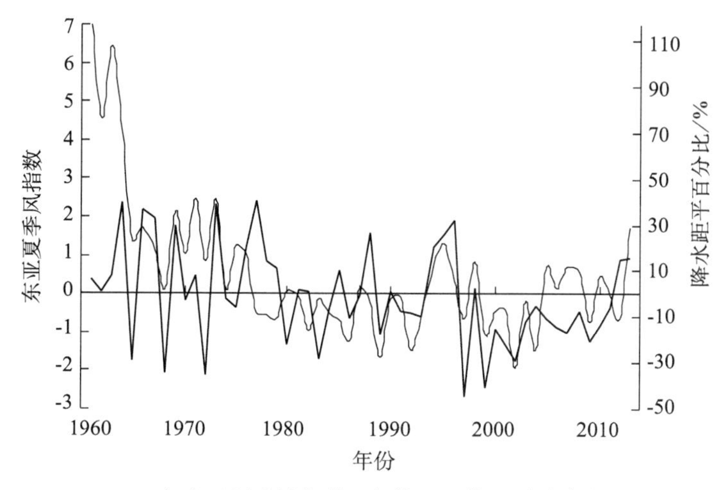

图 5.28 1961—2013 年东亚夏季风指数（细线）和华北夏季降水（粗线）变化曲线

（对应降水偏多 3 a，正常 3 a，偏少 6 a）、正常季风有 24 a（对应降水偏多 5 a，正常 9 a，偏少 10 a），见表 5.1。在强夏季风年，夏季降水偏多和正常年占绝大比例；在弱夏季风年，夏季降水偏少年占绝大比例；季风正常年，夏季降水正常和偏少年占绝大比例。从另一方面看，在夏季降水偏多年，强夏季风年份占多数；在夏季降水偏少年，正常和弱夏季风年份占多数；在夏季降水正常年，正常和强夏季风年份占多数。NCEP 资料可能与实际场存在一定偏差，尤其在 20 世纪 70 年代以前，本节不对资料问题做详细讨论。从统计得到的季风强弱与以往研究得到的季风强弱基本是一致的，所以，尽管资料本身对分析有一定影响，但不影响整体结果。

表 5.1 东亚夏季风指数与华北夏季降水异常年数统计（单位：a（%））

	降水偏多	降水正常	降水偏少	合计
夏季风偏强	8（47%）	7（41%）	2（12%）	17
夏季风正常	5（21%）	9（38%）	10（42%）	24
夏季风偏弱	3（25%）	3（25%）	6（50%）	12
合计	16	19	18	53

从前面的分析看到，确实存在强夏季风年华北夏季降水偏多，弱夏季风年华北夏季降水偏少的关系，但也有例外情况。为了找出降水气候预测指标，可以选择典型异常年份做环流合成对比分析。根据前面的季风异常指标和降水异常指标，选择夏季风指数大于 0.8 为典型偏强年，则在 1961—2013 年偏强年中对应夏季降水异常的年份有 10 a（1964 年、1965 年、1966 年、1967 年、1969 年、1972 年、1973 年、1976 年、1995 年、2013 年），其中 2 a（1965 年、1972 年）明显偏少，其他 8 a 夏季降水明显偏多。选择夏季风指数小于－0.6 为典型偏弱年，则在 1961—2013 年偏弱年中夏季降水异常年份有 9 a（1979 年、1985 年、1986 年、1989 年、1997 年、1999 年、2002 年、2009 年、2012 年），其中 3 a（1979 年、

1985 年、2012 年）明显偏多，其他 6 a 夏季降水明显偏少。

图 5.29 是东亚夏季风偏强、偏弱年对应华北夏季降水异常距平百分比合成图。典型强夏季风年，夏季降水偏多时的中心位置主要在华北西南部地区（图 5.29a），夏季降水偏少时的位置几乎为全区（图 5.29b）。典型弱夏季风年，夏季降水偏多时的中心位置主要在华北中部地区（图 5.29c），夏季降水偏少时的中心位置几乎为全区，在华北的东北东部偏多（图 5.29d）。强季风年降水偏多（偏少）空间分布形势与弱季风年降水偏多（偏少）分布明显不同。因此，华北夏季降水除受东亚夏季风影响外，还应受到其他因素的影响。

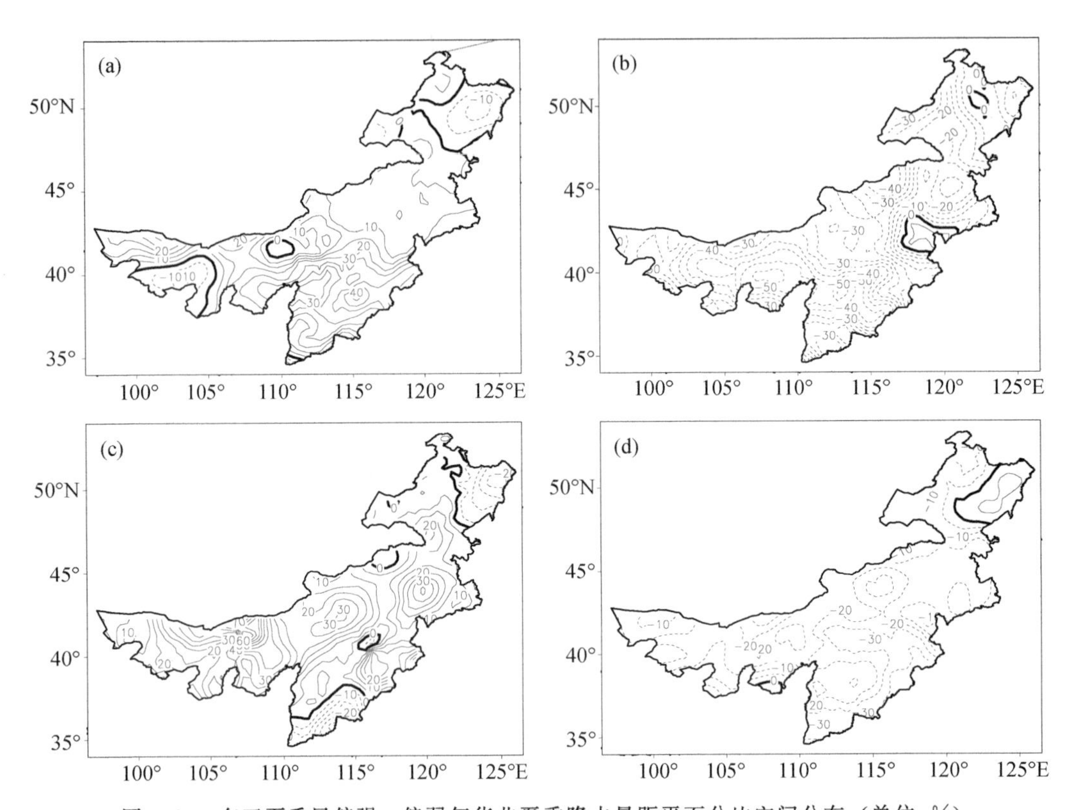

图 5.29 东亚夏季风偏强、偏弱年华北夏季降水量距平百分比空间分布（单位：%）

（a）强季风降水偏多年；（b）强季风降水偏少年；（c）弱季风降水偏多年；（d）弱季风降水偏少年

5.4.4 东亚夏季风强弱与华北夏季降水异常典型年的环流特征

降水的发生通常是由大气中的水汽遇到上升气流或抬升条件、冷却凝结降落地面形成的，因此，降水发生异常应包括两个方面原因：一是水汽（输送）条件异常，一个是上升（运动）条件异常。850 hPa 是重要的水汽输送层，500 hPa 等压面是提供动力上升运动背景环流条件的关键层。华北夏季降水异常一定在 850 hPa 风场上和 500 hPa 高度场有异常表现。下面针对前面四种典型异常情况的 850 hPa 和 500 hPa 环流形势做对比分析。

5.4.4.1 强东亚夏季风年多雨环流特征

图 5.30 是强东亚夏季风年、多雨环流特征情况。在 850 hPa 距平风场上，蒙古地区为

气旋性异常环流，西太平洋地区为反气旋性异常环流。在此背景下，东亚地区有明显偏南风异常，菲律宾附近有东风异常，在南海转向后并入东亚偏南风中，这说明向华北的水汽输送出现明显正异常，华北夏季水汽来源充足。蒙古地区气旋性异常环流南侧偏西风与东亚偏南风在华北形成风向辐合，这为华北夏季降水提供了动力上升条件。在500 hPa高度场上，中纬度为负距平，乌拉尔山东部槽、贝加尔湖脊、华北北部槽都较弱，纬向环流突出，槽脊东移频繁，上升运动过程会偏多，即多降水天气过程。因此，在强夏季风年，有利的水汽条件和有利的动力上升条件，加上多降水天气过程，使得华北夏季降水异常偏多。

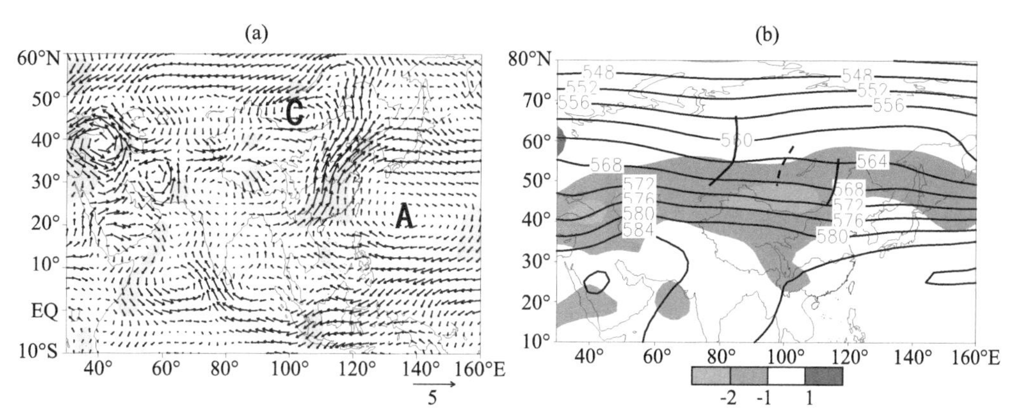

图5.30 强东亚夏季风年华北多雨型850 hPa距平风场（a）（单位：m·s^{-1}，阴影区通过了95%显著性检验）和500 hPa高度场及距平场（b）（单位：dagpm）

5.4.4.2 强东亚夏季风年少雨环流特征

在强东亚夏季风年，少雨环流形势与多雨年明显不同（图5.31）。在850 hPa距平风场上，蒙古地区的气旋性异常环流东移到我国东北地区以北，西太平洋反气旋性异常环流位置偏北。在这种环流背景下，东亚地区仍然有较明显偏南风异常，但菲律宾附近为西风异常，

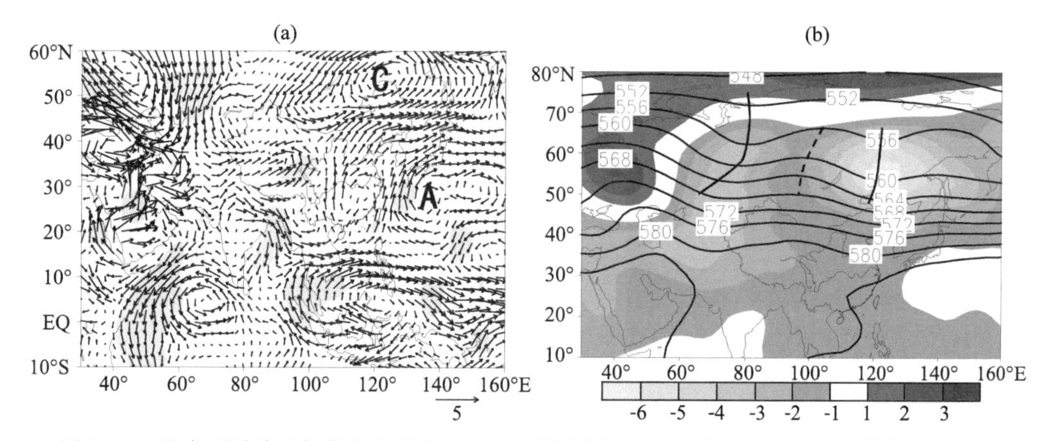

图5.31 强东亚夏季风年华北少雨型850 hPa距平风场（a）（单位：m·s^{-1}，阴影区通过了95%显著性检验）和500 hPa高度场及距平场（b）（单位：dagpm）

这说明华北地区仍然有比常年多的水汽来源，但比多雨年又明显偏少。在蒙古至我国东北地区为强的偏西风异常，在华北形成风速辐散环流，造成华北动力上升条件减弱。在 500 hPa 高度场上，中纬度为负距平，但乌拉尔山东部、华北北部负距平更大，造成乌拉尔山东部槽加深、贝加尔湖脊增强、华北北部槽加深，经向环流突出，槽脊东移缓慢，上升运动过程会明显减少，即降水天气过程明显减少。因此，在强夏季风年，尽管水汽条件有利，但缺乏有利的动力上升条件，加上降水天气过程明显减少，使得华北夏季降水异常偏少。可见，同样是强夏季风年，水汽来源充足，但由于动力上升条件不同和天气过程多少不同，结果夏季降水量多少明显不同。

在强夏季风年，850 hPa 风场异常的显著特征是蒙古地区或我国东北地区的气旋性异常环流和西太平洋地区的反气旋性异常环流变化。它们的强度变化、位置变化会影响夏季水汽向华北的输送情况和动力辐合（辐散）条件，从而造成华北夏季降水异常。

5.4.4.3 弱东亚夏季风年少雨环流特征

在弱东亚夏季风年的环流（图 5.32、图 5.33）与强夏季风年的环流明显不同（图 5.30、图 5.31）。850 hPa 风场上，在蒙古地区，强夏季风年都为气旋性环流异常，而弱夏季风年都为反气旋性环流异常。这说明，在强夏季风年蒙古低压偏强，而在弱夏季风年蒙古低压明显偏弱。在西太平洋地区，强夏季风年都为反气旋性异常环流，弱夏季风年都为气旋性异常环流。这说明，强夏季风年副热带高压偏强，弱夏季风年副热带高压偏弱。在弱夏季风年，日本及以东地区为反气旋性异常环流。在此环流背景下，强夏季风年，东亚地区都为明显偏南风异常（图 5.30a，图 5.31a），而弱夏季风年，东亚地区都为明显偏北风异常（图 5.32a，图 5.33a），这说明，在强夏季风年，华北偏南风（西南风）水汽来源充足，在弱夏季风年，华北偏南风（西南风）水汽来源明显减少。

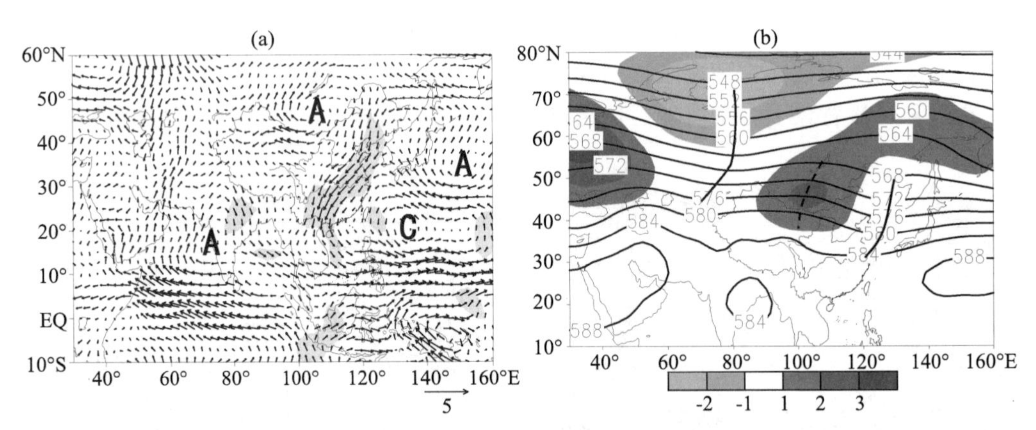

图 5.32 弱东亚夏季风年华北少雨型 850 hPa 距平风场（a）（单位：m·s^{-1}，阴影区通过了 95%显著性检验）和 500 hPa 高度场及距平场（b）（单位：gpm）

图 5.32 是弱东亚夏季风年、少雨环流情况。在 850 hPa 距平风场上，东亚地区有明显偏北风异常，这说明华北地区偏南风水汽来源明显减少。蒙古地区为反气旋性环流异常，在华北形成风向辐散环流，造成华北动力上升条件减弱。在 500 hPa 高度场上，乌拉尔山东部

为负距平，贝加尔湖为正距平，造成乌拉尔山东部槽加深、贝加尔湖脊增强、华北槽位置偏东，经向环流突出，槽脊东移缓慢，华北大部分时间受贝加尔湖脊控制，上升运动条件减弱，降水天气过程会明显减少。因此，在弱夏季风年，偏南风水汽来源大量减少，又缺乏其他路径（东南风）水汽补充，在动力条件上华北受850 hPa等压面辐散环流和500 hPa等压面贝加尔湖脊影响，动力上升条件非常不利，使得华北夏季降水异常偏少。

5.4.4.4　弱东亚夏季风年多雨环流特征

图5.33是弱东亚夏季风年、多雨环流情况。在850 hPa距平风场上，东亚地区仍为明显偏北风异常，这说明华北地区偏南风（西南风）水汽来源明显减少。但是，受日本附近反气旋环流和我国台湾附近气旋环流影响，华北地区东南风水汽输送明显加强，这表明，这时华北夏季仍然有很好的水汽条件。蒙古地区仍为反气旋性环流异常，其东侧西北风与东海东南风在华北形成风向辐合环流，使得华北动力上升条件加强。在500 hPa高度场上，乌拉尔山东部为正距平，造成贝加尔湖脊加强西移，乌拉尔山东部槽和华北槽变化不大，纬向环流突出，槽脊频繁东移，华北上升运动条件较好，降水天气过程会明显增多。因此，在弱夏季风年，尽管通常情况下偏南风（西南风）水汽来源大量减少，但只要东南风水汽输送加强，华北仍会有足够的水汽来源；同时在动力条件上华北受850 hPa等压面辐合环流和500 hPa等压面低槽频繁东移影响，动力上升条件比较有利。有利的水汽条件和动力上升条件，使得在弱夏季风年，华北夏季仍然会出现降水量异常偏多的情况。2011—2013年夏季就是这种情况。

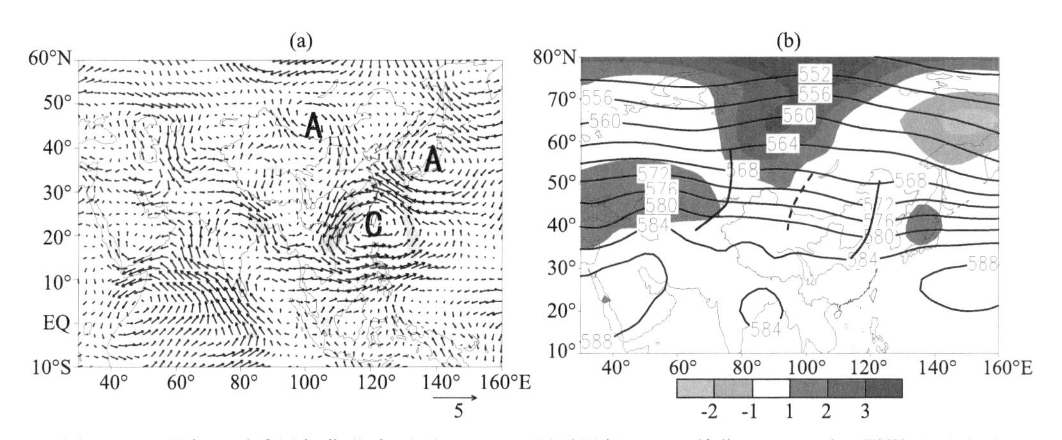

图5.33　弱东亚夏季风年华北多雨型850 hPa距平风场（a）（单位：m·s^{-1}，阴影区通过了95%显著性检验）和500 hPa高度场及距平场（b）（单位：dagpm）

在弱夏季风年，850 hPa风场异常的显著特征是蒙古地区的反气旋性异常环流和西太平洋地区的气旋性异常环流变化，正好与强夏季风年形势相反。它们的强度、位置变化会影响夏季水汽向华北的输送情况和动力辐合（辐散）条件，从而造成华北夏季降水异常。

5.5 本章小结

(1) 华北夏季降水对应的环流背景

华北夏季降水偏多的环流背景是：①在 500 hPa 高度场上，上年秋季、冬季北大西洋出现明显的负 NAO，扰动场持续向下游东亚地区传播，一直维持到夏季，造成夏季乌拉尔山高压脊偏强、贝加尔湖槽偏深，经向环流突出，华北多低槽活动，且受东部高压阻挡；②在 850 hPa 风场上，上年秋季南海为反气旋性环流异常，冬季孟加拉湾为反气旋性环流异常，春季、夏季蒙古地区为气旋性环流异常，且由春到夏逐渐加强，东亚从华南至华北为南风异常，南海在夏季有明显东风异常；③在海平面气压场上，上年冬季西伯利亚冷高压异常偏强，春季蒙古低压快速发展，夏季蒙古低压进一步加强；④西太平洋副热带高压，6 月无异常变化，但贝加尔湖至青藏高原高空槽偏深。7 月、8 月副高位置偏北，7 月中心位于日本海，8 月向西移到朝鲜半岛，同时贝加尔湖至青藏高原高空槽明显偏深；⑤南亚高压，6 月、7 月高压西移北上，中心位于伊朗高原上空。8 月、9 月南亚高压中心位于青藏高原上空，位置南移。

(2) 500 hPa 高度场季节演变主模态变化及对应夏季降水空间分布

北半球 500 hPa 高度场季节演变存在两个主要模态：第一模态占解释总方差的 16.22%，比例最大，但环流特征不是很突出。这也说明，影响华北夏季降水的前期 500 hPa 环流场大部分情况下不具备明显特征，这也就是华北夏季降水不好预测的原因。与第一模态对应，华北夏季降水偏多。该模态近 50 a 一直为减弱趋势，华北干旱化趋势的形成与第一模态环流变化关系不大。第二模态解释总方差的 9.96%，具有显著的特征：上年冬季北大西洋负 NAO 强烈发展，春季转变为正 NAO，极涡显著加深，到夏季，极涡显著减弱，经向环流突出，冷暖空气交换频繁，蒙古至我国河套多低槽活动。对应该模态，华北夏季降水明显偏多。该模态近 50 a 为减弱趋势，其时间系数变化与近 50 a 华北干旱化趋势有很好的对应关系，近些年时间系数开始明显增强，说明这种演变环流突出，造成近两年华北夏季降水明显增多。近 50 a 华北干旱化趋势的形成与第二模态环流变化有密切关系。

(3) 850 hPa 风场季节演变主模态变化及对应夏季降水空间分布

850 hPa 等压面水平风场季节演变存在两个主要的模态。第一模态解释总方差的 12.12%，环流演变主要特征是：上年秋季蒙古地区为明显气旋性异常环流，冬季孟加拉湾和南海为异常反气旋性环流，春、夏蒙古气旋性环流异常发展，东亚为显著南风异常。与该模态对应的华北夏季降水偏多。近 50 a，第一模态一直为减弱趋势。第二模态解释总方差的 10.10%，环流演变主要特征是：上年秋季、当年春季、夏季蒙古地区为反气旋性环流异常，夏季华北受其东侧偏北气流控制，水汽来源不足。与该模态对应的华北夏季降水偏少。近 50 a，该模态时间系数无明显增大或减小趋势。

第一模态与第二模态环流特征差别非常明显。当上年秋季蒙古地区为明显气旋性异常环流，冬季孟加拉湾和南海由异常反气旋性环流，春、夏蒙古气旋性环流异常发展，夏季华北多降水（第一模态）。当上年秋季、当年春季、夏季蒙古地区为反气旋性环流异常，夏季华北受其东侧偏北气流影响，水汽来源不足，造成夏季降水偏少（第二模态）。近 50 a 华北干旱化趋势主要与第一模态环流变化有关。

从第一模态春夏环流大形势看，青藏高原春、夏热力偏强会有利于东亚夏季风偏强，异常的南风会有利于大量水汽向华北输送，造成华北降水偏多。因此，夏季蒙古地区的气旋性异常环流和青藏高原热力异常可能会有利于华北夏季降水显著偏多，有待于深入研究。

（4）海平面气压场季节演变主模态变化及对应夏季降水空间分布

海平面气压场季节演变存在两个主要模态。第一模态解释总方差的26.64%，季节演变主要特征是：上年秋季蒙古高压弱，冬季西伯利亚至蒙古高压异常强大，春季蒙古高压迅速减弱，蒙古低压快速发展，夏季蒙古低压进一步加强。对应第一模态华北夏季降水偏多。第二模态解释总方差的15.03%，季节演变主要特征是：上年秋季蒙古高压明显偏强，冬季西伯利亚高压偏强，春季蒙古地区维持为高压系统，蒙古低压很难发展，夏季蒙古地区维持明显高压系统。对应第二模态华北夏季降水偏少。

季节演变环流第一主模态与第二主模态明显不同，第一模态环流演变有利于华北夏季多降水，第二模态环流演变不利于华北夏季降水。近50 a第一模态环流形势为减弱趋势，第二模态环流形势为增强趋势，与华北干旱化趋势有很好的对应关系。近几年，第一模态时间系数开始增大，第二模态时间系数有所减小，海平面气压环流正向有利于华北降水偏多的形势转变。

（5）副热带高压夏季逐月演变主模态变化及对应夏季降水空间分布

副热带高压是500 hPa层上主要的季风环流系统，它的位置、强度等参数变化，会直接影响我国东部雨带的位置和强度，对华北夏季降水影响很大。西太平洋副热带高压6月、7月、8月、9月连续四个月演变除第一模态外，其他模态所占方差都很小。第一模态解释总方差的22.61%，比例很大，环流演变主要特征是：6—9月500 hPa高度场基本都为负距平。6月，相对高值区位于日本以东的洋面上。7月，相对高值区向西移动到日本海附近，蒙古至我国西北地区为明显负距平，这表明，7月副高中心脊线位于日本海地区大约36°N附近，贝加尔湖至我国西北地区有明显高空槽。8月，副高西北部进一步向西移到朝鲜半岛附近。9月，副高进一步南撤。对应这一模态的夏季降水空间分布是华北多雨、长江中下游少雨。近50 a，第一模态呈减弱趋势。第一模态变化趋势与华北夏季干旱化趋势有很好的对应关系。

所以，夏季东亚上空位势高度偏低，6月，贝加尔湖至我国青藏高原北部高空槽明显偏深，7月副高在日本海地区35°N附近偏强，贝加尔湖至青藏高原北部高空槽仍然偏深，8月，副高西北部进一步向西移到朝鲜半岛附近，这些都有利于华北夏季降水偏多。若6月贝加尔湖高空槽明显偏弱或为脊，7月副高没有北抬，8月副高才北抬，但位置偏南偏东，这种演变形势不利于华北夏季降水。华北干旱化趋势可能是由于第一模态减弱造成的。

（6）南压高压夏季逐月演变主模态变化及对应夏季降水空间分布

南亚高压是100 hPa等压面上主要的季风环流系统，它的位置、强度等参数变化与西太平洋副热带高压季节内变化有关，进而影响我国东部雨带的位置和强度。南亚高压夏季6月、7月、8月、9月四个月演变存在两个主要的模态。第一模态解释总方差的38.25%。高度场空间演变特征不是很明显，主要是6月南亚高压位置偏西，7月、8月，华北及以东地区为相对高值区。对应第一模态，华北夏季降水偏多。近50 a，第一模态表现为减小趋势，与华北干旱化趋势有很好的对应关系。第二模态解释总方差的11.72%。高度场空间演变特征也不是很明显，主要是南亚高压上高原的时间明显比常年偏晚，6—9月，东北、华北为明显负距平。对应第二模态，华北夏季降水偏少。近50 a，第二模态长期趋势不明显，但20世纪90年代中期以来减小，尤其近些年显著偏小，与近些年华北夏季降水开始增多有很好的对应关系。近50 a华北干旱化趋势是由于第一模态减弱造成的。

（7）东亚夏季风变化与华北夏季降水异常的关系

通常在强东亚夏季风年华北夏季降水偏多，在弱东亚夏季风年华北夏季降水偏少，但也有例外情况。强东亚夏季风年降水偏多（偏少）的空间分布形势与弱东亚夏季风年降水偏多（偏少）分布明显不同。因此，华北夏季降水除受东亚夏季风影响外，还应受到其他因素的影响。

强夏季风年的环流与弱东亚夏季风年的环流明显不同。在850 hPa距平风场上，强夏季风年，东亚地区都为明显偏南风（西南风）异常，而弱夏季风年为明显偏北风异常，这说明，在强夏季风年，华北偏南风（西南风）水汽来源充足，在弱夏季风年，华北偏南风（西南风）水汽来源明显减少。强夏季风年，蒙古地区或我国东北地区为气旋性环流异常、西太平洋地区为反气旋性环流异常，而弱夏季风年，蒙古地区都为反气旋性环流异常、西太平洋地区为气旋性环流异常。这说明，在强夏季风年蒙古低压偏强、西太平洋副热带高压偏强，而在弱夏季风年蒙古低压明显偏弱、西太平洋副热带高压偏弱。

华北夏季降水多少的背景环流在强夏季风年和弱夏季风年有所不同。无论强东亚夏季风年还是弱东亚夏季风年，华北夏季降水偏多的环流条件是有充足的水汽来源（强夏季风年为西南风水汽输送异常，弱夏季风年为东南风水汽输送异常），850 hPa等压面在华北有辐合环流，500 hPa等压面中纬度纬向环流突出，华北多低槽过境。华北夏季降水偏少的环流形势明显不同，强夏季风年有充足的水汽来源（西南风异常），弱夏季风年水汽来源不足（偏北风异常），850 hPa等压面在华北为辐散环流，500 hPa等压面中纬度经向环流突出，华北低槽过境偏少。

在强东亚夏季风年，尽管水汽来源充足，但由于动力上升条件不同和天气过程多少不同，结果夏季降水多少明显不同。如果850 hPa风场在华北存在辐合环流，500 hPa高度场中纬度纬向环流突出，槽脊东移频繁，华北多低槽过境，上升运动过程会偏多，使得华北夏季降水量异常偏多。如果850 hPa风场在华北存在辐散环流，500 hPa高度场中纬度经向环流突出，槽脊东移缓慢，上升运动过程会明显减少，使得华北夏季降水量异常偏少。

在弱东亚夏季风年，偏南风（西南风）水汽来源大量减少，如果又缺乏其他路径（东南风）水汽补充，在动力条件上华北受850 hPa等压面辐散环流和500 hPa等压面贝加尔湖脊影响，动力上升条件非常不利，使得华北夏季降水异常偏少。尽管弱东亚夏季风年偏南风（西南风）水汽来源大量减少，但只要东南风水汽输送加强，华北仍会有足够的水汽来源。这时，如果850 hPa等压面在华北存在辐合环流，500 hPa高度场纬向环流突出，低槽频繁东移，华北动力上升条件非常有利，华北夏季仍然会出现降水异常偏多的情况，2011—2013年就是这种情况。

参考文献

鲍媛媛，康志明，2014.2010年亚洲夏季风环流异常特征及其对中国雨带的影响[J]. 高原气象，33（5）：1217-1228.

陈桂英，张培群，许力，2001.1999年夏季中国降水南多北少成因初探[J]. 气候与环境研究，6（3）：312-320.

陈隆勋，朱乾根，罗会邦，等，1991. 东亚季风[M]. 北京：气象出版社.

丁婷，陈丽娟，崔大海，2015. 东北夏季降水的年代际特征及环流变化[J]. 高原气象，34（1）：220-229.

丁一汇，李崇银，何金海，等，2004. 南海季风试验与东亚夏季风[J]. 气象学报，62（5）：561-586.

方建刚，肖科丽，王娜，等，2014. 初夏东亚季风强度指数与陕西降水异常关系[J]. 干旱区地理，37（1）：1-8.

高庆九，郝立生，闵锦忠，2006. 华北夏季降水年代际变化与东亚夏季风大气环流异常[J]. 南京大学学报（自然科学版），42（6）：590-601.

郝立生，2011. 华北降水时空变化及降水量减少影响因子研究[D]. 南京：南京信息工程大学.

郝立生，丁一汇，闵锦忠，2012. 东亚季风环流演变主要模态及其与中国东部降水异常[J]. 高原气象，31（4）：1007-1018.

郝立生，丁一汇，闵锦忠，2016. 东亚夏季风变化与华北夏季降水异常关系[J]. 高原气象，35（5）：1280-1289.

郝立生，闵锦忠，丁一汇，2011. 华北地区降水事件变化和暴雨事件减少原因分析[J]. 地球物理学报，54（5）：1160-1167.

郝立生，向亮，周须文，2015. 华北平原夏季降水准双周振荡与低频环流演变特征[J]. 高原气象，34（2）：486-493.

何金海，温敏，丁一汇，等，2006. 亚澳"大陆桥"对流影响东亚夏季风建立的可能机制[J]. 中国科学D辑，36（10）：959-967.

何金海，宇婧婧，沈新勇，等，2004. 有关东亚季风的形成及其变率的研究[J]. 热带气象学报，20（5）：449-456.

黄荣辉，陈际龙，周连童，等，2003. 关于中国重大气候灾害与东亚气候系统之间关系的研究[J]. 大气科学，27（4）：770-787.

黄荣辉，刘永，王林，等，2012.2009年秋至2010年春我国西南地区严重干旱的成因分析[J]. 大气科学，36（3）：443-457.

李崇银，王作台，林士哲，等，2004. 东亚夏季风活动与东亚高空西风急流位置北跳关系的研究[J]. 大气科学，28（5）：641-658.

李新周，马柱国，刘晓东，2006. 中国北方干旱化年代际特征与大气环流的关系[J]. 大气科学，30（2）：277-284.

廖清海，高守亭，王会军，等，2004. 北半球夏季副热带西风急流变异及其对东亚夏季风气候异常的影响[J]. 地球物理学报，47（1）：10-18.

廖清海，陶诗言，2004. 东亚地区夏季大气环流季节循环进程及其在区域持续性降水异常形成中的作用[J]. 大气科学，28（6）：835-846.

孙安健，高波，2000. 华北平原地区夏季严重旱涝特征诊断分析[J]. 大气科学，24（3）：393-402.

谭桂容，孙照渤，朱伟军，等，2009.2007年夏季降水异常的成因及预测[J]. 大气科学学报，32（3）：436-442.

陶诗言，赵煜佳，陈晓敏，等，1958. 东亚的梅雨期与亚洲上空大气环流季节变化的关系[J]. 气象学报，29（2）：119-134.

涂长望，黄仕松，1944. 中国夏季风之进退[J]. 气象学报，18（1）：82-92.

王会军，2001. 1998年夏季全球大气环流异常的预测研究[J]. 地球物理学报，44（6）：729-735.

魏晓雯，梁萍，何金海，等，2015. 汛期强降水过程与月内低频降水的联系及其可能机制[J]. 高原气象，34（3）：722-731.

谢坤，任雪娟，2008. 华北夏季大气水汽输送特征及其与夏季旱涝的关系[J]. 气象科学，28（5）：508-514.

张庆云，陶诗言，陈烈庭，2003. 东亚夏季风指数的年际变化与东亚大气环流[J]. 气象学报，61（5）：559-568.

张人禾，1999. El Niño盛期印度夏季风水汽输送在我国华北地区夏季降水异常中的作用[J]. 高原气象，18（4）：567-574.

赵俊虎，支蓉，申茜，等，2014. 2012年我国夏季降水预测与异常成因分析[J]. 大气科学，38（2）：237-250.

赵声蓉，宋正山，纪立人，2002. 华北汛期降水与亚洲季风异常关系的研究[J]. 气象学报，60（1）：68-75.

周晓霞，丁一汇，王盘兴，2008. 影响华北汛期降水的水汽输送过程[J]. 大气科学，32（2）：345-357.

朱锦红，王绍武，慕巧珍，2003. 华北夏季降水80年振荡及其与东亚夏季风的关系[J]. 自然科学进展，13（11）：1205-1209.

朱乾根，林锦瑞，寿绍文，等，2007. 天气学原理和方法（第四版）[M]. 北京：气象出版社：146-152.

竺可桢，1934. 东南季风与中国之雨量[J]. 地理学报，1（1）：1-27.

竺可桢，李良骐，1934. 华北之干旱及其前因后果[J]. 地理学报，1（2），1-9.

DAI X G，WANG P，CHOU J F，2003. Multiscale characteristics of the rainy season rainfall and interdecadal decaying of summer monsoon in North China[J]. Chinese Science Bulletin，48（12）：2730-2734.

DING Y H，WANG Z Y，SUN Y，2007. Interdecadal variation of the summer precipitation in East China and its association with decreasing Asian summer monsoon. Part I：Observed evidences[J]. International Journal of Climatology，28（9）：1139-1161.

DING Y，1994. Monsoons Over China[M]. Dordrecht：Kluwer Academic Publisher.

HE J，JU J，WEN Z，et al，2007a. A review of recent advances in research on Asian monsoon in China[J]. Advances in Atmospheric Sciences，24（6）：972-992.

HE J，SUN C，LIU Y，et al，2007b. Seasonal transition features of large-scale moisture transport in the Asian-Australian monsoon region[J]. Advances in Atmospheric Sciences，24（1）：1-14.

HE J，WEN M，WANG L，et al，2006. Characteristics of the onset of the Asian summer monsoon and the importance of Asian-Australian "Land Bridge"[J]. Advances in Atmospheric Sciences，23（6）：951-963.

HUANG R，CHEN J，HUANG G，2007. Characteristics and variations of the East Asian monsoon system and its impacts on climate disasters in China[J]. Advances in Atmospheric Sciences，24（6）：993-1023.

HUANG R，WU Y，1989. The influence of ENSO on the summer climate change in China and its mechanism[J]. Advances in Atmospheric Sciences，6（1）：21-32.

KALNAY E，KANAMITSU M，KISTLER R，et al，1996. The NCEP/NCAR 40-year reanalysis project[J]. Bull Amer Meteor Soc，77：437-472.

LAU K M，YANG S，1997. Climatology and interannual variability of the southeast asian summer monsoon[J]. Advances in Atmospheric Sciences，14（2）：141-162.

NITTA T，1987. Convective activities in the tropical western Pacific and their impact on the Northern Hemisphere summer circulation[J]. Journal of the Meteorological Society of Japan，65 (3)：373-390.

QIAN W，KANG H S，LEE D K，2002. Distribution of seasonal rainfall in the East Asian monsoon region [J]. Theoretical and Applied Climatology，73 (3-4)：151-168.

TAO S，CHEN L，1987. A review of recent research on the East Asian Summer monsoon in China[M] // Monsoon Meteorology. Oxford Oxford University press：60-92.

WANG B，WU Z，LI J，et al，2008a. How to measure the strength of the East Asian summer monsoon[J]. Journal of Climate，21 (17)：4449-4463.

WANG B，YANG J，ZHOU T，2008b. Interdecadal changes in the major modes of Asian-Australian monsoon variability：strengthening relationship with ENSO since the late 1970s[J]. Journal of Climate，21 (8)：1771-1789.

WANG H J，2001. The weakening of the Asian monsoon circulation after the end of 1970s[J]. Advances in Atmospheric Sciences，18 (3)：376-386.

WU B，ZHOU T，LI T，2009. Seasonally evolving dominant interannual variability modes of East Asian climate[J]. Journal of Climate，22 (11)：2992-3005.

WU R，WANG B，2000. Interannual variability of summer monsoon onset over the western North Pacific and the underlying processes. Journal of Climate，13 (14)：2483-2501.

ZHAO P，ZHANG R，LI J，et al，2007. Onset of southwesterly wind over eastern China and associated atmospheric circulation and rainfall[J]. Climate Dynamics，28 (7-8)：797-811.

第6章　华北夏季降水与热带海温的关系

6.1　引言

华北降水异常是由于大气环流变化造成的，而海温对大气环流有重要影响，它已成为降水预测非常重要的一个参考指标。由于厄尔尼诺对气候的显著影响，太平洋海温首先成为最受关注的因子。例如，黄荣辉等（1999）研究指出，华北夏季降水发生改变可能主要是由于20世纪60年代中期和80年代到90年代初赤道东太平洋海表温度明显升高所致。在以往研究中，ENSO（El Niño/Southern Oscillation）事件和太平洋十年涛动（Pacific Decadal Oscillation，简称PDO）是最受关注的因子。ENSO是指热带太平洋地区海气相互作用，它对全球气候有重要的影响（Ropelewski et al.，1987），例如ENSO发生时，澳大利亚和印尼干旱、南美沿岸洪涝、印度季风减弱、美国西北干旱等。ENSO对我国降水也有重大影响，一般来说，ENSO事件的发展阶段，我国江淮流域和长江中下游地区夏季风降水偏多，多洪涝，而华北和江南降水偏少，华北多干旱。除ENSO外，杨修群等（2005）研究发现，当华北地区干旱时，则热带中东太平洋海温偏高，北太平洋中部海温偏低，即太平洋上主要表现为PDO暖位相，这时，华北地区气温偏高，由异常西北风控制，不利于水汽向华北地区输送。邓伟涛等（2009）进一步研究发现，20世纪70年代中后期，北太平洋中纬度海温由正距平向负距平转变，PDO由负位相向正位相转变，通过影响东亚夏季风环流系统，使东亚夏季风由强变弱，中国东部降水呈现出由"＋－＋"转变为"－＋－"的分布形态，华北由多雨转为少雨。

除太平洋海温影响外，印度洋海温的影响也不可忽视。因为印度洋紧邻亚洲大陆，它的海表温度变化应该对我国降水也有重要影响。于是，一些学者在研究太平洋海温作用的同时也把印度洋海温一并考虑。例如，琚建华等（2004）对太平洋—印度洋地区海温异常进行统计发现，赤道东太平洋、热带西印度洋海温升高（降低），对应西太平洋暖池和热带东印度洋地区海温降低（升高），他们称这种有机联系的变化为太平洋—印度洋海温异常模态。这种异常模态在春、夏、秋、冬四季的时间系数都是20世纪70年代中期以前以负位相为主，即赤道东太平洋、热带西印度洋海温偏低，西太平洋暖池和热带东印度洋地区海温偏高；而1977年以后，该模态系数以正位相为主。陈文等（2006）认为，华北夏季降水从1976年开始明显减少，与太平洋、印度洋1976年开始明显增暖的年代际变化密切相关，整个印度洋海温变化与华北夏季降水的负相关性非常显著，同赤道中东太平洋的负相关性不相上下。总之，关于印度洋对降水的影响研究成果还比较少，对于华北降水影响方面的研究成果更少。自Saji等（1999）提出印度洋偶极子概念（Indian Ocean Dipole，简称IOD）并研究了其变化对东亚气候的影响后，针对印度洋海温变化对气候的影响才逐渐增多（李崇银等，2001；唐卫亚和孙照渤，2007；谭言科等，2008；郝立生，2011；郝立生等，2012）。

海温对降水的影响有着复杂的过程，很多机制问题还没有真正解决。Zhou 等（2008）认为，近 50 a 来（1950—2000 年）全球陆地季风降水整体减弱趋势是由于全球热带大洋增暖的强迫作用所致，利用实际历史海温驱动大气环流模式，能够合理地再现全球陆地季风降水的减弱趋势。Li 等（2010）数值试验也证实了热带海温对东亚季风环流年代际变化的驱动作用，即赤道太平洋和印度洋的变暖是导致东亚夏季风减弱的重要因子。尽管不同的模式都合理再现了季风环流的年代际变化，但是其模拟的东亚季风降水变化，较之观测依然存在很大的偏差。关于海温对降水的影响机制仍然是值得进一步深入研究的课题。

6.2　夏季降水异常海温场对比

6.2.1　与华北夏季降水对应的海表温度背景场

众所周知，海水热容量大，可以将大量气候变化信息储存起来。海洋又是大气主要的热量来源和水汽来源。因此，海洋成了气候变化的调节器、缓冲器。海温的变化对全球气候，尤其旱涝演变有重要影响。那么，与华北夏季降水对应的海温背景场如何呢？

图 6.1 是对华北夏季降水量序列回归重构的海温季节演变异常场（方法见 Wang et al.，2008）。上年春季，赤道中太平洋海温偏高，但基本为正常状态。到上年夏季，赤道东太平洋海温异常升高，El Niño 开始发展。到上年秋季，赤道中东太平洋海温正距平进一步增大，并向西扩展，El Niño 趋于成熟。到上年冬季，海温正距平区域位于赤道中太平洋，El Niño 处于成熟位相。到当年春季，海温正距平区基本消失，赤道东太平洋美洲沿岸出现负距平，说明春季，El Niño 快速减弱消失了，La Niña 开始出现。到夏季，美洲沿岸负距平值增大，范围沿赤道向西伸展，La Niña 进一步发展。秋季，海温仍然维持为 La Niña 位相。冬季，负距平范围进一步向西扩展，美洲沿岸负距平开始向西收缩，La Niña 处于成熟位相。从季节演变过程看，印度洋海温变化异常特征不明显。

华北夏季降水偏多对应着热带太平洋海温季节演变过程是：上年夏季出现 El Niño→秋季 El Niño 进一步发展→冬季 El Niño 处于成熟位相→当年春季 El Niño 迅速减弱消失而 La Niña 开始出现→夏季 La Niña 明显发展加强→秋季 La Niña 进一步发展→冬季 La Niña 成熟。

6.2.2　华北夏季降水异常与海表温度场季节演变空间分布

为了寻找气候预测指标，下面选择华北降水异常偏多年（1964 年、1966 年、1967 年、1969 年、1973 年、1977 年、1996 年）和偏少年（1965 年、1968 年、1972 年、1983 年、1997 年、1999 年、2002 年）进行对比分析（表 6.1）。

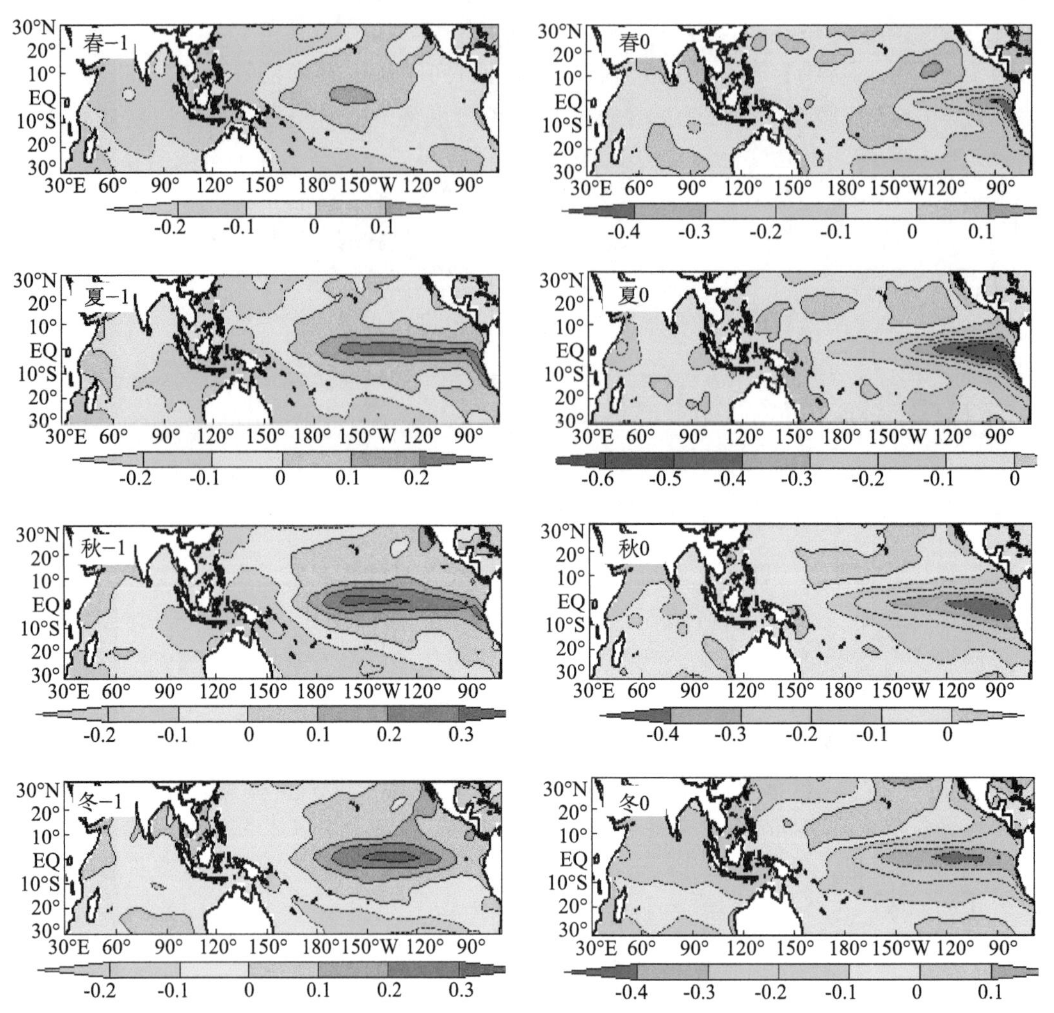

图 6.1 对华北夏季降水序列回归的四季海表温度异常分布

（−1 指上年，0 指当年；单位：℃）

表 6.1 华北夏季降水异常年份

偏多年	1964 年	1966 年	1967 年	1969 年	1973 年	1977 年	1996 年
降水距平/mm	133.7	122.7	109.2	100.4	131.0	135.7	107.4
偏少年	1965 年	1968 年	1972 年	1983 年	1997 年	1999 年	2002 年
降水距平/mm	−97.9	−117.0	−118.4	−96.0	−149.8	−136.5	−98.3

图 6.2 是华北夏季降水偏多年（图 6.2a）和偏少年（图 6.2b）海表温度距平场演变过程，−1 代表上年，0 代表当年。图上最显著的特征是赤道中东太平洋海温变化。

在降水偏多年（图 6.2a），上年春季，赤道中东太平洋海温基本处于正常状态。上年夏季，赤道中东太平洋地区海温出现正距平；秋季，正距平值进一步增大，范围向西伸展，东侧海温正距平开始向西收缩，El Niño趋于成熟；冬季，正距平中心位于赤道中太平洋，东侧正距平中心进一步向西收缩，El Niño处于成熟位相；进入当年春季，El Niño已经快速消失，赤道东太平洋秘鲁沿岸海温开始出现负距平，La Niña开始出现；当年夏季，赤道东太平洋负距平值加大，范围向西扩展，La Niña发展；当年秋季，赤道东太平洋海温负距平区域进一步向西扩展，La Niña趋于成熟；当年冬季，最大负距平中心位于赤道中太平洋，东侧负距平区域开始向西收缩，La Niña处于成熟位相。可以看到，华北降水偏多年，当年

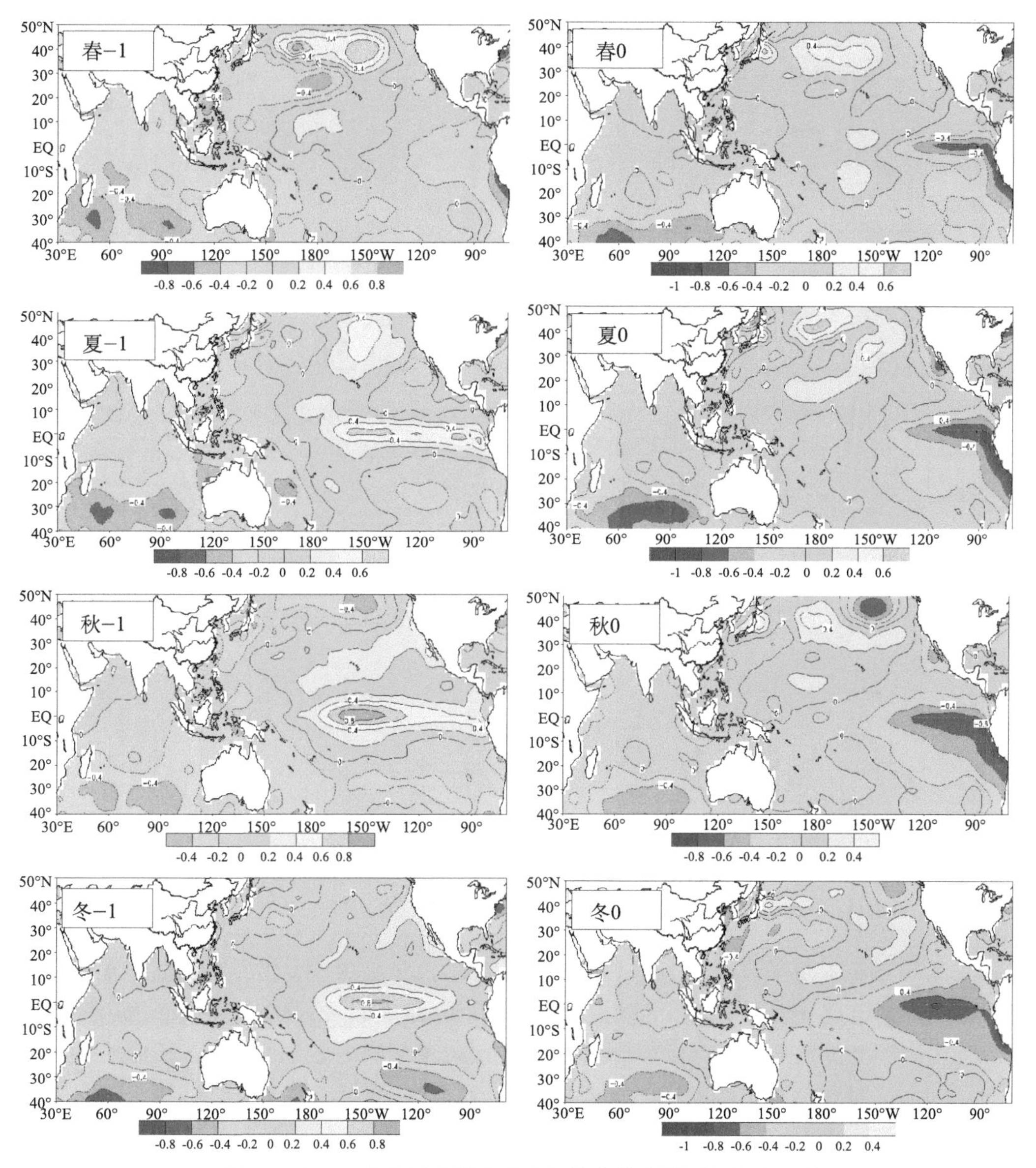

图 6.2 (a)　华北夏季降水偏多年海表温度距平场演变过程

（－1代表上年，0代表当年；单位:℃）

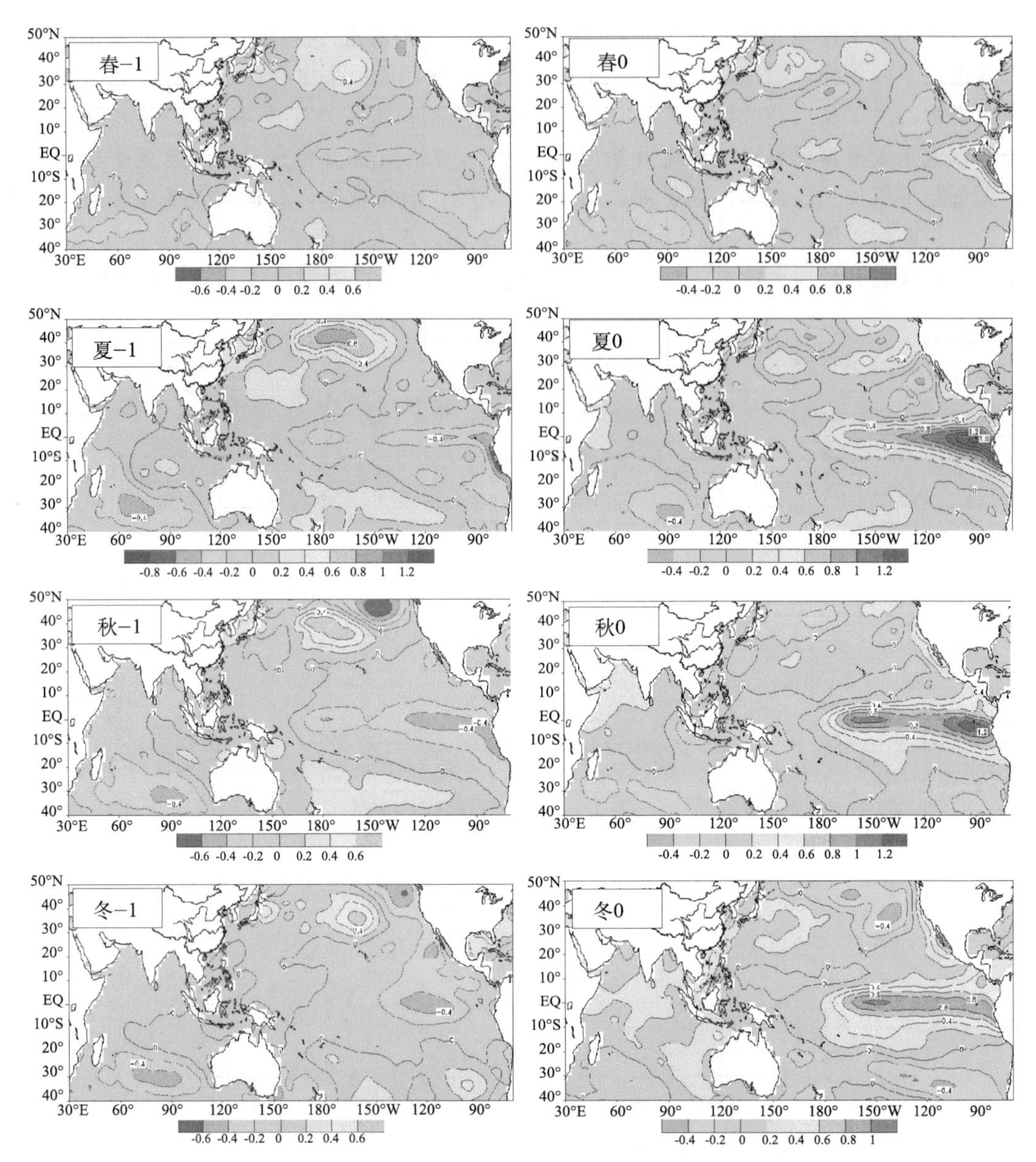

图 6.2（b） 华北夏季降水偏少年海表温度距平场演变过程

（−1 代表上年，0 代表当年；单位：℃）

赤道中东太平洋海温距平演变几乎与上年呈相反变化，即存在“上年春季海温正常→上年夏季 El Niño 开始出现→秋季 El Niño 发展→冬季 El Niño 成熟→当年春季 El Niño 消失而 La Niña 开始出现→夏季 La Niña 发展→秋季 La Niña 趋于成熟→冬季 La Niña 成熟”的两年周期变化。与前面对华北夏季降水回归重构的海温场季节演变过程一致。

降水偏少年（图 6.2b），当年海温距平演变形势与上年相反，而且两年的演变过程与偏多年完全相反，即表现为“上年春季海温正常→夏季 La Niña 出现→秋季 La Niña 发展→冬季 La Niña 成熟→当年春季 La Niña 消失而 El Niño 开始出现→夏季 El Niño 发展→秋季 El

Niño 趋于成熟→冬季 El Niño 成熟”的两年周期变化。

在图 6.2 上，La Niña 海温负距平值小于 El Niño 正距平值，说明在 ENSO 循环过程中，El Niño 强度大于 La Niña 强度。这也许可以解释为什么全球气候异常响应对 El Niño 十分显著、而对 La Niña 比较弱的原因。由于印度洋、南海海温、赤道西太平洋暖池海温变化幅度比赤道东太平洋变化明显要小，所以它们的变化特征在图 7.2 上表现不是很明显。实际上，印度洋海温异常对华北降水的影响不可忽视（郝立生等，2012）。

为了对夏季降水偏多年、偏少年的海温变化有更好的认识，分别计算了每个个例的上年、当年各月的 Nino3 指数（图 6.3）和 IOD 指数。对应 7 个华北夏季降水偏多年，有 5 个

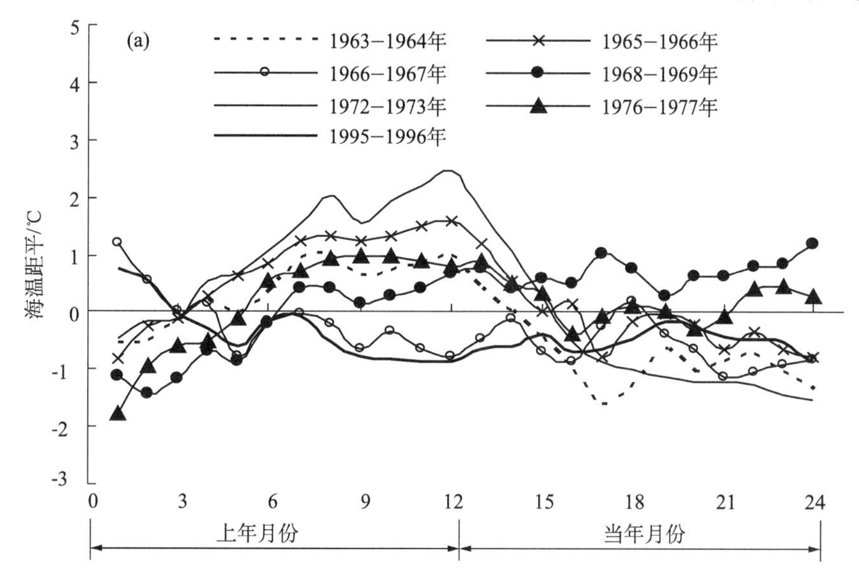

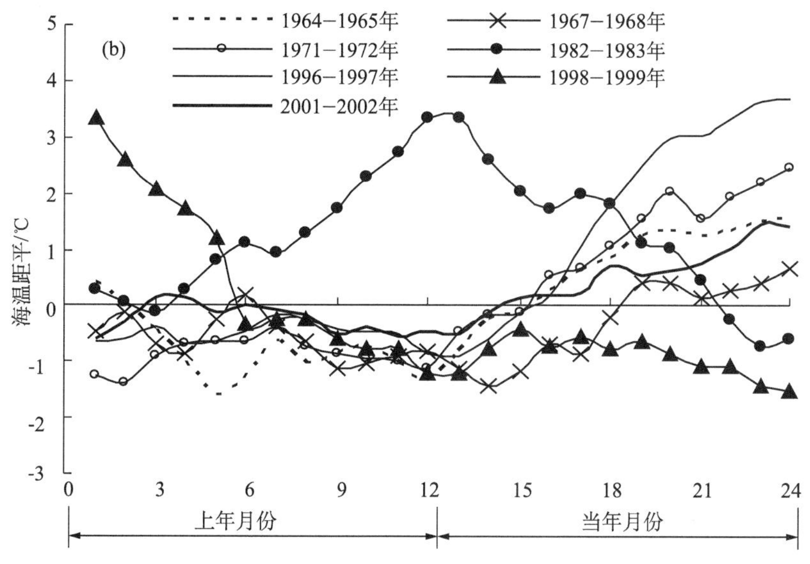

图 6.3　华北夏季降水偏多年（a）和偏少年（b）Nino3 指数变化

在上年秋、冬季为El Niño位相。其中4个在1—3月迅速减弱消失，4月转为负距平，之后有3个La Niña发展，并在夏季La Niña强度很大，有1个4月后海温趋于正常。1个继续维持El Niño位相。有2个上年秋、冬为La Niña位相，之后演变比较复杂。对应7个华北夏季降水偏少年，有6个上年秋季、冬季基本为La Niña位相，只有一个为强的El Niño位相。在6个La Niña中，只有一个一直维持为La Niña位相，并在秋、冬季进一步增强，其他5个海温在春、夏季很快升高，秋、冬季发展成El Niño。所以，对应“上年秋季、冬季El Niño成熟→当年春季迅速减弱消失→春末夏初La Niña快速发展”演变过程，华北夏季降水可能会偏多；而对应“上年秋季、冬季La Niña成熟→当年春季迅速减弱消失→春末夏初El Niño快速发展”的演变过程，华北夏季降水可能会偏少。与合成分析的结果是一致的(图6.2)。

个例分析时，IOD指数变化非常复杂，规律很不明显，可能是由于存在ENSO对它的影响造成的。如果采取合适的技术去掉ENSO的影响，可能会发现一定的规律。

6.3 海温季节演变主模态变化

6.3.1 热带海温季节演变主模态及对应降水空间分布

在第6.2节中可以看到，华北降水确实与热带海温变化密切相关，降水空间分布与前期、同期海温异常空间分布有非常好的对应关系，当出现这样的海温演变时就可预测未来华北降水空间分布。那么海温季节演变是不是存在这样的演变特征呢？它的主模态对应的降水场如何呢？

热带太平洋海温演变特征是ENSO现象，热带印度洋海温季节演变存在偶极子现象，它们之间常常互相影响。为了寻找它们之间的联合模态，首先，对热带印度洋、太平洋海表温度联合场做SEOF分析。选择上年秋季、上年冬季、当年春季、当年夏季海温做SEOF分解，前五个主模态分别解释总方差为33.81%，13.84%，11.54%，6.54%，3.59%，其他模态所占方差都在2.5%以下。前3个累积解释方差为59.19%，重点对前三个模态进行分析。

热带海温季节演变第一模态（图6.4，左列）。上年秋季，赤道中东太平洋为明显负距平，海温场处于La Niña位相。到冬季，海温负距平区东部向西收缩，异常中心位于中太平洋，La Niña处于成熟位相。春季，负距平迅速减小，La Niña趋于减弱。夏季，海温场趋于正常。印度洋海温也有明显的演变特征：上年秋季热带印度洋西部为负距平，东部为正距平，表明印度洋偶极子IOD处于负位相。冬季，负IOD明显减弱。春季，负IOD消失。夏季，热带印度洋海温开始向正IOD位相转变。对应海温第一模态的降水空间分布是（图6.6，左列）：我国东部地区冬季、春季降水大都为负距平，夏季华北南部、山东半岛至江苏、浙江沿海降水偏多，华北大部、东北大部降水偏少，长江降水偏少。

热带海温季节演变第二模态（图6.4，中列）。上年秋季，热带太平洋海温基本为正常。到冬季，赤道中太平洋海温出现明显正距平，为成熟El Niño位相。春季，El Niño维持。夏季，El Niño仍然维持。热带印度洋海温无明显变化特征，但一直维持负距平。对应第二模态降水空间分布是（图 6.6，中列）：我国东部地区冬季，长江下游降水明显偏少，华北降水接近正常。春季，江淮降水偏多，华北降水偏少。夏季，江淮降水偏少，华北南部降水偏少，华北中北部至我国东北地区降水偏多。

热带海温季节演变第三模态（图 6.4，右列）。上年秋季，热带中东太平洋海温为正距平。到冬季，赤道中太平洋海温正距平明显减弱。春季，热带中东太平洋海温正距平消失，东部美洲沿岸出现负距平，La Niña 出现。夏季，负距平值进一步加大，范围向西伸展，La Niña 明显发展。对应第三模态降水空间分布是（图 6.6，右列）：冬季，华北降水正常，淮河少雨，江南多雨。春季，华北正常略偏多，长江下游及江南多雨。夏季，淮河以南少雨，华北多雨非常明显。

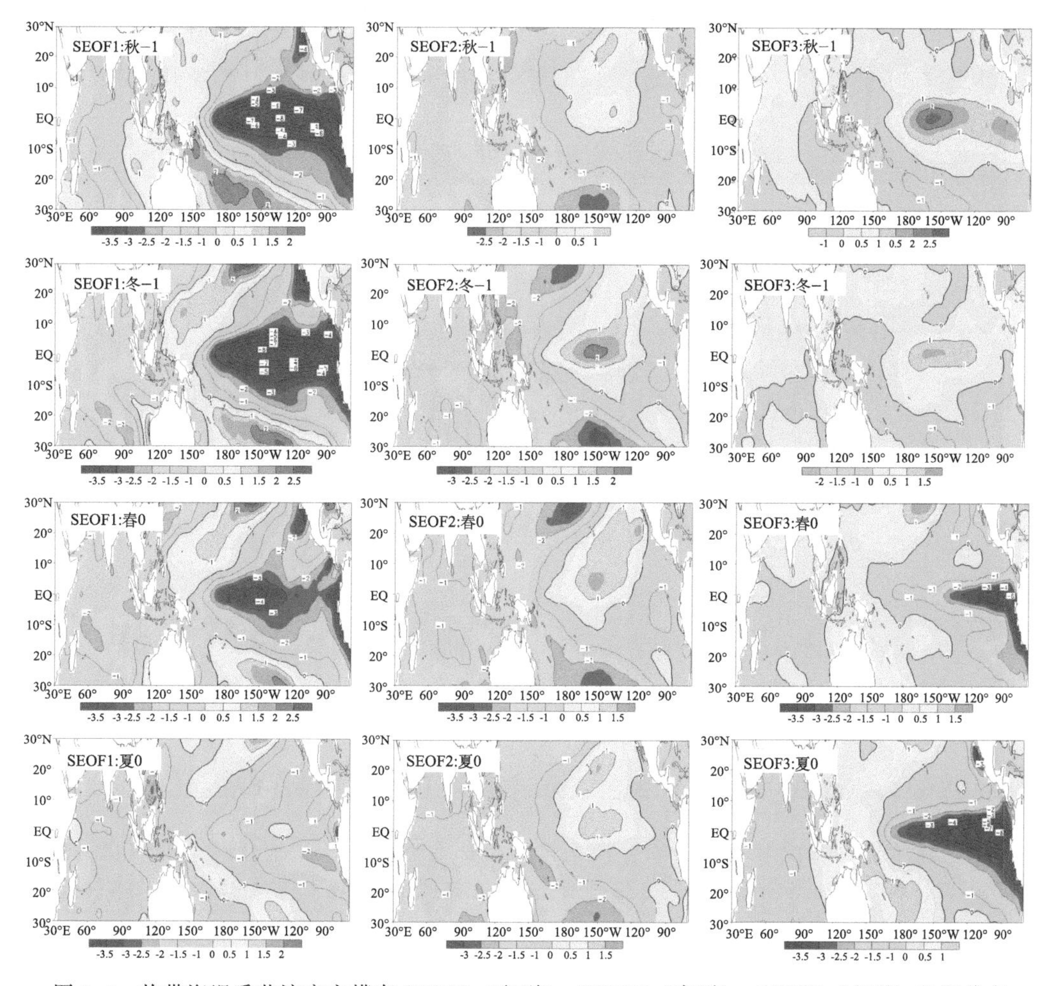

图 6.4　热带海温季节演变主模态 SEOF1（左列）、SEOF2（中列）、SEOF3（右列）空间分布
（−1 指上年，0 指当年；单位：℃）

因此，热带太平洋和印度洋海温季节演变存在三个主要的联合模态：第一模态（秋冬 La Niña＋负 IOD 型），太平洋地区上年秋、冬为显著的 La Niña 位相，春季快速减弱，夏

季海温场趋于正常；而印度洋地区上年秋季为负 IOD 型，冬季负 IOD 明显减弱，春季负 IOD 消失，夏季海温转为正 IOD 分布。对应海温第一模态，华北夏季基本都为降水偏少。该模态时间系数变化无明显趋势（图 6.5），但年代际变化突出，1961—1975 年偏强，1976—2008 年偏弱，近几年有所加强，与华北干旱化趋势有很好的对应关系。第二模态（太平洋海温偏高、印度洋海温偏低型），上年秋、冬季至当年春、夏季，太平洋中北部海温一直为正距平，而印度洋海温一直维持负距平，即太平洋海温偏高、印度洋海温偏低的状态。对应第二模态，华北夏季南部降水偏少，北部降水偏多。该模态时间系数变化为逐年减小趋势（图 6.5），90 年代后期以来转为负值，说明这种模态空间分布已转为相反的形势，即赤道中太平洋 La Niña 形势可能在增强。第三模态（春夏 La Niña 发展型），上年秋季中东太平洋海温为正距平，冬季正距平明显减弱，春季 La Niña 出现，夏季 La Niña 明显快速发展。对应第三模态，华北夏季明显多雨。该模态时间系数变化无明显趋势（图 6.5）。

因此，华北干旱化趋势的形成与第一模态年代际变化和第二模态长期变化趋势有关。

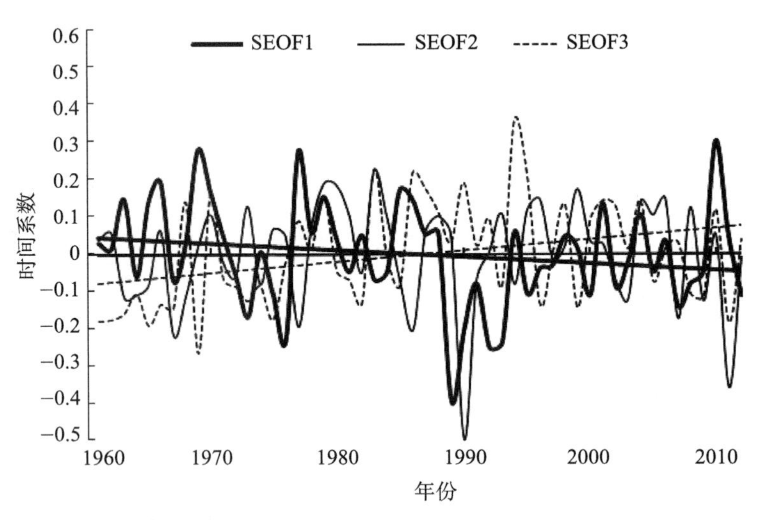

图 6.5 1961—2012 年热带海温季节演变主模态 SEOF1（粗实线）、SEOF2（细实线）、SEOF3（点线）时间系数变化

6.3.2 热带太平洋海温季节演变主要模态及对应降水空间分布

前面分析了热带海温季节演变联合模态情况，那么热带太平洋地区的季节演变特征又如何呢？选择上年秋季、上年冬季、当年春季、当年夏季海温做 SEOF 分解，前五个主模态分别解释总方差为 37.48%，13.48%，11.45%，7.47%，3.98%，其他都在 2.5%以下。前 3 个累积解释方差为 62.41%，重点对前三个模态进行分析。

热带太平洋海温季节演变第一模态（图 6.7，左列）。上年秋季，赤道中东太平洋为明显正距平，海温场处于 El Niño 位相。到冬季，海温正距平值进一步增大，东部异常开始向西收缩，异常中心位于中太平洋，El Niño 处于成熟位相。春季，正距平值迅速减小，El Niño 迅速减弱。夏季，海温场趋于正常，El Niño 消失。对应太平洋海温季节演变第一模态

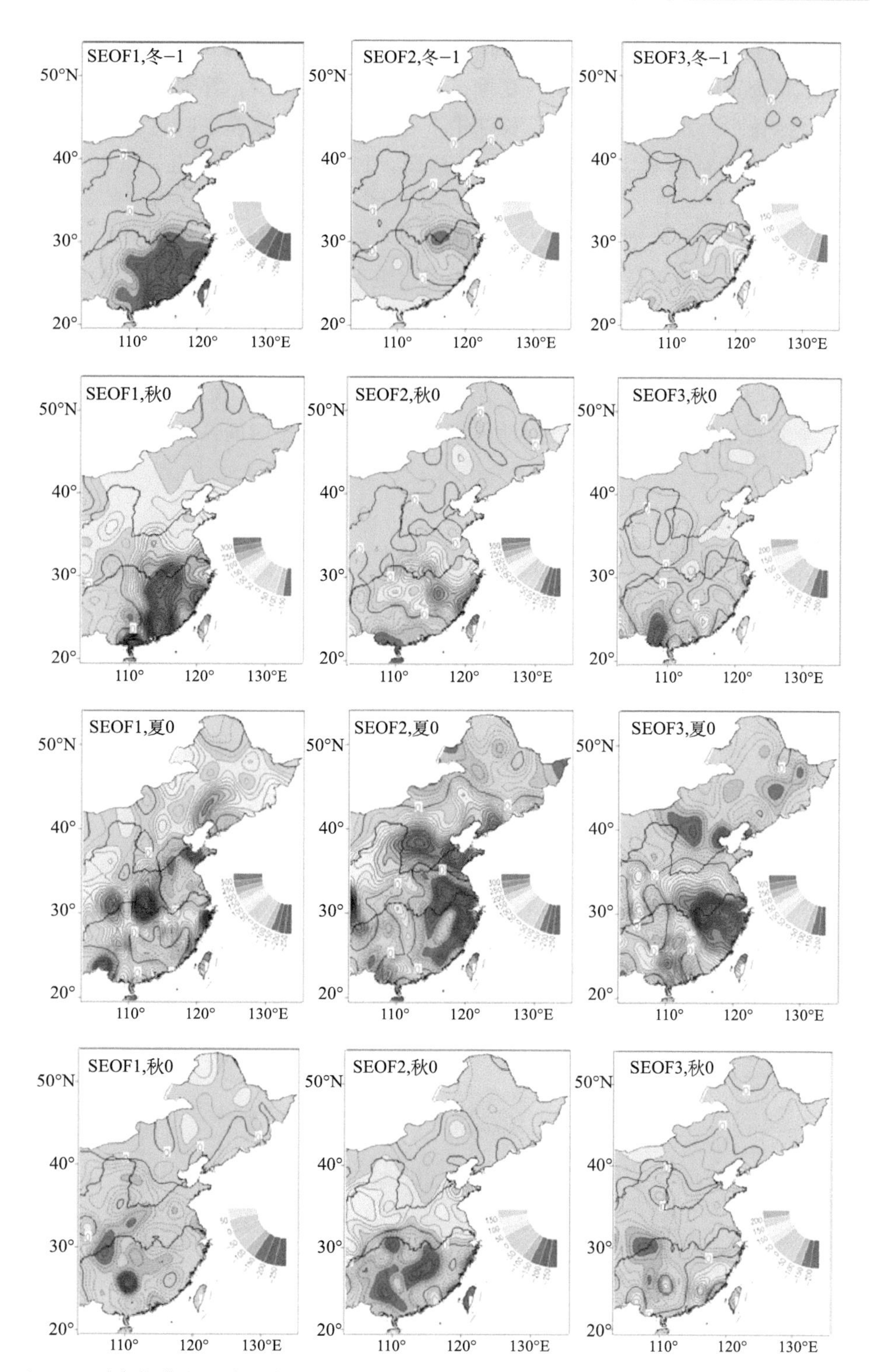

图 6.6 对应热带海温季节演变主模态 SEOF1（左列）、SEOF2（中列）、SEOF3（右列）的季节降水场演变空间分布

（单位：mm；说明：这里是对 SEOF 时间系数回归重构的降水距平场，不是实际降水场）

的降水空间分布是（图 6.9，左列）：冬季，长江以南地区明显多雨，华北略偏多。春季，我国东部降水都为正距平，降水偏多。夏季，华北南部降水偏少，北部降水偏多，山东半岛至江苏沿海降水偏少，东北降水偏多，长江中上游降水偏多。该模态时间系数变化无明显趋势，但年代际变化特征明显，1961—1975 年偏弱，1976—1998 年偏强，2000 年以来偏弱（图 6.8），年代际变化与华北干旱化趋势有一定的对应关系。

热带太平洋海温季节演变第二模态（图 6.7，中列）。上年秋季，赤道中东太平洋为正距平。到冬季，海温正距平值明显减小。春季，正距平区消失，赤道东太平洋美洲沿岸出现负距平，La Niña 开始出现。夏季，海温负距平值进一步增大，范围向西扩展，La Niña 明显增强。对应太平洋海温季节演变第二模态的降水空间分布是（图 6.9，中列）：冬季，江南地区明显多雨，华北正常，淮河少雨。春季，东部基本都为多雨，长江及以南多雨很明显。夏季，华北明显多雨，江淮及以南地区明显少雨。该模态时间系数变化无明显趋势（图 6.8）。

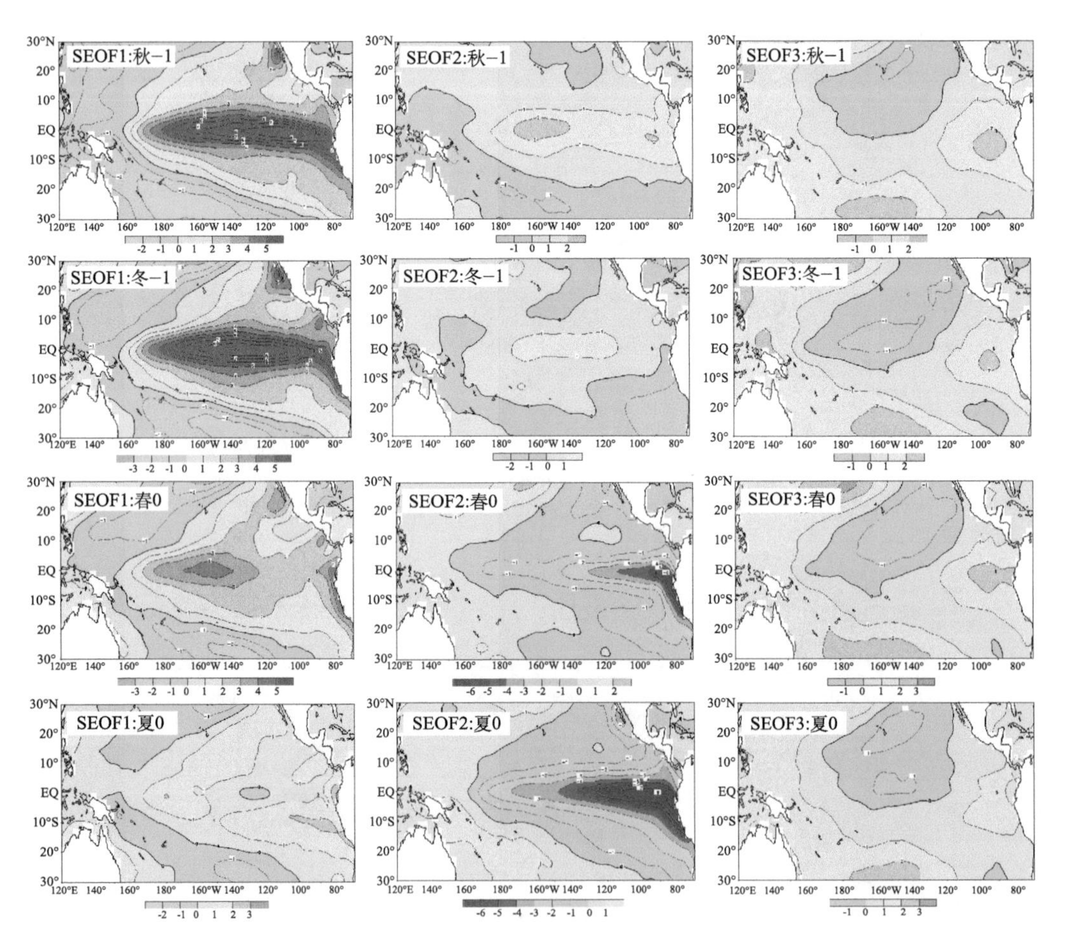

图 6.7 热带太平洋海温季节演变主模态 SEOF1（左列）、SEOF2（中列）、SEOF3（右列）空间分布

（单位：℃；−1 指上年，0 指当年）

热带太平洋海温季节演变第三模态（图 6.7，右列）。上年秋季，赤道东太平洋为正距平。到冬季，东部正距平区继续维持，北部负距平开始向赤道中太平洋扩展。春季，东部正距平区继续维持而且变化不大，北部负距平继续向赤道中太平洋扩展。夏季，东部正距平区明显减弱，赤道中太平洋负距平也开始减弱。对应太平洋海温季节演变第三模态的降水空间分布是（图 6.9，右列）：冬季，我国东部降水都为偏多形势。春季，华北多雨，长江下游少雨。夏季，华北明显少雨，江淮多雨，长江下游及以南多雨很明显。该模态时间系数变化呈增大趋势（图 6.8）。

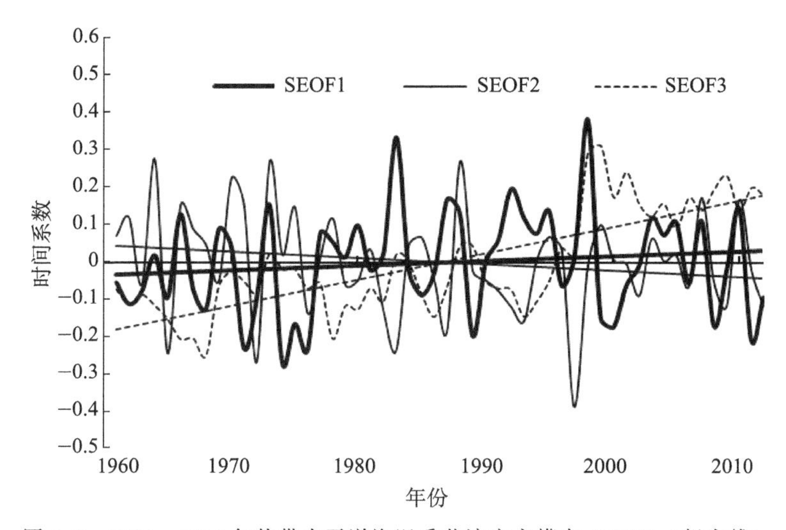

图 6.8　1961—2012 年热带太平洋海温季节演变主模态 SEOF1（粗实线）、SEOF2（细实线）、SEOF3（点线）时间系数变化

热带太平洋海温季节演变的模态除了 El Niño（第一模态）和 La Niña（第二模态）外，类似于偶极型的分布（第三模态）也很重要，它们对华北夏季降水都有显著影响。第一模态出现概率最大，占总方差的 37.48%，第二模态和第三模态出现概率差不多，分别占总方差的 13.48%和 11.45%。

对应第一模态的“秋季 El Niño 猛烈发展→冬季 El Niño 成熟→春季 El Niño 迅速减弱→夏季 El Niño 进一步减弱，几乎消失”的演变过程，华北夏季北部为降水偏多形势，长江中游降水显著偏多。对应第二模态的“秋季 El Niño 快速减弱→冬季 El Niño 减弱消失→春季 La Niña 开始出现→夏季 La Niña 快速发展”的演变过程，华北夏季降水显著偏多，长江流域降水明显偏少。对应第三模态的“秋季，赤道东太平洋为正距平、中北部为负距平→冬季，东部正距平区继续维持，北部负距平开始向赤道中太平洋扩展→春季，东部正距平区继续维持而且变化不大，北部负距平继续向赤道中太平洋扩展→夏季，东部正距平区明显减弱，赤道中太平洋负距平也开始减弱”的演变过程，华北夏季降水明显偏少，长江流域降水显著偏多。第一模态、第二模态无长期变化趋势，但第三模态为逐渐增强趋势。因此，近 50 a 赤道太平洋海温的长期变化趋势不利于华北夏季多降水。近几年华北夏季降水明显增多，可能不是热带太平洋海温变化的结果。

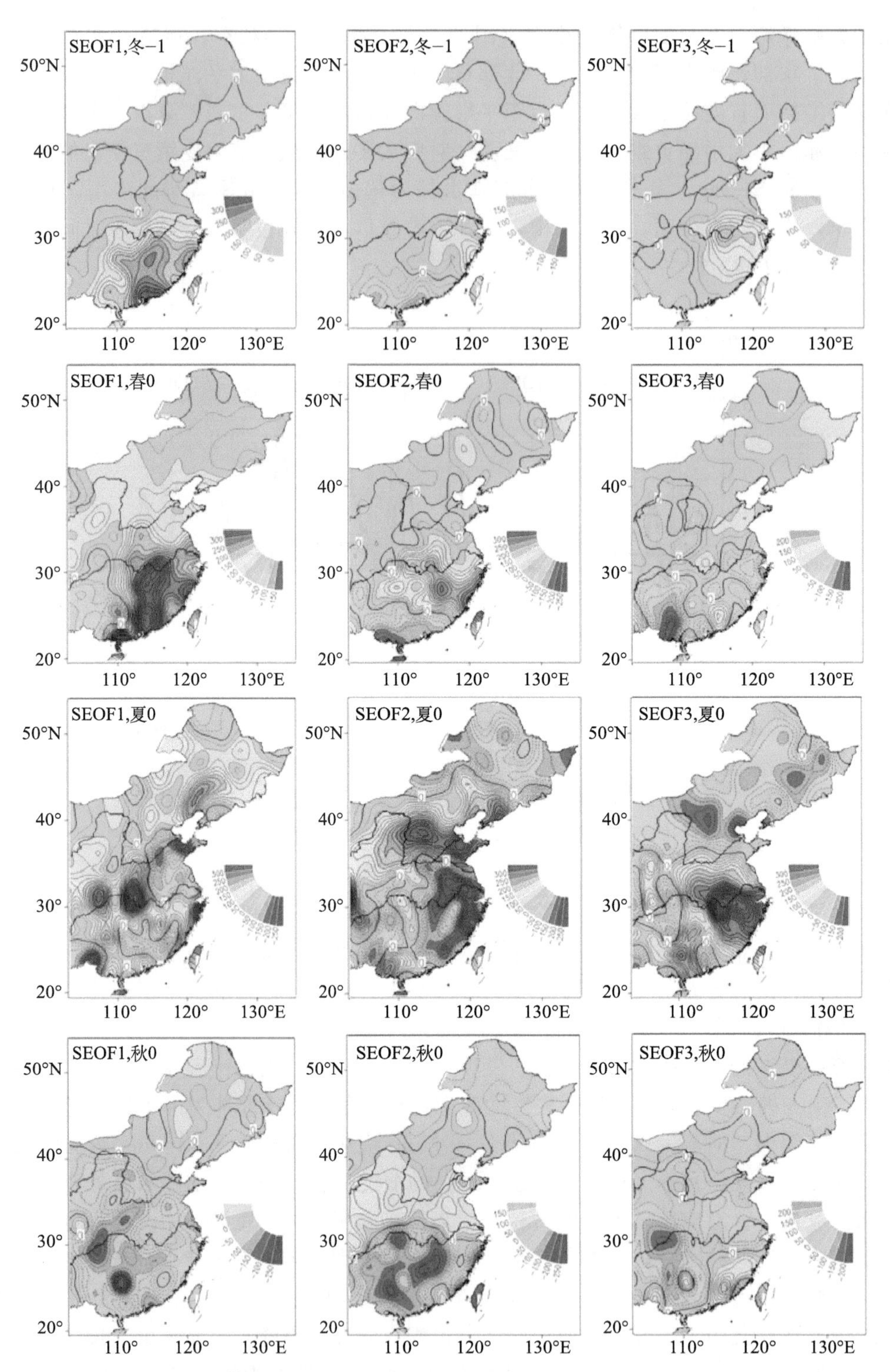

图 6.9 对应热带太平洋海温季节演变主模态 SEOF1（左列）、SEOF2（中列）、SEOF3（右列）的季节降水场演变空间分布

（单位：mm；说明：这里是对 SEOF 时间系数回归重构的降水距平场，不是实际降水场）

6.3.3 热带印度洋海温季节演变主要模态及对应降水空间分布

研究表明，印度洋海温对大气环流和华北降水有重要影响（郝立生等，2012）。那么热带印度洋地区的季节演变特征如何呢？选择上年秋季、上年冬季、当年春季、当年夏季的海温作 SEOF 分解，前五个主模态分别解释总方差为 40.21%，8.45%，7.44%，3.79%，3.46%，其他都在 3%以下。前 3 个累积解释方差为 56.10%，重点对前三个模态进行分析。

热带印度洋海温季节演变第一模态（图 6.10，左列）。上年秋季，热带印度洋为明显负距平，西部负距平值大于东部负距平值，类似于负 IOD 型。到冬季，热带印度洋负距平值进一步增大，并向东扩展。春季，负距平值进一步增大，大值区已扩展到热带东印度洋，整个热带印度洋都为明显的负距平值控制。夏季，负距平值明显减小，西部减小明显大于东部，整体分布形势与上年秋季相反，类似于正 IOD 型。对应印度洋海温季节演变第一模态的降水空间分布是（图 6.12，左列）：冬季，我国东部降水都为负距平，降水偏少，长江及东南沿海偏少最为显著。春季，我国东部降水仍然都为负距平，降水明显偏少。夏季，华北多雨，长江流域显著偏少。该模态时间系数变化为逐渐减小趋势（图 6.11），这表明热带印

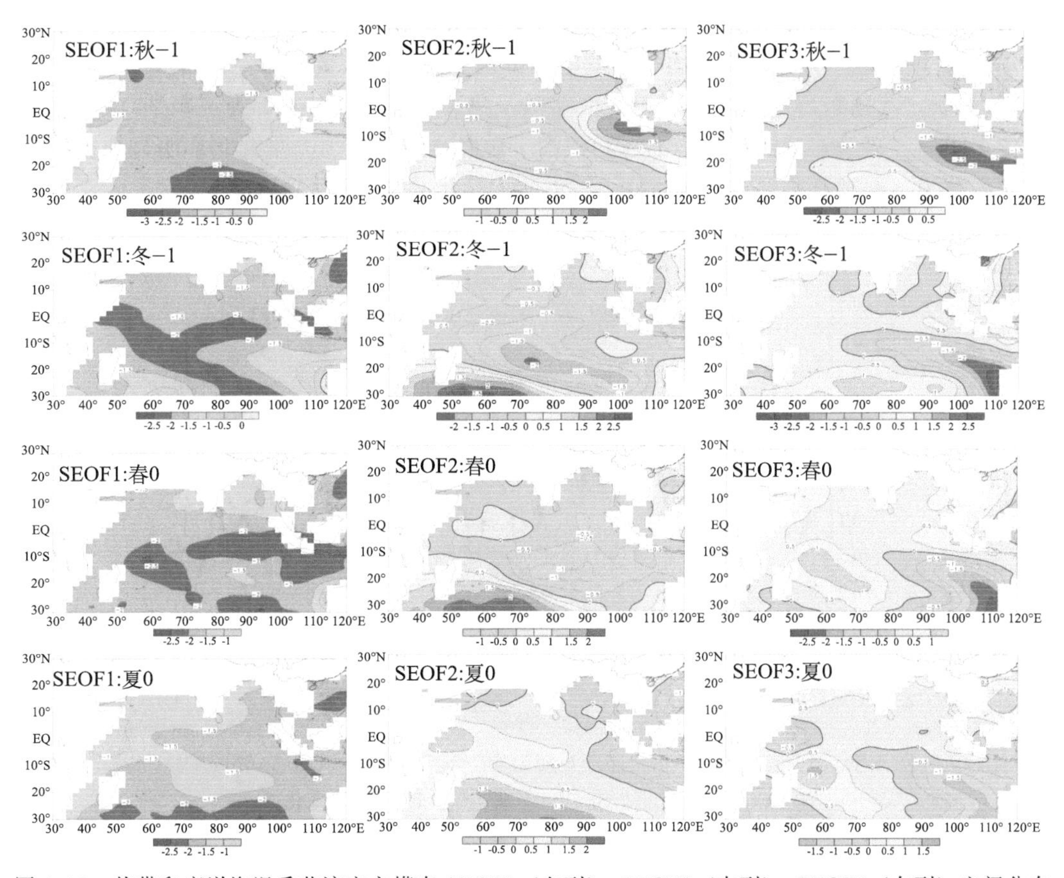

图 6.10 热带印度洋海温季节演变主模态 SEOF1（左列）、SEOF2（中列）、SEOF3（右列）空间分布

（单位:℃；−1 指上年，0 指当年）

度洋海温逐渐朝相反的形势转变，即海温逐渐变为正距平，而且在不断升高，同时原来“从秋季的负 IOD 型向夏季的正 IOD 型演变”转变为“从秋季的正 IOD 型向夏季的负 IOD 型演变”。这与华北夏季干旱化趋势有很好的对应关系。

热带印度洋海温季节演变第二模态（图 6.10，中列）。上年秋季，热带印度洋东部海温为正距平，西部为负距平，整个地区海温异常分布为负 IOD 型。到冬季，东部的海温正距平区减弱消失，中部负距平值进一步增大。春季，印度洋西部海温开始增高，中部负距平值明显减小。夏季，西部正距平值进一步增大，东部为明显负距平，为正 IOD 型。对应印度洋海温季节演变第二模态的降水空间分布是（图 6.12，中列）：冬季，我国东部基本都为负距平，降水偏少，华南偏少最显著。春季，我国东部地区仍然都为负距平，降水偏少，长江中下游偏少非常明显。夏季，除长江下游地区附近降水明显偏多外，其他地区偏少，华北偏少最明显。该模态时间系数表现为逐渐增大趋势（图 6.11），与华北干旱化趋势有很好的对应关系。

热带印度洋海温季节演变第三模态（图 6.10，右列）。上年秋季，热带印度洋东部为负距平，西部为正距平，处于正 IOD 型。到冬季，东部负距平区范围略有减小，西部正距平值和范围都明显加大，正 IOD 型有所增强。春季，东部负距平变化不大，西部正距平值和范围又有所加大，正 IOD 型进一步增强。夏季，东部负距平值、西部正距平值都明显减小，正 IOD 型明显减弱。对应印度洋太平洋海温季节演变第三模态的降水空间分布是（图 6.12，右列）：冬季，我国东部都为正常略偏多。春季，我国东部地区基本都为正距平，降水偏多，江南偏多明显。夏季，黄河下游、淮河和长江下游降水明显偏少，华北北部明显偏多。该模态时间系数为逐渐减小趋势（图 6.11），与华北干旱化趋势有很好的对应关系。

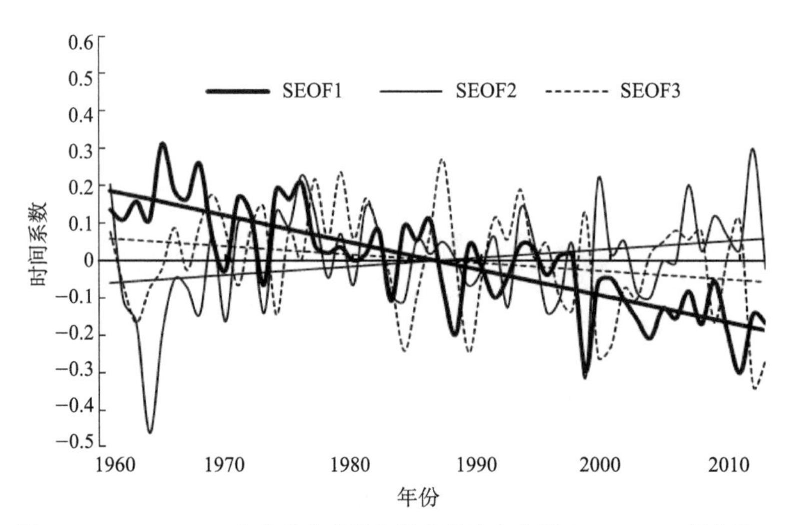

图 6.11 1961—2012 年热带印度洋海温季节演变主模态 SEOF1（粗实线）、SEOF2（点线）、SEOF3（细实线）时间系数变化

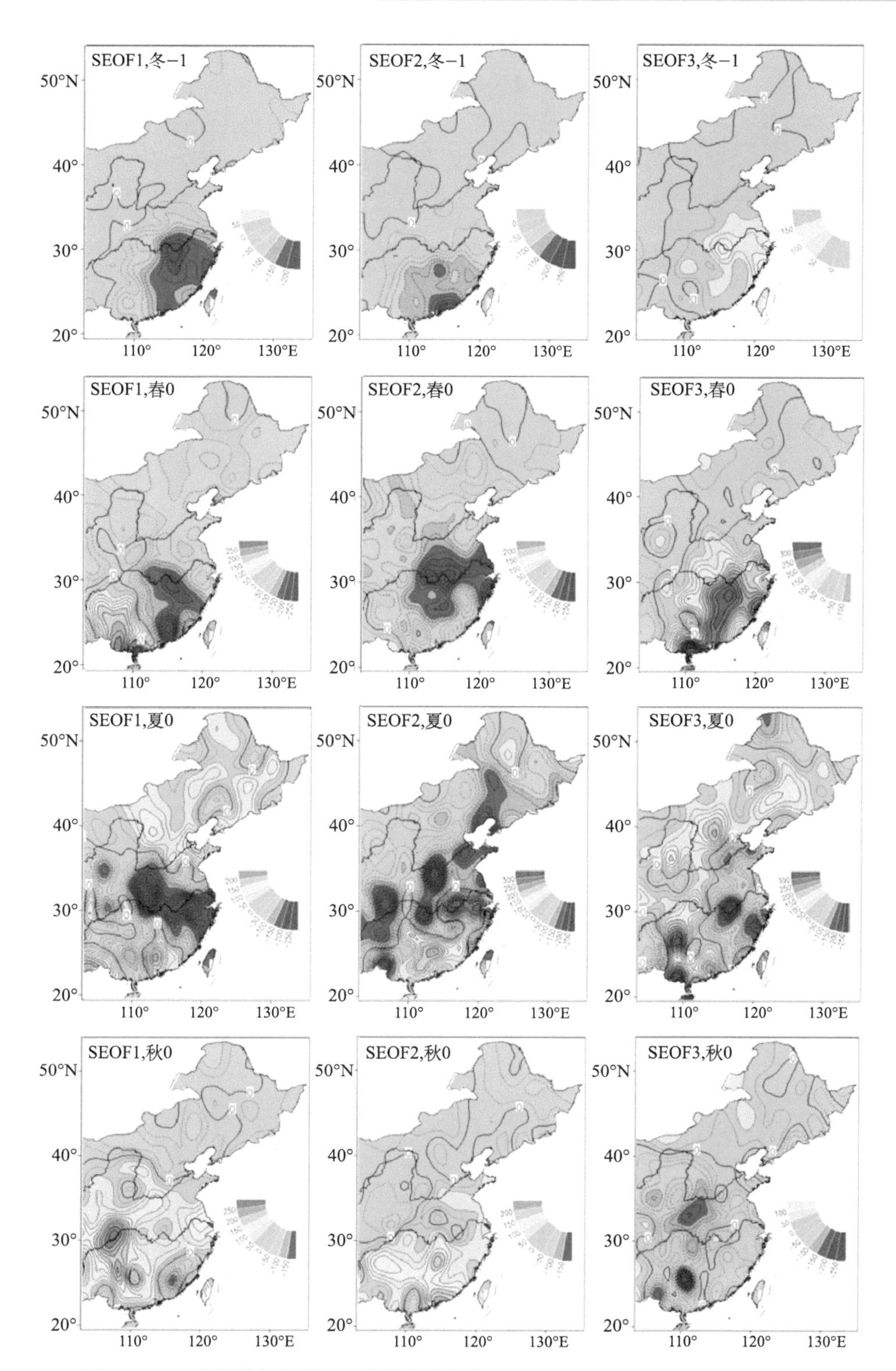

图 6.12 对应热带印度洋海温季节演变主模态 SEOF1（左列）、SEOF2（中列）、SEOF3（右列）的季节降水场演变空间分布

（单位：mm；说明：这里是对 SEOF 时间系数回归重构的降水距平场，不是实际降水场）

热带印度洋海温季节演变与太平洋的明显不同，除正 IOD（第三模态）、负 IOD（第二模态）外，主要的形式为一致海温偏低型及叠加在该背景上的负 IOD 型（第一模态）。第一模态出现概率最大，占总方差的 40.21%，第二模态和第三模态出现概率差不多，分别占总方差的 8.45%和 7.44%。第一模态时间系数变化为逐渐减小趋势，第二模态时间系数为逐渐增大趋势，第三模态时间系数为逐渐减小趋势，它们的变化与华北干旱化趋势都有很好的对应关系，华北夏季长期干旱化趋势主要受第一模态演变的影响，年际异常主要受第二、第三模态的影响。对应前期热带印度洋海温都偏低，华北夏季降水明显偏多；上年秋季热带印度洋海温为负 IOD 型，华北夏季降水会明显偏少；上年秋季热带印度洋海温为正 IOD 型，华北夏季降水会明显偏多。

6.4 IOD 和 ENSO 的联系

6.4.1 IOD 和 ENSO 对比

降水时空变化是受大气环流影响的，而影响大气环流变化的能量大多直接来自地表。海洋热容量十分巨大，无疑是驱动大气环流变化最主要的能量来源。ENSO 和印度洋偶极子是海温异常的两个主要模态。ENSO 是指发生在赤道中东太平洋的海气相互作用。IOD 是指发生在印度洋的一种特殊的海温异常模态，最早由 Saji 等（1999）提出。IOD 变化用 IOD 指数表示，参照 Saji 等（1999）的文献，将 IOD 指数定义为热带西印度洋（50°～70°E，10°S～10°N）和赤道东南印度洋（90°～110°E，10°S～0°）的平均海表温度异常之差。正 IOD 事件对应印度洋西侧近赤道的 SST 异常偏高，而印度洋东南侧近赤道的 SST 异常降低，负 IOD 事件反之。ENSO 变化采用 Nino3 指数表示，Nino3 指数是赤道中东太平洋（150°～90°W，5°N～5°S）区域平均的海温距平。

图 6.13 是 Nino3 指数和 IOD 指数多年变化情况。从图上可以看出，IOD 持续时间较短，一般在 1 a 内发生并结束，其发生具有准两年的变化周期。而 ENSO 持续时间较长，可跨越 2～3 a，其发生具有准 2～7 a 的周期。两者持续时间和发生周期明显不同。两者成熟位相时间也明显不同，IOD 一般在秋季成熟，而 El Niño（La Niña）一般在冬季成熟。IOD

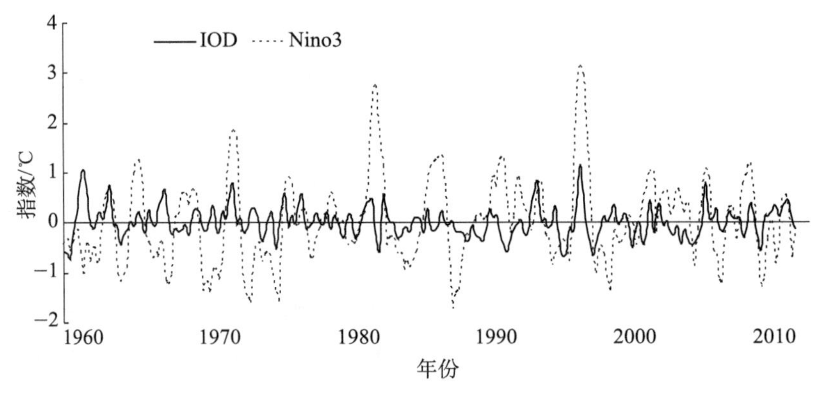

图 6.13 1961—2012 年 IOD 指数（粗实线）和 Nino3 指数（点线）变化

海温波动幅度明显比 ENSO 小。IOD 指数变化大部分情况与 ENSO 同位相，也有相反的情况。

为了进一步认识 IOD 指数和 Nino3 指数变化的周期特征，对两指数做 Morlet 小波变换，见图 6.14。对于 IOD（图 6.14a），1985 年以前，主要存在 2 a 和 5 a 周期变化；之后，两个周期都迅速减弱，1990—2006 年以 3 a 周期为主；近年来，主要周期向 1 a，3 a，5 a 转换，但都很弱。近年 IOD 演变规律性差，因此，不好预测其年际变化。对于 Nino3（图 6.14b），其周期基本都在 2～7 a，20 世纪 80 年代以 4 a 周期最显著，90 年代以 3 a 和 5.5 a 周期最显著；2007 年以来，主要以 3 a 周期相对最显著，但很弱。可见，IOD 和 Nino3 指数的周期都不是很规则，增加了年际预测的困难。

为了认识 IOD 指数和 Nino3 指数长期变化情况，下面对两指数各月情况进行分析。图 6.15 是 IOD 指数、Nino3 指数的逐年逐月变化情况。

对于 IOD（图 6.15a），可以看到以下特征：①正 IOD 大部分时候是在 10 月表现最明显，异常幅度最大。也有年份最强时出现在 7 月、2 月，但明显少于 10 月。1961—2012 年，在 10 月明显为正 IOD 的情况约 15 次，7 月为正 IOD 的约 11 次，2 月为正 IOD 的约 6 次。②正 IOD 大多从夏季开始发生，到 10 月最强，之后迅速减弱，冬季结束，很少延续到下一年。③IOD 发生的年代际特征明显，就 10 月情况，1987 年以前正 IOD 发生频繁，负 IOD 很少；1987 年以来，正 IOD 发生明显减少，而负 IOD 发生频次明显增多。例如，1964 年、1973 年多雨对应 1963 年、1972 年 10 月为正 IOD 位相，2011 年、2012 年 10 月为正 IOD，造成 2012 年、2013 年华北夏季降水明显偏多。1972 年、1997 年、1999 干旱对应前期 1971 年、1996 年、1998 年 10 月为负 IOD 位相。也有年份对应不是很好，这主要是受其他因子干扰所致，如 ENSO 演变的影响。总之，华北夏季降水偏多可能与上年秋季正 IOD 位相对应，与前面的结论一致。

对于 Nino3（图 6.15b），可以看到以下特征：①正 ENSO 大都在 12 月表现最明显，异常幅度最大，也有个别年份最强出现在春季。②1976 年以前，El Niño 位相少，而 La Niña 位相多；1976 年以来情况相反，El Niño 位相多，而 La Niña 位相少。这说明，1976 年以前，赤道中东太平洋海温偏低，多 La Niña 事件发生，而 1976 年以后，赤道中东太平洋海温偏高，多 El Niño 事件发生，年代际变化特征明显。③ENSO 事件一般在春末夏初开始出现，到冬季 12 月最强。1980 年以前的 El Niño 时间基本都是在春季就很快结束消失了，延续时间短；而 1980 年以来的 El Niño 事件大多持续到夏季，延续时间长，2000 年以来，El Niño 延续时间有缩短的趋势。华北干旱化趋势与 ENSO 变化有很好的对应关系。在第 6.2 节中分析得到，对应“上年秋季、冬季 El Niño 成熟→当年春季迅速减弱消失→春末夏初 La Niña 快速发展”演变过程，华北夏季降水可能会偏多；而对应“上年秋季、冬季 La Niña 成熟→当年春季迅速减弱消失→春末夏初 El Niño 快速发展”的演变过程，华北夏季降水可能会偏少。也有不一致的年份，可能是因为其他因子的干扰，比如 IOD 演变的影响。可以推测，如果赤道中东太平洋海温降低，La Niña 事件增多、El Niño 事件减少，华北干旱化的趋势可能会发生反转。

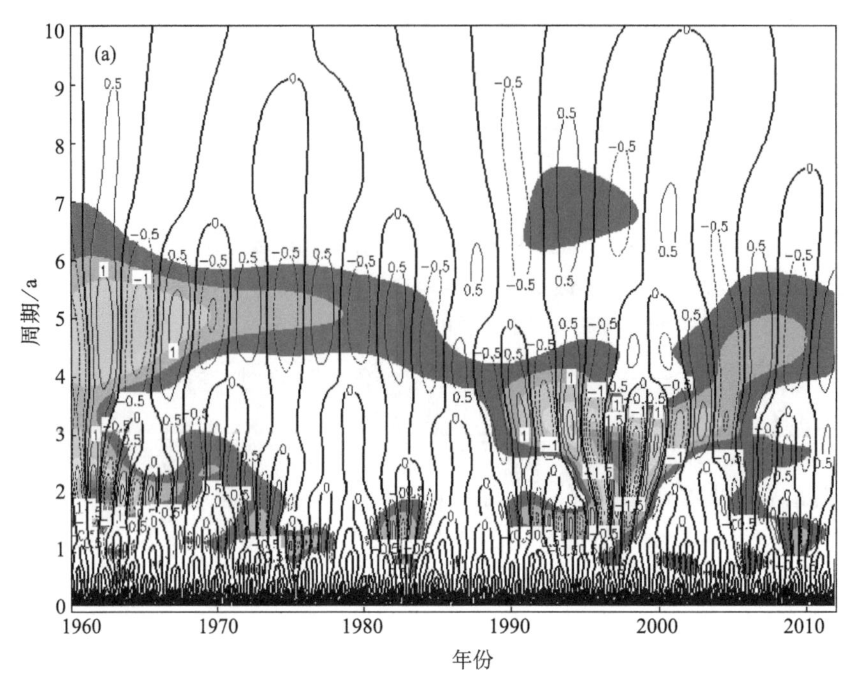

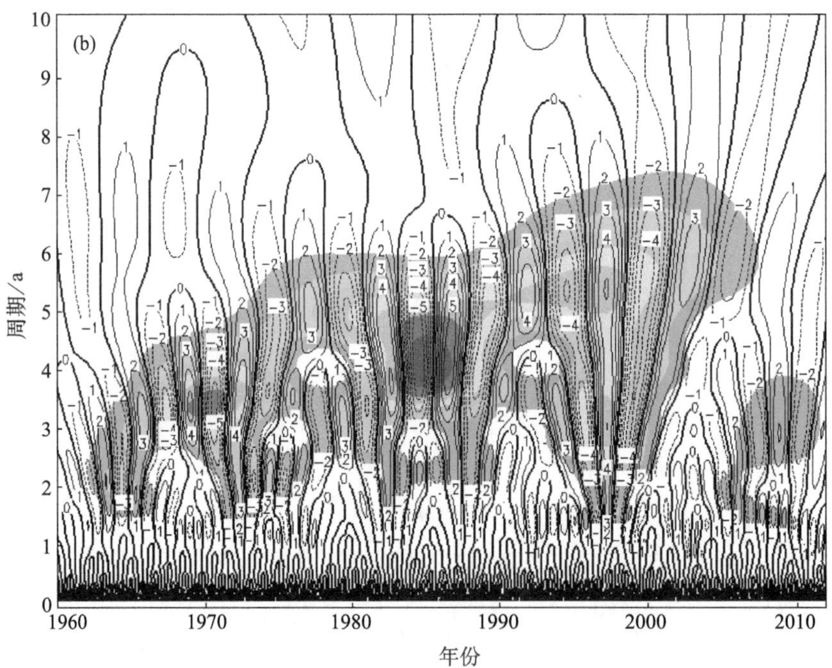

图 6.14 IOD 指数（a）和 Nino3 指数的 Morlet 小波系数（b）
（彩色阴影区通过了 95%的显著性检验）

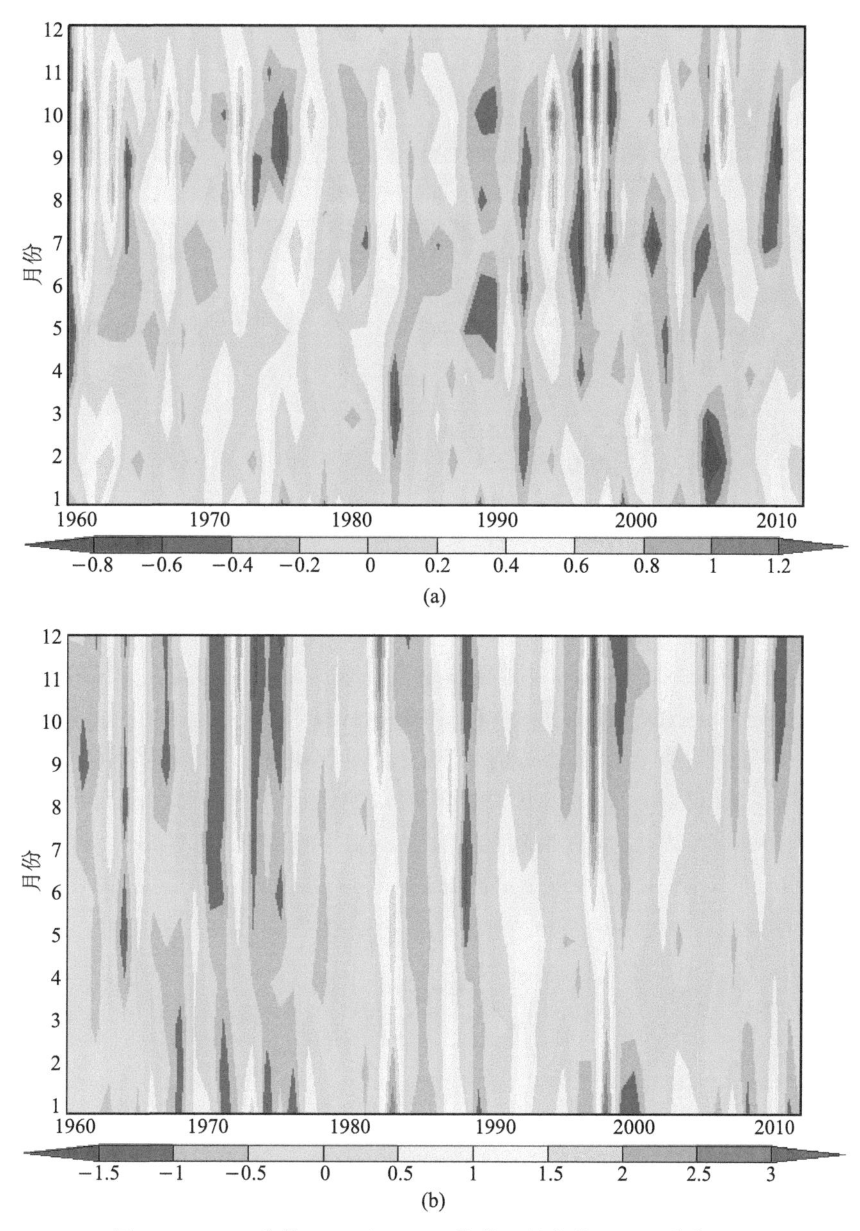

图 6.15 IOD 指数（a）和 Nino3 指数逐月变化（b）（单位：℃）

热带海温演变存在两个主要的模态，即 ENSO 和 IOD，二者关系如何呢？分别计算1961—2012 年各月 IOD 指数与 ENSO 的同时相关系数、IOD 超前（滞后）ENSO 时的相关系数（图 6.16，图 6.17）。

从图 6.16 可以看到，在 1—3 月，IOD 与 ENSO 呈显著的负相关；4—6 月，二者相关性也很小；7—10 月，二者存在明显的正相关关系，其中 9 月、10 月的相关性最为显著；11—12 月二者相关性很小。这表明，IOD、ENSO 的变化不是同位相的，1—3 月，二者对大气环流或降水的影响可能起相反的作用，而7—10月，尤其9—10月，二者的影响可能起互相加强的作用。

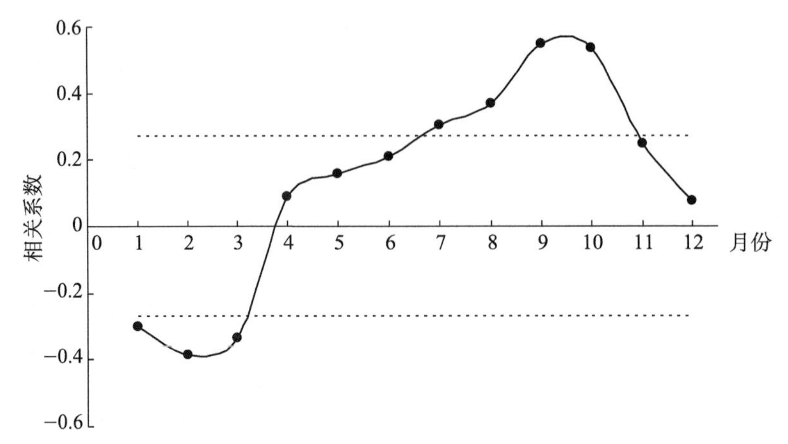

图6.16 1—12月Nino3指数与IOD指数的相关系数（虚线是95%的显著水平）

从图6.17上可以看到，当IOD超前ENSO事件1～5个月时，二者相关显著，超前1～3个月时的相关系数最大。二者的同时相关系数也很显著，但明显比IOD超前1～3个月时要小。随IOD滞后ENSO事件时间的增加，相关系数越来越小。当滞后7～12个月时为显著的负相关，联想到超前8～12个月时也为显著的负相关，进一步说明，IOD具有准两年的周期变化特征。这说明，IOD与ENSO有联系的，从二者超前、滞后相关系数大小变化看，IOD不是伴随ENSO发生后出现的，而应是超前ENSO事件1～3个月发生，这与IOD在10月最强、ENSO在12月最强有很好的对应关系。

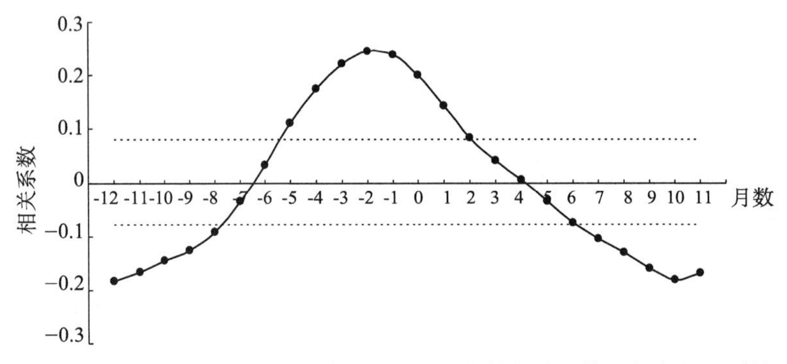

图6.17 IOD超前、滞后ENSO不同月数时与Nino3指数相关系数（虚线是95%的显著水平）

6.4.2 IOD和ENSO与华北夏季降水的关系

为了分析IOD、ENSO与华北夏季降水的关系，分别计算了华北夏季降水量与上年1—12月、当年1—8月IOD指数、Nino3指数的相关系数，同时也计算了与上年春、夏、秋、冬和当年春、夏季IOD指数、Nino3指数的相关系数（图6.18）。

华北夏季降水与各月IOD、ENSO指数相关系数图上（图6.18a），可以看到：（1）对于IOD，在没有去除ENSO影响时，上年7月、8月IOD指数和华北夏季降水为显著的正相关，当年3、4月IOD指数相关性也很大，其他月份相关性不大。当去除ENSO影响后，上年7、8月相关系数变化不大，而上年10－12月相关系数明显减小，当年3月相关系数变化不大，夏季6—8月相关系数明显增大。这说明，华北夏季降水与上年7月、8月IOD指数的相关系数、与当年3月的相关系数不受ENSO的影响，而与上年10—12月相关系数受ENSO影响会有所加大，与当年6—8月相关系数受ENSO影响会明显减小。因此，由于受ENSO的干扰，IOD对华北夏季降水的影响，在上年10—12月起的作用会加强，在当年6—8月起的作用会减弱，在其他月份不受干扰。（2）对于ENSO，在没有去除IOD的影响时，上年7月Nino3指数和华北夏季降水为显著的正相关，上年8—12月、当年1月也有明显的正相关关系，当年4—8月为显著的负相关关系，其他月份相关不明显。当去除IOD影响后，上年7—12月相关系数明显减小，上年12月、当年1—2月相关系数变化不大，当年3月相关系数增大，4月相关系数减小，5—8月相关系数变化不大。这说明，华北夏季降水与上年7—11月ENSO的相关系数、与当年4月的相关系数受IOD的影响会有所加大，当年3月的相关系数受IOD影响会有所减小，当年5—8月的相关系数不受IOD的影响。因此，由于受IOD的干扰，ENSO对华北夏季降水的影响，在上年7—11月起的作用会加强，在5—8月起的作用不受干扰。

用季节指数计算与华北夏季降水的相关系数，结果类似（图6.18b）。（1）对于IOD，在没有去除ENSO影响时，上年夏季IOD与华北夏季降水呈显著的正相关，上年秋季、当年春季的相关系数也很明显。当去除ENSO影响后，上年夏季相关系数略有减小，上年秋季、当年春季的相关系数明显减小，上年冬季的相关系数没变化，当年夏季的相关系数明显增大。这说明，华北夏季降水与上年夏季、上年冬季IOD的相关系数不受ENSO的影响，而上年秋季、当年春季相关系数受ENSO的影响会明显加大，当年夏季相关系数受ENSO的影响会明显减小。因此，由于受ENSO的干扰，IOD对华北夏季降水的影响，在上年秋季、当年春季起的作用会加强，在当年夏季起的作用会减弱，在上年夏季、上年冬季起的作用不受ENSO干扰。（2）对于ENSO，在没有去除IOD影响时，上年夏季、秋季、冬季ENSO与华北夏季降水呈明显的正相关，当年春季、夏季为显著的负相关。当去除IOD影响后，上年夏季、上年秋季的相关系数明显减小，上年冬季相关系数无变化，当年春季相关系数有所减小，当年夏季的相关系数变化不大。这说明，华北夏季降水与上年夏季、上年秋季、当年春季ENSO的相关系数受IOD的影响会加大，上年冬季、当年夏季的ENSO的相关系数不受IOD的影响。因此，由于受IOD的干扰，ENSO对华北夏季降水的影响，在上年夏季、秋季、当年春季起的作用会加强，在上年冬季、当年夏季起的作用不受IOD干扰。

为了预测华北夏季降水，应选择独立的信号作预测指标比较好。从上面的分析可以看到，对于IOD，上年7—8月（夏季）、1月（冬季）与华北夏季降水的关系不受ENSO干扰；对于ENSO，上年12月至当年2月（冬季）、5—8月（夏季）与华北夏季降水的关系不受IOD干扰。在上年9—11月（秋季），IOD和ENSO对华北夏季降水的影响起相互加

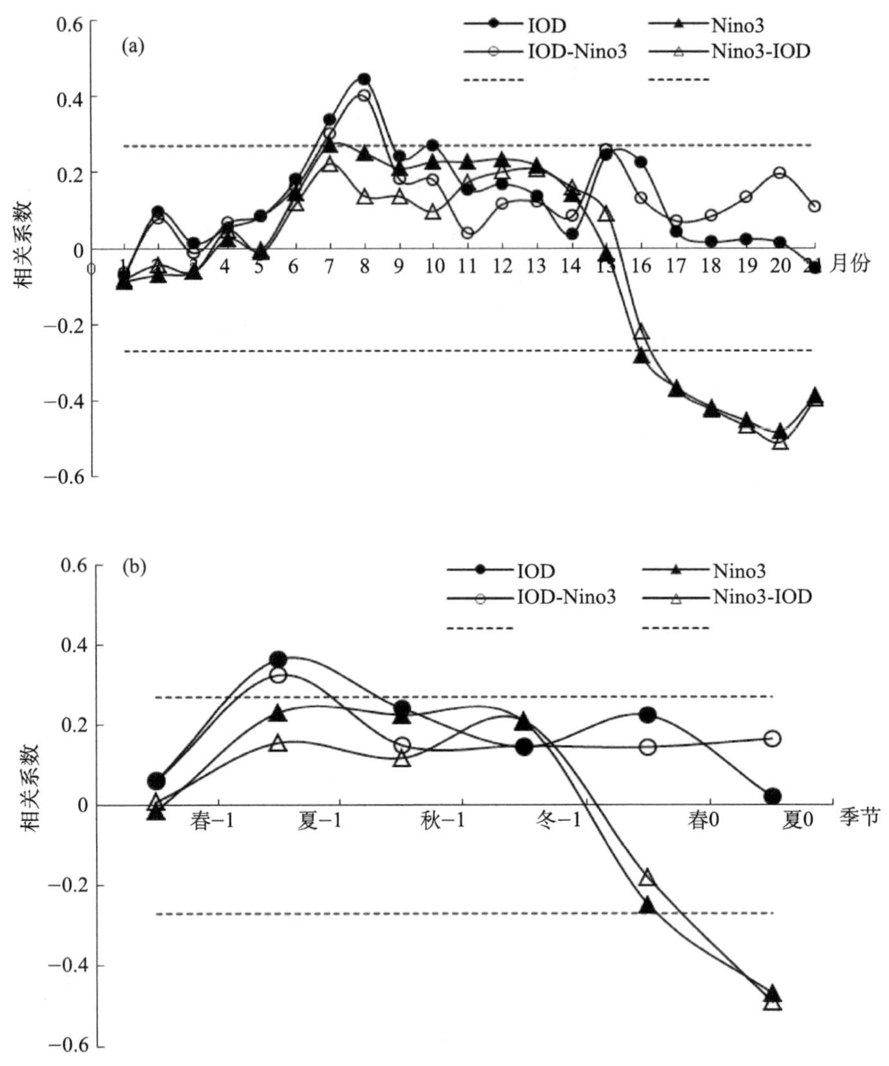

图 6.18 华北夏季降水与不同（a）月份、（b）季节 IOD、Nino3 指数的相关系数

（−1 代表上年，0 代表当年，IOD−Nino3 代表去掉 Nino3 影响后的相关，Nino3−IOD 代表去掉 IOD 影响后的相关，虚线是 95%显著水平）

强的作用，4 月（春季）两者起相反的作用。因此，IOD 和 ENSO 即相互联系相互影响，也有它们各自的独立性。可选择前期独立信号，即上年 8 月、当年 3 月 IOD 信号和当年 1 月、5 月 ENSO 信号进行华北夏季降水预测。尽管 IOD 信号在 10 月最强、ENSO 在 12 月最强，因为它们在这时相互响应，独立性差，用其预测降水存在很大的不确定性。其他月份（季节）信号的相关性比较差，也不便采用。

图 6.19 是对上年 8 月、当年 3 月 IOD 指数和当年 1 月、5 月、7 月 Nino3 指数回归重构的我国东部夏季降水异常空间分布。当上年 8 月 IOD 为正位相时，华北夏季降水偏多，长江下游降水偏少，反之亦然。当 3 月 IOD 处于正位相时，华北夏季降水偏多，长江流域

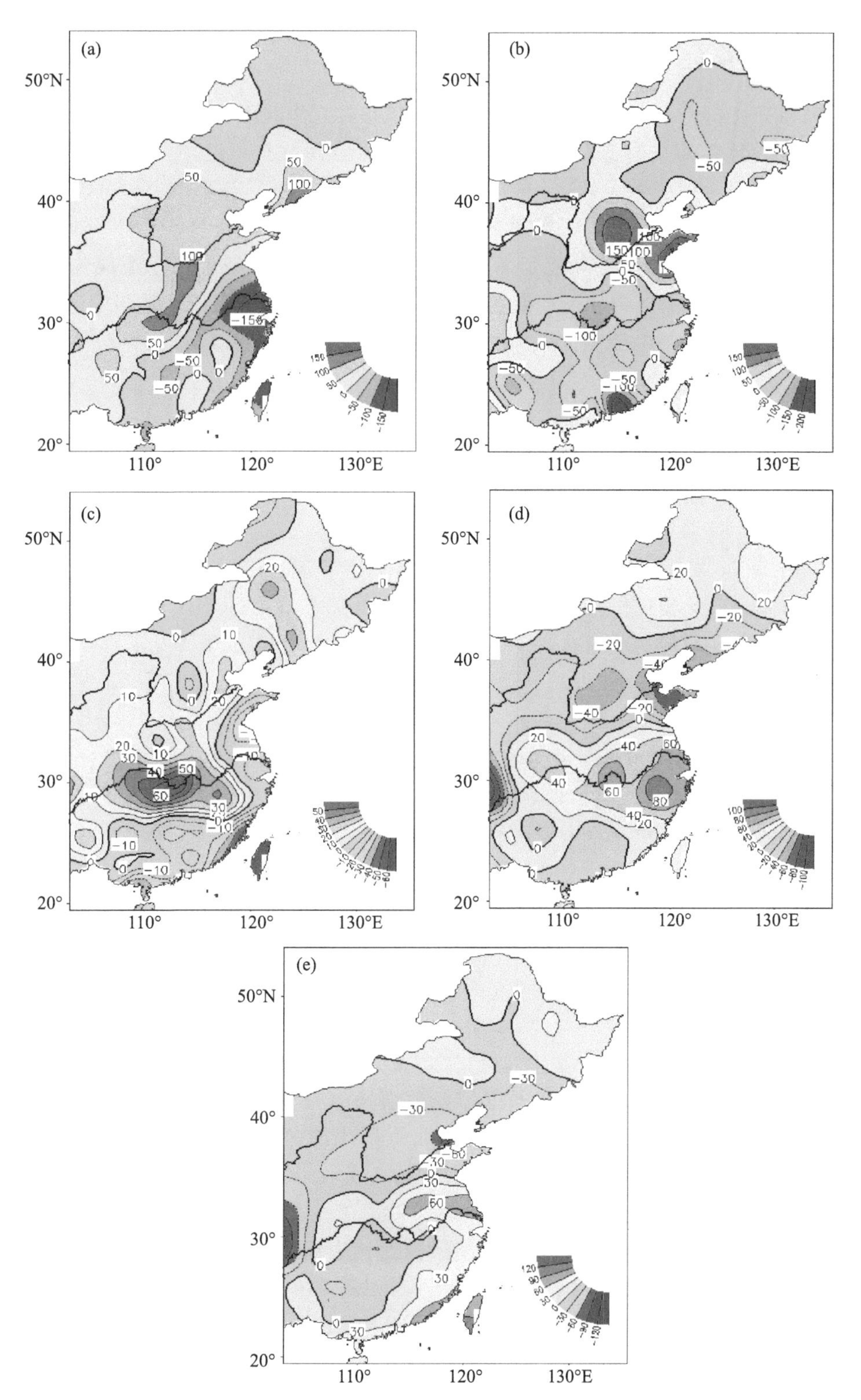

图 6.19　对应不同月份 IOD 和 Nino3 指数的华北夏季降水异常空间分布（单位：mm）

（a）上年 8 月 IOD；（b）3 月 IOD；（c）1 月 Nino3；（d）；5 月 Nino3；（e）7 月 Nino3

降水偏少，反之亦然。当1月ENSO处于El Niño状态时，华北降水略偏多，长江中游降水显著偏多，山东、江苏、浙江沿海地区降水偏少，反之，当ENSO处于La Niña状态时，降水空间分布相反。当5月ENSO处于El Niño状态时，华北降水偏少，长江中下游降水显著偏多，反之，当ENSO处于La Niña状态时，降水空间分布相反。当7月ENSO处于El Niño状态时，华北降水偏少，长江中游降水显著偏多，反之，当ENSO处于La Niña状态时，降水空间分布相反。因此，可以根据前期监测的IOD、ENSO信号预测华北夏季降水。

由于IOD和ENSO长期变化趋势不明显，所以，IOD、ENSO不是造成华北夏季干旱化趋势的原因。但华北夏季降水减少趋势可能是由于热带海温升高特别是印度洋海温升高造成的，而年际降水异常却可能是由于IOD和ENSO的年际变化造成的。

6.5 本章小结

（1）华北夏季降水对应的热带海温异常背景

华北夏季降水偏多年对应的热带太平洋海温演变过程是："上年夏季El Niño开始出现→上年秋季El Niño发展→上年冬季El Niño成熟→当年春季El Niño消失、La Niña开始出现→当年夏季La Niña快速发展→当年秋季La Niña趋于成熟→当年冬季La Niña成熟"。华北夏季降水偏少年对应的热带太平洋海温演变过程是："上年春季海温正常→上年夏季La Niña出现→上年秋季La Niña发展→上年冬季La Niña成熟→当年春季La Niña消失、El Niño开始出现→当年夏季El Niño发展→当年秋季El Niño趋于成熟→当年冬季El Niño成熟"。所以，当出现"上年秋季、冬季El Niño成熟→当年春季迅速减弱消失→春末夏初La Niña快速发展"演变过程，华北夏季降水可能会偏多；而对应"上年秋季、冬季La Niña成熟→当年春季迅速减弱消失→春末夏初El Niño快速发展"的演变过程，华北夏季降水可能会偏少。

（2）热带海洋季节演变存在的主要模态及对应降水空间分布

热带太平洋和印度洋海温联合场季节演变存在三个主要的联合模态：第一模态（秋冬La Niña＋负IOD型）解释总方差为33.81%，表现为太平洋地区上年秋、冬为显著的La Niña位相，春季快速减弱消失，夏季海温场趋于正常；而印度洋地区上年秋季为负IOD型，冬季负IOD明显减弱，春季负IOD消失，夏季海温开始向正IOD分布转变。对应海温第一模态，华北夏季基本都为降水偏少。该模态年代际变化突出，1961—1975年偏强，1976—2008年偏弱，近几年有所加强，与华北干旱化趋势有很好的对应关系。第二模态（太平洋海温偏高、印度洋海温偏低型）解释总方差为13.84%，表现为上年秋、冬季至当年春、夏季，太平洋中北部海温一直偏高、印度洋海温一直偏低。对应第二模态，华北夏季南部降水偏少，北部降水偏多。该模态时间系数变化为逐年减小趋势。第三模态（春夏La Niña发展型）解释总方差为11.54%，表现为上年秋季中东太平洋海温为正距平，冬季正距平明显减弱，春季La Niña出现，夏季La Niña明显快速发展。对应第三模态，华北夏季明显多雨。该模态时间系数变化无明显趋势。华北干旱化趋势可能主要是由于第一联合模态年代际变化形成的，三个联合模态变化都可作为华北夏季降水的预测监测指标。

太平洋海温季节演变的主要模态除了El Niño（第一模态）和La Niña（第二模态）外，

类似于偶极型的分布（第三模态）也很重要，它们对华北夏季降水都有显著影响。第一模态出现概率最大，占总方差的 37.48%，第二模态和第三模态出现概率差不多，分别占总方差的 13.48%和 11.45%。第一模态表现为“秋季 El Niño 猛烈发展→冬季 El Niño 成熟→春季 El Niño 迅速减弱→夏季 El Niño 进一步减弱，几乎消失”的演变过程，华北夏季降水基本都为偏多形势。第二模态表现为“秋季 El Niño 快速减弱→冬季 El Niño 减弱消失→春季 La Niña 开始出现→夏季 La Niña 快速发展”的演变过程，华北夏季降水显著偏多。第三模态表现为“秋季，赤道东太平洋为正距平、中北部为负距平→冬季，东部正距平区继续维持，北部负距平开始向赤道中太平洋扩展→春季，东部正距平区继续维持而且变化不大，北部负距平继续向赤道中太平洋扩展→夏季，东部正距平区明显减弱，赤道中太平洋负距平也开始减弱”的演变过程，华北夏季降水明显偏少。第一模态、第二模态无长期变化趋势，但第三模态为逐渐增强趋势。因此，近 50 a 赤道太平洋海温的长期变化趋势不利于华北夏季多降水。近几年华北夏季降水明显增多，可能不是热带太平洋海温变化的结果。

印度洋海温季节演变与太平洋海温明显不同，除正 IOD（第三模态）、负 IOD（第二模态）外，主要分布型为一致海温偏低型及叠加在该背景上的负 IOD 型（第一模态）。第一模态出现概率最大，占总方差的 40.21%，第二模态和第三模态出现概率差不多，分别占总方差的 8.45%和 7.44%。第一模态时间系数变化为逐渐减小趋势，第二模态时间系数为逐渐增大趋势，第三模态时间系数为逐渐减小趋势，它们的变化与华北干旱化趋势有很好的对应关系，华北夏季长期干旱化趋势主要受第一模态演变的影响，年际异常主要受第二、第三模态的影响。对应前期热带印度洋海温都偏低，华北夏季降水明显偏多；上年秋季热带印度洋为负 IOD 型，华北夏季降水会明显偏少；上年秋季热带印度洋为正 IOD 型，华北夏季降水会明显偏多。

（3）IOD 和 ENSO 与华北夏季降水的关系

近 50 a IOD 变化特征：①正 IOD 大部分时候是在 10 月表现最明显，异常幅度最大；②正 IOD 大多从夏季开始发生，到 10 月最强，之后迅速减弱，冬季结束，很少延续到下一年；③IOD 发生的年代际特征明显，1987 年以前正 IOD 发生频繁，负 IOD 很少；1987 年以来，正 IOD 发生明显减少，而负 IOD 发生频次明显增多。华北夏季降水偏多可能与上年秋季正 IOD 位相对应。

近 50 a ENSO 变化特征：①正 ENSO 大都在 12 月表现最明显，异常幅度最大，也有个别年份最强出现在春季。②1976 年以前，El Niño 位相少，而 La Niña 位相多；1976 年以来情况相反，El Niño 位相多，而 La Niña 位相少。这说明，1976 年以前，赤道中东太平洋海温偏低，多 La Niña 事件发生，而 1976 年以后，赤道中东太平洋海温偏高，多 El Niño 事件发生，年代际变化特征明显。③ENSO 事件一般在春末夏初开始出现，到冬季 12 月最强。1980 年以前的 El Niño 时间基本都是在春季就很快结束消失了，延续时间短；而 1980 年以来的 El Niño 事件大多持续到夏季，延续时间长，2000 年以来，El Niño 延续时间有缩短的趋势。华北干旱化趋势与 ENSO 年代际变化有很好的对应关系。可以推测，如果赤道中东太平洋海温降低，La Niña 事件增多、El Niño 事件减少，华北干旱化的趋势可能会发生反转。

IOD 与 ENSO 的联系：在 1—3 月，IOD 与 ENSO 呈显著的负相关；4—6 月，二者相关性也很小；7—10 月，二者存在明显的正相关关系，其中 9 月、10 月的相关性最为显著；11—12 月二者相关性很小。这表明，IOD、ENSO 的变化不是同位相的，1—3 月，二者对大气环流或降水的影响可能起相反的作用，而 7—10 月，尤其 9—10 月，二者的影响可能起互相加强的作用。

IOD 与 ENSO 的不同：当 IOD 超前 ENSO 事件 1～5 个月时，二者相关显著，超前 1～3 个月时的相关系数最大。二者的同时相关系数也很显著，但明显比 IOD 超前 1～3 个月时要小。从二者超前、滞后相关系数大小变化看，IOD 不是伴随 ENSO 发生后出现的，而应是超前 ENSO 事件 1～3 个月发生，这与 IOD 在 10 月最强、ENSO 在 12 月最强有很好的对应关系。

华北夏季降水与 IOD、ENSO 的关系：①由于受 ENSO 的干扰，IOD 对华北夏季降水的影响，在 10—12 月起的作用会加强，当年 6—8 月起的作用会减弱，在其他月份不受干扰。②由于受 IOD 的干扰，ENSO 对华北夏季降水的影响，在上年 7—11 月起的作用会加强，在当年 5—8 月起的作用不受干扰。

IOD 和 ENSO 即相互联系相互影响，也有它们各自的独立性。为了预测华北夏季降水，应选择独立的信号做预测指标比较好。根据研究结果，可选择上年 8 月、当年 3 月 IOD 信号和当年 1 月、5 月 ENSO 信号进行华北夏季降水预测比较好。尽管 IOD 信号在 10 月最强、ENSO 在 12 月最强，因为它们在这个时段相互响应，独立性差，用其预测降水存在很大的不确定性。其他月份（季节）信号的相关性比较差，也不便采用。

由于 IOD 和 ENSO 长期变化趋势不明显，所以，IOD、ENSO 不是造成华北夏季干旱化趋势的主要原因，但华北夏季降水减少趋势可能是由于热带海温升高特别是印度洋海温升高造成的，而年际降水异常可能是由于 IOD 和 ENSO 的年际变化造成的。

参考文献

陈文，康丽华，王玎，2006. 我国夏季降水与全球海温的耦合关系分析[J]. 气候与环境研究，11 (3)：259-269.

邓伟涛，孙照渤，曾刚，等，2009. 中国东部夏季降水型的年代际变化及其与北太平洋海温的关系[J]. 大气科学，33 (4)：835-846.

郝立生，2011. 华北降水时空变化及降水量减少影响因子研究[D]. 南京：南京信息工程大学.

郝立生，丁一汇，康文英，等，2012. 印度洋海温变化与华北夏季降水减少的关系[J]. 气候变化研究快报，1 (1)：13-21.

黄荣辉，徐予红，周连童，等，1999. 我国夏季降水的年代际变化及华北干旱化趋势[J]. 高原气象，18 (4)：465-476.

琚建华，陈琳玲，李崇银，2004. 太平洋印度洋海温异常模态及其指数定义的初步研究[J]. 热带气象学报，20 (6)：617-624.

李崇银，穆明权，2001. 赤道印度洋海温偶极子型振荡及其气候影响[J]. 大气科学，25 (4)：433-443.

谭言科，刘会荣，李崇银，等，2008. 热带印度洋偶极子的季节性位相锁定可能原因[J]. 大气科学，32 (2)：197-205.

唐卫亚，孙照渤，2007. 印度洋海温异常与中国气温异常的可能联系[J]. 南京气象学院学报，30 (5)：667-673.

杨修群，谢倩，朱益民，等，2005. 华北降水年代际变化特征及相关的海气异常型[J]. 地球物理学报，48（4）：789-797.

LI H，DAI A，ZHOU T，et al，2010. Responses of East Asian summer monsoon to historical SST and atmospheric forcing during 1950-2000[J]. Climate Dynamics，34（4）：501-514.

ROPELEWSKI C F，HALPERT M S，1987. Global and regional scale precipitation patterns associated with the EI Niño/Southern Oscillation[J]. Monthly Weather Review，115（6）：1606-1626.

SAJI N H，GOSWAMI B N，VINAYACHANDRAN P N，et al，1999. A dipolemode in the tropical Indian Ocean[J]. Nature，401（6571）：360-363.

WANG B，YANG J，ZHOU T，et al，2008. Interdecadal Changes in the Major Modes of Asian-Australian Monsoon Variability：Strengthening Relationship with ENSO since the Late 1970s[J]. Journal of Climate，21（8）：1771-1789.

ZHOU T，YU R，LI H，et al，2008. Ocean forcing to changes in global monsoon precipitation over the recent half century[J]. Journal of Climate，21（15）：3833-3852.

第 7 章　华北雨季监测及对应环流变化特征

7.1　引言

华北地区由于受季风气候的影响，降水季节分配不均，降水量高度集中在夏季，夏季的降水量约占全年降水量的 65%～75%，是我国东部地区降水集中程度最大的一个地区（郝立生，2011）。东亚地区夏季雨带的季节内变化与东亚夏季风的进退紧密相关（方建刚等，2014）。早在 20 世纪 30—40 年代，竺可桢（1934）、涂长望和黄士松（1944）就指出，5—8 月自南海夏季风爆发后，雨带的进退形成华南前汛期、江淮梅雨和华北雨季。由于季风和降水的这种紧密联系，季风变化常常引起华南前汛期、江淮梅雨以及华北雨季降水异常，引发洪涝和干旱等重大自然灾害，进而对这些地区工业、农业和人民的日常生活带来巨大影响，有时会造成严重的经济损失（黄荣辉等，2003）。

华北地区降水性质与南方地区有所不同。如长江中下游地区的梅雨期多持续性准静止锋的降水，而华北地区夏季降水多间歇性的雷暴雨。如用逐日降水资料来划定雨季起止期，往往比较难以准确确定华北雨季起止时间。如赵汉光（1994）最早采用旬降水量定义华北雨季，结果表明，华北雨季开始期主要集中在 7 月中旬左右，结束期主要集中在 8 月中旬左右，其中雨季开始期比结束期在时间上相对地要集中。这些结果在 20 世纪 90 年代被应用于国家气候监测业务中。总体而言，这种方法所得到的华北雨季偏短。后来，有学者采用单站逐日降水量划分雨季，显著提高了雨季划分的时间分辨率，这种方法虽然比赵汉光（1994）、赵振国（1999）方法有所改进，但在监测华北雨季时常常出现相临站点之间雨季起止时间差别较大的情况。之后，一些学者对华北夏季降水特征和华北雨季变化进行了深入研究（杨修群等，2005；吴志伟等，2006；张天宇等，2007；刘海文和丁一汇，2008，2011；赵翠光和李泽椿，2012；闵锦忠等，2016），得到一些很好的成果，但对华北雨季的监测仍然缺乏一种稳定有效的方法。

每年华北雨季来临迟早不一，强弱变化差异显著，常常造成华北夏季旱涝灾害的发生，对国民经济和工农业生产造成很大影响。因此，华北雨季监测及其变化一直是倍受关注的研究课题。本章通过建立一种新的方法对华北雨季进行监测，并分析雨季开始前后、结束前后的大气环流变化特征，为监测、预测华北雨季变化提供一些业务参考。

7.2　华北降水气候概况

研究表明，华北各地降水变化趋势不一致，选择山西、河北（含京、津）作为代表区域可能更为合理（郝立生，2011）。华北受季风影响，降水高度集中在夏季。1961—2014 年平均年降水量为 512 mm。多年平均的夏季降水量为 332 mm，占年降水总量的 65%；春季降水量 72 mm，占全年的 14%；秋季降水量 96 mm，占全年的 19%；冬季只有 12 mm，占全年的 2%。四季降水绝对变率中，夏季最大，为 73 mm，秋季、春季绝对变率明显要小，冬季最小。可见，夏季降水的多少对全年旱涝影响最大。

图 7.1 是华北各月降水量和绝对变率（均方差）。可以看到，从 1 月到 6 月华北降水量逐渐增加，比较平缓，7 月比 6 月突增 76 mm，8 月降水量有所减少，9 月比 8 月突然减少 68 mm，之后各月迅速减少。前半年，降水逐渐增加，7 月突增，8 月下旬以后，降水迅速减少。这表明，东亚夏季风向北推进时，7 月突然加强，8 月下旬开始迅速南退，造成华北降水高度集中在夏季风到达的月份。从图上还可以看到，夏季风南撤比向北推进时速度快，具有更加明显的突发特征。从逐月绝对变率看，8 月最大，7 月也很大，之后向两边逐渐减小。

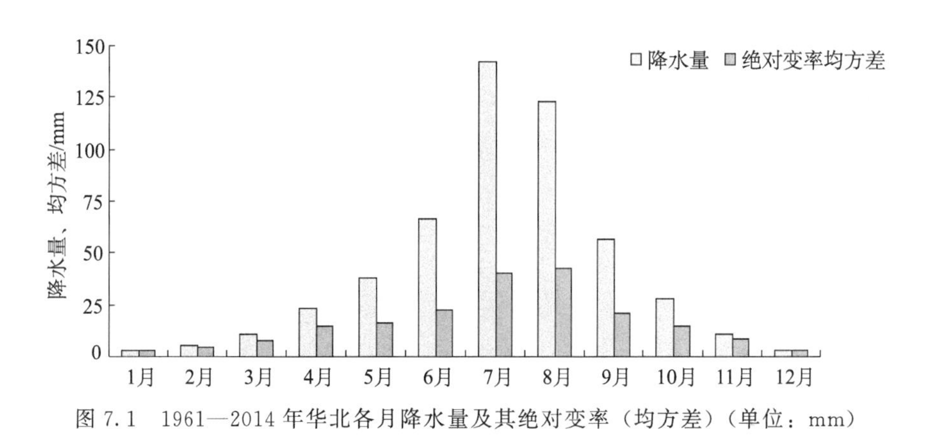

图 7.1　1961—2014 年华北各月降水量及其绝对变率（均方差）（单位：mm）

7.3　华北雨季分析

7.3.1　资料与方法

本章用到四种资料：①华北地区日降水量资料。使用国家气象信息中心提供的北京、天津、河北、山西的 37 个气象观测站（见第 2 章图 2.21）的 1961—2014 年资料。②全国格点日降水量资料。使用国家气候中心整理的 1962—2002 年资料，水平格距 0.5°×0.5°。③大气比湿资料。使用 NCAR/NCEP 再分析的 850 hPa 等压面逐日比湿格点资料，水平格距 2.5°×2.5°，时间为 1961—2014 年。④大气环流资料。使用 NCAR/NCEP 再分析的逐日环流格点资料（Kalnay et al.，1996），水平格距 2.5°×2.5°，时间为 1961—2014 年，选用要素为海平面气压场、850 hPa 水平风场、500 hPa 高度场。

7.3.2 华北雨季定义

华北受东亚季风影响，降水高度集中在夏季，其中雨季开始日期通常在6月下旬至7月上旬、结束日期在8月下旬至9月上旬（张天宇等，2007）。由于采用方法不同，开始日期和结束日期会略有差别（吴志伟等，2006；王遵娅和丁一汇，2008）。华北地处东亚夏季风北界，降水日数明显偏少，仅为南方降水天数的一半，且多为对流降水，中雨以上降水过程平均12 d出现一次（郝立生等，2015），这也是采用降水量监测华北雨季有时不一致的原因。华北雨季定义应采用一种连续稳定的量比较好，如果再结合环流因子，可能更为合理。

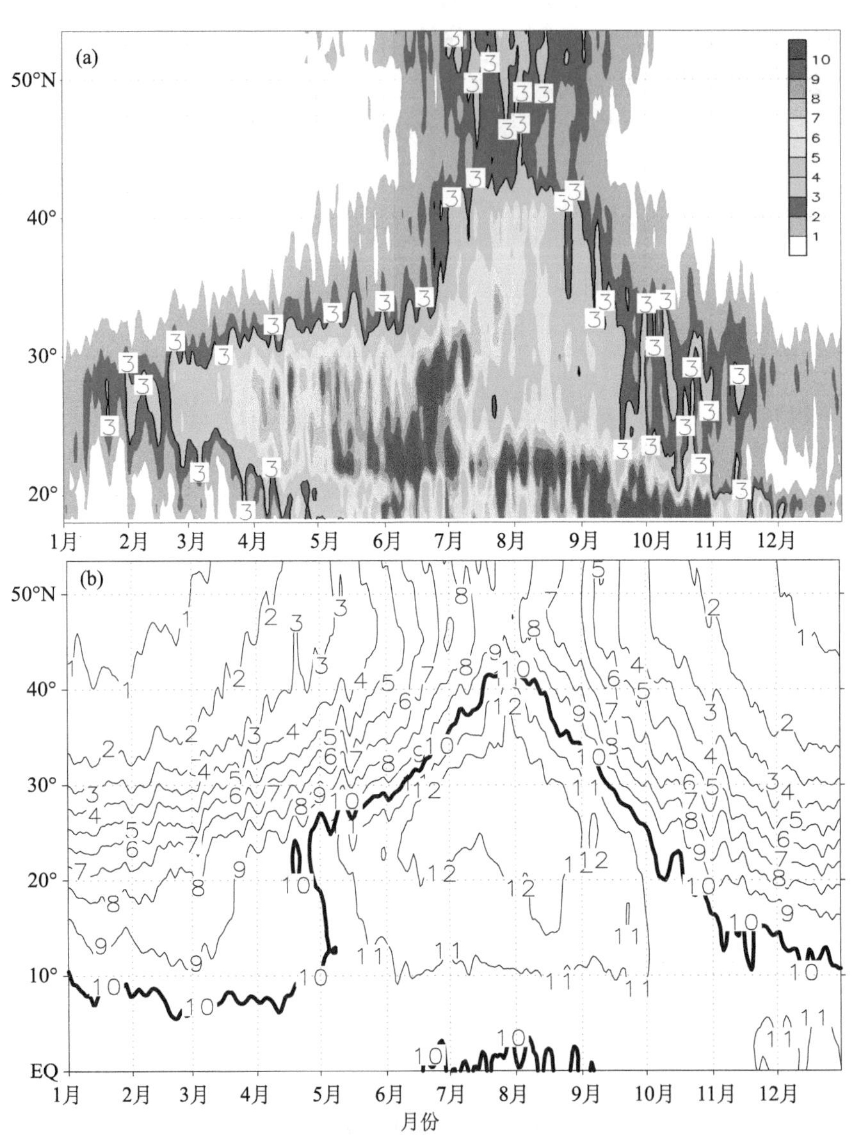

图7.2 多年平均110°～120°E范围的逐日降水量变化（a，单位：mm）和850 hPa层逐日比湿变化（b，单位：g·kg⁻¹）

图 7.2 是多年平均 110°～120°E 范围的逐日降水量和 850 hPa 等压面逐日比湿变化情况。在日降水量变化图上（图 7.2a），3 mm 等雨量线在 6 月底至 7 月初有一个明显北跳，从 33°N 突然跳到 35°N 以北。这说明我国东部雨带在 6 月底至 7 月初从江淮地区突然北跳到华北地区，华北雨季开始。在 850 hPa 等压面逐日比湿变化图上（图 7.2b），冬季，华北上空比湿在 2 g·kg^{-1}以下，春季仍然很低，基本在 4 g·kg^{-1}左右，随着夏季来临，比湿迅速上升到 10 g·kg^{-1}以上。进一步分析可以看到，10 g·kg^{-1}比湿线在 6 月底 7 月初向北越过 35°N 线到达华北地区，在 8 月下旬向南退回到 35°N 以南地区，与华北夏季降水集中期有很好的对应关系。因此，可以用 850 hPa 等压面比湿特征线来监测华北雨季。用 q 表示比湿，当某一天 110°～120°E 范围的 35°N 纬线上 $q>10$ g·kg^{-1}且之后 5 天平均都大于 10 g·kg^{-1}，则该天定义为雨季开始日期；当某一天 $q<10$ g·kg^{-1}且之后 5 天平均都小于 10 g·kg^{-1}，则该天定义为雨季结束日期；雨季开始与结束日期之间的天数定义为雨季长度；雨季各天降水量累积值称为雨季降水总量；雨季降水总量除以雨季天数后的值为雨季平均降水强度。

7.3.3 华北雨季监测

1961—2014 年，华北雨季开始日期平均在 7 月 4 日，结束日期平均在 9 月 2 日，平均雨季长度 60 d（图 7.3）。华北雨季开始日期和结束日期年际变化很大，在雨季开始早时，其雨季结束偏晚，在雨季开始晚时，其雨季结束偏早，即雨季开始早则预示雨季偏长，雨季开始晚则预示雨季偏短。20 世纪 70 年代中期以前，雨季开始早、结束晚，雨季明显偏长；70 年代后期至 90 年代前期，雨季开始晚、结束早，雨季偏短，华北干旱严重；2005 年以来，雨季结束晚，雨季天数增加，雨季有向秋季延长的趋势；2010 年以来，雨季开始日期逐渐提前，雨季变长，华北雨季有转型的趋势；2013 年，雨季开始偏早，降水强度大，但结束早，这使得华北雨季短、强度偏弱，2014 年雨季开始晚、结束早，雨季短、强度弱。因此，华北雨季变化并不稳定，目前还是减弱的趋势，华北雨季是否转型，或我国东部是否“雨带北移”还存在很大不确定性。

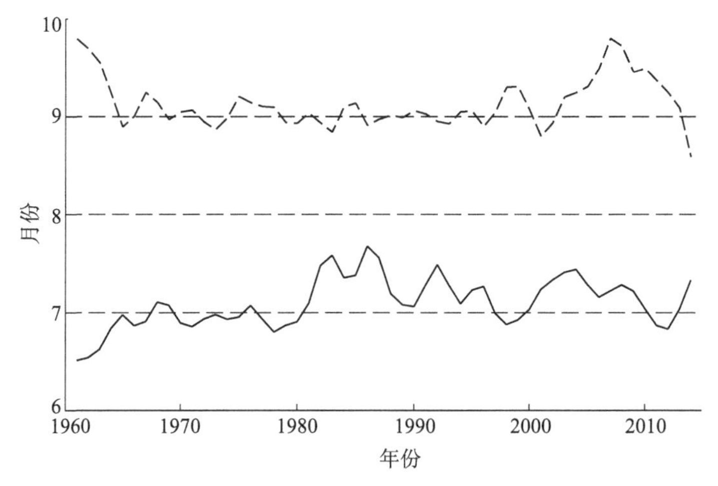

图 7.3 1961—2014 年华北雨季开始日期（实线）、结束日期（虚线）

华北雨季累积降水量平均为278 mm，平均日降水强度4.5 mm・d^{-1}。统计1961—2014年华北雨季累积降水量和日平均降水强度年际变化可以看到（图7.4），华北雨季累积降水量与雨季平均降水强度变化有很好的一致性，即雨季累积降水多时雨强也偏大，也有不完全一致的年份，如20世纪60年代初期。雨季累积降水量年代际变化特征非常明显，20世纪60年代初期、70年代后期、90年代中期、2010年以来是四个高值时期，据此特征推断，2013年以后华北雨季降水可能会偏少。

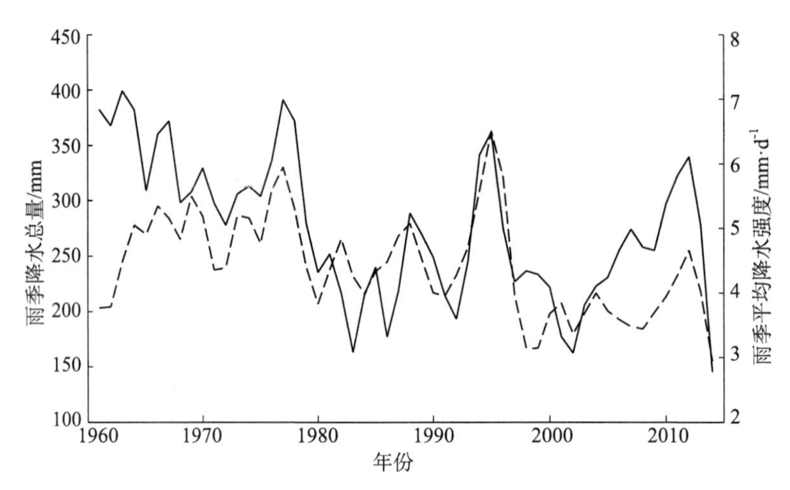

图7.4 1961—2014年华北雨季累积雨量（实线）、平均降水强度（虚线）

从上面分析可知，仅用开始和结束早晚、雨季长度、累积降水量、平均降水强度很难科学衡量华北雨季强度，应采用综合指数方法。参考中国气象局《华北雨季监测业务规定》，定义如下指数：

$$M=\frac{L}{L_0}+\frac{\frac{(R/L)}{(R/L)_0}}{2}+\frac{R}{R_0}-2.50$$

式中：M为雨季强度指数，L为某一年雨季的长度（天数），L_0为历年雨季的平均长度，R为某一年雨季总降水量，R_0为历年雨季总降水量平均值，(R/L)为雨季内平均日降水强度，$(R/L)_0$为历年雨季平均日降水强度平均值。表7.1是根据强度指数M来划分的华北地区雨季强度等级。

表7.1 华北雨季强度指数的等级划分

等级	强	偏强	正常	偏弱	弱
M界值	$M\geqslant1.25$	$1.25>M\geqslant0.375$	$0.375>M>-0.375$	$-0.375\geqslant M>-1.25$	$-1.25\geqslant M$

华北雨季特征统计见表7.2。1961—2014年华北雨季强度表现为减弱趋势。20世纪60

年代雨季多为强与偏强，70 年代多为偏强与正常，80 年代多为正常与偏弱，90 年代多为偏弱，2000—2009 年多为偏弱与正常，2010 年、2012 年偏强，2011 年正常。2013 年，尽管降水平均强度大，但雨季时间短、累积雨量少，总体属于雨季偏弱年份；2014 年雨季时间短、强度弱。可以看到，近年华北雨季强度有增强的趋势，但还没有达到 60—70 年代的强度，而且在连续 3 a 雨季偏强后的 2013 年、2014 年雨季明显偏弱的特征。因此，华北是否出现“雨季转型”还存在很大不确定性。

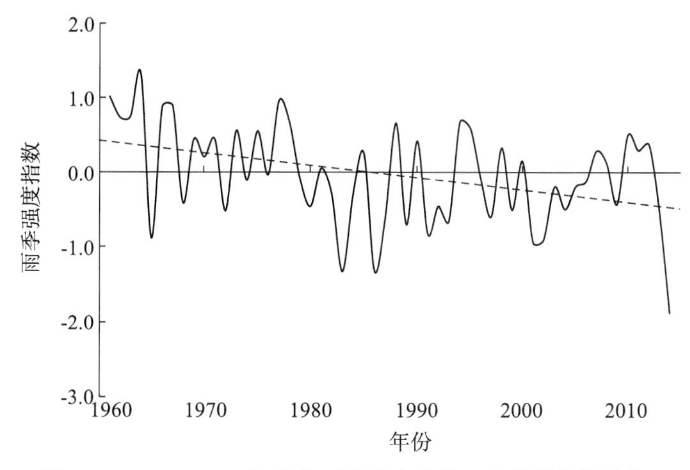

图 7.5　1961—2014 年华北雨季强度变化（虚线是线性趋势）

表 7.2　1961—2014 年华北雨季特征统计

年份	开始日期	结束日期	雨季长度 (d)	雨季累积雨量 (mm)	雨季平均日降水强度 $(mm \cdot d^{-1})$	雨季强度指数	雨季强度
1961	6 月 16 日	9 月 27 日	103	398.5	3.9	1.027	偏强
1962	6 月 17 日	9 月 23 日	98	350.3	3.6	0.740	偏强
1963	6 月 19 日	9 月 17 日	90	372.3	4.1	0.754	偏强
1964	6 月 25 日	9 月 15 日	82	501.9	6.1	1.318	强
1965	7 月 7 日	8 月 16 日	40	152.5	3.8	−0.878	偏弱
1966	6 月 23 日	9 月 4 日	73	429.0	5.9	0.883	偏强
1967	6 月 27 日	9 月 9 日	74	430.3	5.8	0.897	偏强
1968	7 月 8 日	9 月 10 日	64	198.4	3.1	−0.408	偏弱
1969	7 月 3 日	8 月 22 日	50	365.4	7.3	0.446	偏强
1970	6 月 28 日	9 月 7 日	71	302.7	4.3	0.212	正常
1971	6 月 24 日	9 月 3 日	71	347.7	4.9	0.447	偏强
1972	7 月 2 日	8 月 28 日	57	191.9	3.4	−0.513	偏弱

续表

年份	开始日期	结束日期	雨季长度(d)	雨季累积雨量(mm)	雨季平均日降水强度($mm \cdot d^{-1}$)	雨季强度指数	雨季强度
1973	6月28日	8月31日	64	379.3	5.9	0.564	偏强
1974	7月4日	8月22日	49	273.2	5.6	−0.099	正常
1975	6月20日	9月20日	92	327.4	3.6	0.559	偏强
1976	7月15日	8月29日	45	286.8	6.4	−0.024	正常
1977	6月24日	9月5日	73	444.8	6.1	0.964	偏强
1978	6月25日	9月7日	74	388.0	5.2	0.680	偏强
1979	6月29日	8月26日	58	267.9	4.6	−0.082	正常
1980	6月29日	8月30日	62	193.8	3.1	−0.453	偏弱
1981	6月30日	9月2日	64	285.6	4.5	0.061	正常
1982	7月20日	9月3日	45	242.5	5.4	−0.295	正常
1983	7月24日	8月16日	23	94.4	4.1	−1.328	弱
1984	7月7日	9月9日	64	221.1	3.5	−0.286	正常
1985	7月8日	9月11日	65	321.5	4.9	0.261	正常
1986	7月26日	8月19日	24	95.9	4.0	−1.318	弱
1987	7月27日	9月4日	39	194.0	5.0	−0.613	偏弱
1988	6月24日	9月2日	70	391.0	5.6	0.665	偏强
1989	7月14日	8月26日	43	178.4	4.2	−0.698	偏弱
1990	6月23日	9月9日	78	331.1	4.3	0.425	偏强
1991	7月13日	8月28日	46	155.2	3.4	−0.821	偏弱
1992	7月20日	9月3日	45	217.0	4.8	−0.451	偏弱
1993	7月10日	8月24日	45	184.1	4.1	−0.652	偏弱
1994	6月28日	9月4日	68	396.5	5.8	0.680	偏强
1995	7月10日	9月7日	59	388.6	6.6	0.593	偏强
1996	7月14日	8月22日	39	273.7	7.0	−0.095	正常
1997	6月29日	9月1日	64	164.3	2.6	−0.591	偏弱
1998	6月24日	9月14日	82	305.0	3.7	0.336	正常
1999	7月4日	9月10日	68	172.4	2.5	−0.501	偏弱
2000	6月23日	9月6日	75	283.9	3.8	0.155	正常
2001	7月19日	8月20日	32	147.7	4.6	−0.933	偏弱

续表

年份	开始日期	结束日期	雨季长度(d)	雨季累积雨量(mm)	雨季平均日降水强度($mm \cdot d^{-1}$)	雨季强度指数	雨季强度
2002	7月2日	8月25日	54	128.4	2.4	−0.903	偏弱
2003	7月20日	9月18日	60	244.8	4.1	−0.194	正常
2004	7月11日	8月29日	49	206.3	4.2	−0.494	偏弱
2005	7月15日	9月20日	67	234.4	3.5	−0.185	正常
2006	6月28日	9月3日	67	247.4	3.7	−0.116	正常
2007	7月14日	10月6日	84	292.1	3.5	0.294	正常
2008	7月5日	9月24日	81	265.3	3.3	0.126	正常
2009	7月13日	9月7日	56	209.3	3.7	−0.425	偏弱
2010	6月30日	9月21日	83	336.4	4.1	0.503	偏强
2011	6月29日	9月15日	78	306.2	3.9	0.299	正常
2012	6月24日	8月29日	66	342.5	5.2	0.381	偏强
2013	6月30日	8月1日	32	204.8	6.4	−0.525	偏弱
2014	7月17日	8月1日	15	33.7	2.2	−1.884	弱
平均	7月4日	9月2日	60	277.0	4.5	0.000	正常

7.4 华北雨季前后环流变化特征

华北雨季开始日期平均在7月4日，结束日期平均在9月2日。为更好监测华北雨季变化情况，还应关注雨季开始、结束前后的环流是否发生了显著变化。重点对比分析雨季开始前后、结束前后5 d的环流变化。将包含雨季开始当天及前后各15 d共31 d的平均场作为雨季开始期背景场，以及将包含雨季结束当天及前后各15 d共31 d的平均场作为雨季结束期背景场。下面从500 hPa高度场、海平面气压场、850 hPa水平风场进行对比分析。

7.4.1 500 hPa高度场变化

在500 hPa高度场上（图7.6），华北雨季开始前（图7.6a），高纬西伯利亚平原东部为明显负距平，低槽较深。华北雨季开始后（图7.6b），西伯利亚平原东部至阿留申地区为正距平，日本海及附近地区出现正距平，高纬西伯利亚平原东部槽明显变浅。所以，雨季开始前后最显著的特征是高纬西伯利亚平原东部低槽和日本海高度场变化，即雨季开始前，高纬西伯利亚平原东部高度场为负距平，低槽较深；雨季出现后，高纬西伯利亚平原东部高度场负距平区消失，槽变浅，同时日本海附近出现明显正距平。这些特征可作为监测华北雨季开始的参考指标。

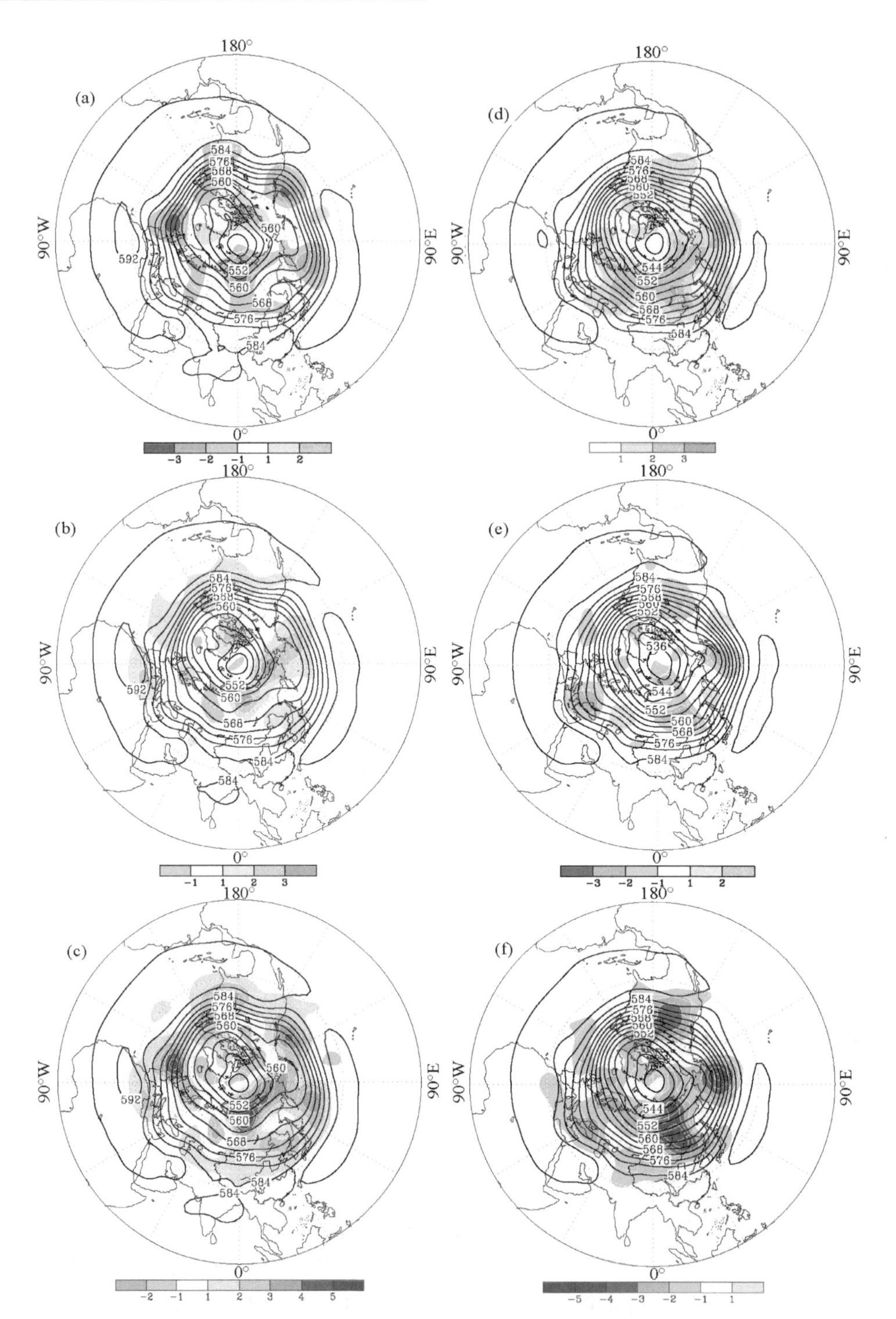

图 7.6 华北雨季开始、结束日前后 500 hPa 高度场变化（单位：dagpm）

(a) 开始前 5 d 平均场，阴影区是相对于雨季开始期背景场的距平；(b) 开始后 5 d 平均场，阴影区是相对于雨季开始期背景场的距平；(c) 雨季开始期背景场，阴影区是开始后 5 d 平均减去开始前 5 d 平均的差值场；(d) 结束前 5 d 平均场，阴影区是相对于雨季结束期背景场的距平；(e) 结束后 5 d 平均场，阴影区是相对于雨季结束期背景场的距平；(f) 雨季结束期背景场，阴影区是结束后 5 d 平均减去结束前 5 d 平均的差值场华北雨季结束前（图 7.6d），高纬西伯利亚地区、蒙古至我国东北地区为明显正距平，乌拉尔山东侧高压脊较强，贝加尔湖至青藏高原北部为浅槽。华北雨季结束后（图 7.6e），西伯利亚地区、蒙古至我国东北地区的正距平消失，黑海附近出现明显负距平，导致欧洲大槽开始明显加深，蒙古至我国东北地区出现明显负距平，东亚大槽开始在该地区加深。所以，雨季结束前后最显著的特征是欧洲大槽和东亚大槽位置高度场变化，即雨季结束前，冬季的欧洲大槽位置和东亚大槽位置为正距平，乌拉尔山高压脊较强；雨季结束后，黑海地区、蒙古至我国东北地区为负距平，说明欧洲大槽、东亚大槽在这些地区开始建立。这些特征可作为监测华北雨季结束的参考指标。

7.4.2　海平面气压场变化

在海平面气压场上（图 7.7），在华北雨季开始期（图 7.7a），蒙古东部至我国华北北部为一低压中心，从低压中心向江淮、华南伸展出低压舌。雨季开始前后（图 7.7b，图 7.7c），地面气压场形势没有明显变化。在华北雨季结束前（图 7.7d），西伯利亚地区为明显正距平，蒙古低压明显减弱，江淮为负距平。雨季结束后（图 7.7e），西伯利亚维持正距平，蒙古地区也出现明显正距平，鄂霍次克海出现明显正距平。华北雨季结束期，气压场变化最显著的特征是蒙古至我国华北气压明显升高，鄂霍次克海气压也明显升高，蒙古低压减弱消失，西伯利亚出现高气压并逐渐向蒙古伸展。因此，可将蒙古低压的建立作为华北雨季开始期的监测指标，将西伯利亚出现高压并向蒙古伸展作为华北雨季结束期的监测指标，如果蒙古至我国华北、鄂霍次克海地区气压明显升高，可判断华北雨季结束。这些特征可作为监测华北雨季开始、结束的参考指标。

7.4.3　850 hPa 风场变化

在 850 hPa 风场上，华北雨季开始期（图 7.8a），北印度洋西风显著增强，并向青藏高原东部和南海伸展，在南海转向向长江中下游扩展，在东海以东海洋上有强的反气旋性风场环流。华北雨季开始前（图 7.8b），西伯利亚为反气旋性环流异常，菲律宾海也为反气旋性环流异常；华北雨季开始后（图 7.8c），西伯利亚变为气旋性环流异常，菲律宾海也转为气旋性环流异常。雨季开始前后最显著的变化特征是西伯利亚地区和菲律宾海风场的变化（图 7.8d），即雨季开始前，西伯利亚平原、菲律宾海有反气旋性环流异常，雨季开始后，西伯利亚平原、菲律宾海地区转为气旋性环流异常。这些特征可作为监测华北雨季开始的参考指标。

华北雨季结束期（图 7.8e），东亚地区从南海吹向华北的偏南风减弱消失，东海以东海洋上的反气旋性环流明显减弱，西伯利亚地区至我国华北北部、东北地区出现明显西风。华北雨季结束前（图 7.8f），贝加尔湖东部为反气旋性环流异常，鄂霍次克海为气旋性环流异常，这种配置有利于北方冷空气南下影响华北地区。同时，在长江下游南部为气旋性环流异常，这种配置有利于偏南气流向华北输送水汽，与北方南下冷空气在华北相遇，维持华北雨季降水。华北雨季结束后（图 7.8g），贝加尔湖东部为气旋性环流异常，鄂霍次克海为反气旋性环流异常，我国东部及沿海为北风异常，这种环流在华北形成辐散场，华北雨季结束。华北雨季结束前后最显著的变化特征是贝加尔湖与鄂霍次克海的气旋环流异常、反气旋环流

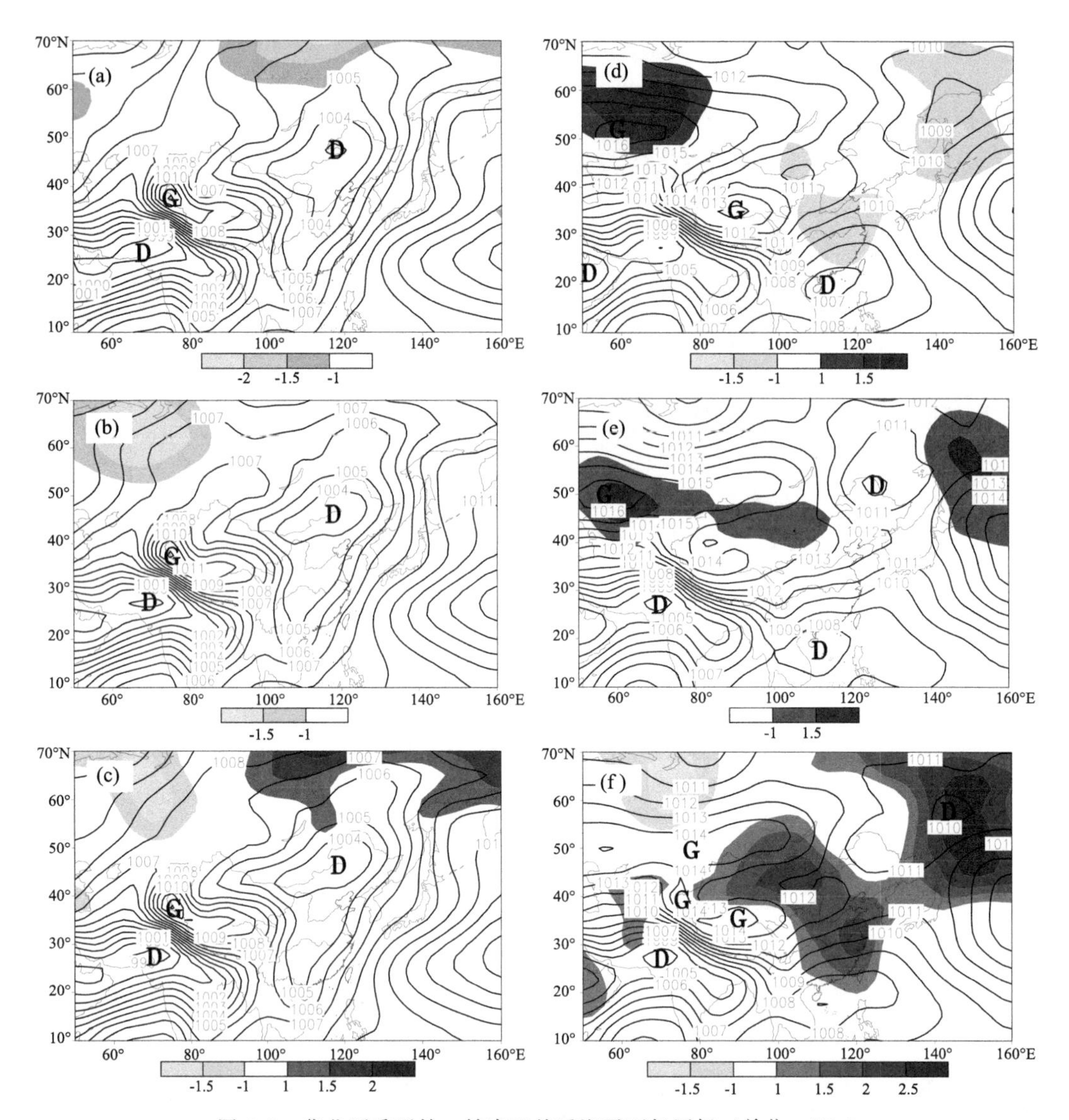

图 7.7 华北雨季开始、结束日前后海平面气压场（单位：hPa）

(a) 开始前 5 d 平均场，阴影区是相对于雨季开始期背景场的距平；(b) 开始后 5 d 平均场，阴影区是相对于雨季开始期背景场的距平；(c) 雨季开始期背景场，阴影区是开始后 5 d 平均减去开始前 5 d 平均的差值场；(d) 结束前 5 d 平均场，阴影区是相对于雨季结束期背景场的距平；(e) 结束后 5 d 平均场，阴影区是相对于雨季结束期背景场的距平；(f) 雨季结束期背景场，阴影区是结束后 5 d 平均减去结束前 5 d 平均的差值场

异常，长江下游与东海地区的反气旋异常、气旋异常变化（图 7.8h），即雨季结束前，贝加尔湖东部为反气旋性环流异常、鄂霍次克海为气旋性环流异常，长江下游为气旋性环流异常、东海为反气旋性环流异常，雨季结束后，环流异常的形势相反。这些特征可作为监测华北雨季结束的参考指标。

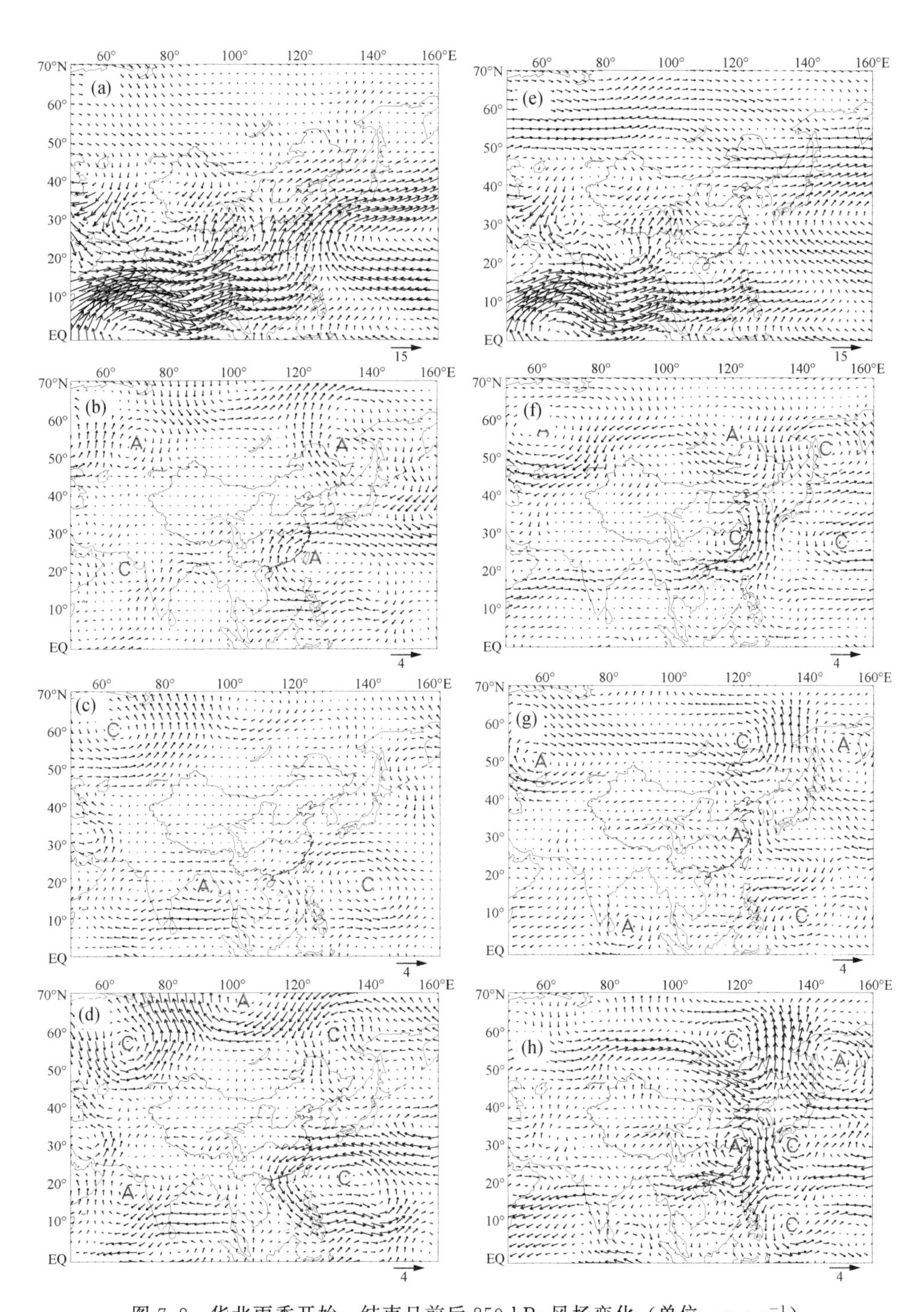

图7.8 华北雨季开始、结束日前后850 hPa风场变化（单位：m·s^{-1}）

(a) 雨季开始期背景场；(b) 开始前5 d平均场与背景场的差值场；(c) 开始后5 d平均场与背景场的差值场；(d) 开始后5 d平均与开始前5 d平均的差值场；(e) 雨季结束期背景场；(f) 结束前5 d平均场与背景场的差值场；(g) 结束后5 d平均场与背景场的差值场；(h) 结束后5 d平均与结束前5 d平均的差值场

7.5 本章小结

华北地处东亚夏季风北界，降水日数明显偏少，仅为南方降水日数的一半，常常连续多日无降水。在用日降水量或候降水量监测华北雨季时，所得到的雨季开始日期和结束日期差别较大。本章采用一种连续变化的量，即 850 hPa 比湿线变化来监测华北雨季变化，可以为改进业务监测提供一种新的参考方法。

采用本章监测方法发现，1961—2014 年，华北雨季开始日期平均在 7 月 4 日，结束日期平均在 9 月 2 日，平均雨季长度 60 d，雨季累积降水量多年平均为 278 mm，平均日降水强度 4.5 $mm \cdot d^{-1}$。1961—2014 年华北雨季强度表现为减弱趋势，20 世纪 60 年代雨季多为强与偏强，70 年代多为偏强与正常，80 年代多为正常与偏弱，90 年代多为偏弱，2000—2009 年多为偏弱与正常。2010—2012 年雨季强度有增强的趋势，但还没有达到 60—70 年代的强度，而且在连续 3 a 雨季偏强后的 2013—2014 年雨季偏弱。因此，华北是否出现“雨季转型”还存在很大不确定性。

在 500 hPa 高度场上，华北雨季开始前后最显著的变化特征是西伯利亚东部低槽和日本海高度场变化，即雨季开始前，西伯利亚东部为负距平，贝加尔湖低槽较深；雨季开始后，西伯利亚东部场负距平区消失，槽变浅，同时日本海附近出现明显正距平。华北雨季结束前后最显著的变化特征是欧洲大槽和东亚大槽位置高度场变化，即雨季结束前，冬季的欧洲大槽位置和东亚大槽位置为正距平，乌拉尔山高压脊较强；雨季结束后，黑海地区、蒙古至我国东北地区为负距平，说明欧洲大槽、东亚大槽在这些地区开始建立。这些变化特征可作为监测华北雨季开始、结束的参考指标。

在海平面气压场上，在华北雨季开始期，蒙古东部至我国华北北部为一低压中心，从低压中心向江淮、华南伸展出低压舌，但雨季开始前后无明显变化特征。雨季结束期，蒙古低压减弱消失，西伯利亚出现高气压，并逐渐向蒙古伸展，鄂霍次克海气压也明显升高。因此，可将蒙古低压的建立作为华北雨季开始期的监测指标，将西伯利亚出现高压并向蒙古伸展作为华北雨季结束期的监测指标，如果蒙古至我国华北、鄂霍次克海地区气压明显升高，可判断华北雨季结束。

在 850 hPa 风场上，华北雨季开始前后最显著的变化特征是西伯利亚地区和菲律宾海环流的变化，即雨季开始前，西伯利亚平原、菲律宾海为反气旋性环流异常；雨季开始后，西伯利亚平原、菲律宾海地区转为气旋性环流异常，这些特征可作为监测华北雨季开始的参考指标。华北雨季结束前后最显著的变化特征是贝加尔湖与鄂霍次克海的气旋异常、反气旋异常，长江下游与东海地区的反气旋异常、气旋异常，即雨季结束前，贝加尔湖东部为反气旋性环流异常、鄂霍次克海为气旋性环流异常，长江下游为气旋性环流异常、东海为反气旋性环流异常，雨季结束后，环流异常的形势相反。这些特征可作为监测华北雨季结束的参考指标。

参考文献

方建刚，肖科丽，王娜，等，2014. 初夏东亚季风强度指数与陕西降水异常关系[J]. 干旱区地理，37 (1):

1-8.
郝立生，闵锦忠，丁一汇，2011. 华北地区降水事件变化和暴雨事件减少原因分析[J]. 地球物理学报，54（5）：1160-1167.
郝立生，向亮，周须文，2015. 华北平原夏季降水准双周振荡与低频环流演变特征[J]. 高原气象，34（2）：486-493.
郝立生，2011. 华北降水时空变化及降水量减少影响因子研究[D]. 南京：南京信息工程大学.
黄荣辉，陈际龙，周连童，等，2003. 关于中国重大气候灾害与东亚气候系统之间关系的研究[J]. 大气科学，27（4）：770-787.
刘海文，丁一汇，2008. 华北汛期的起讫及其气候学分析[J]. 应用气象学报，19（6）：689-696.
刘海文，丁一汇，2011. 华北汛期降水月内时间尺度周期振荡的年代际变化分析[J]. 大气科学，35（1）：157-167.
闵锦忠，赵悦晨，郝立生，2016. 华北雨季监测及对应环流变化特征[J]. 干旱区地理，39（3）：539-547.
涂长望，黄士松，1944. 中国夏季风之进退[J]. 气象学报，18（1）：1-20.
王遵娅，丁一汇，2008. 中国雨季的气候学特征[J]. 大气科学，32（1）：1-13.
吴志伟，江志红，何金海，2006. 近50年华南前汛期降水、江淮梅雨和华北雨季旱涝特征对比分析[J]. 大气科学，30（3）：391-401.
杨修群，谢倩，朱益民，等，2005. 华北降水年代际变化特征及相关的海气异常型[J]. 地球物理学报，48（4）：789-797.
张天宇，程炳岩，王记芳，等，2007. 华北雨季降水集中度和集中期的时空变化特征[J]. 高原气象，26（4）：843-853.
赵翠光，李泽椿，2012. 华北夏季降水异常的客观分区及时间变化特征[J]. 应用气象学报，23（6）：641-649.
赵汉光，1994. 华北的雨季[J]. 气象，20（6）：3-8.
赵振国，1999. 中国夏季旱涝及环境场[M]. 北京：气象出版社：13-16.
竺可桢，1934. 东南季风与中国之雨量[J]. 地理学报，1（1）：1-27.
KALNAY E，KANAMITSU M，KISTLER R，et al，1996. The NCEP/NCAR 40-year reanalysis project [J]. Bulletin of the American Meteorological Society，77（3）：437-472.
SAMEL A N，WANG W C，LIANG X Z，1999. The monsoon rainband over China and relationships with the Eurasian circulation[J]. Journal of Climate，12（1）：115-131.

第8章　华北夏季降水转型环流特征

8.1　引言

华北地区由于受季风气候的影响，降水季节分配不均，降水量高度集中在夏季，约占全年降水量的65%，是我国东部地区降水集中程度最大的一个地区。因每年东亚夏季风来临迟早不一，强弱变化差异显著，常常造成华北夏季旱涝灾害的发生，会造成严重经济损失（黄荣辉等，2003）。关于东亚夏季风与降水的关系及预测技术问题一直倍受关注（范可等，2008；郝立生，2011；Fan et al.，2012）。竺可桢和李良骐（1934）、涂长望和黄士松（1944）最早开展东亚季风与华北夏季降水的关系研究，之后取得很多成果。例如近60 a华北降水量减少趋势与东亚夏季风减弱有很好的对应关系（朱锦红等，2003；Dai et al.，2003；Ding et al.，2007），随着东亚夏季风的年代际减弱，华北地区夏季降水量减少，而长江流域降水量增多，使得我国东部地区降水呈现出“南涝北旱”的分布特征。

气候转型与人类社会发展密切相关（吴文祥和刘东生，2001）。最近几年华北夏季降水明显偏多，我国“南涝北旱”的格局有改变的迹象。因此，关于华北降水转型问题成为政府和社会关注的热点问题。关于气候转型或降水转型引起气象学家的高度关注（邬光剑等，2002；陈活泼等，2012）。张人禾等（2008）研究发现，中国东部夏季气候在20世纪80年代末出现了一次明显的年代际气候转型，伴随着这次海温、积雪、大气环流的年代际转型，80年代末以后中国东部南方地区夏季降水明显增多。唐佳和武炳义（2012）进一步对东亚夏季风及对应降水气候转型做了分析，认为伴随20世纪90年代初的年代际转型，我国北方大部分地区夏季降水减少，尤其是我国东北北部和长江、黄河之间105°E附近区域显著减少，而华南地区和淮河流域降水显著增加。并从动力上解释我国夏季降水年代际转型特征，夏季500 hPa高度场两个时段（1993—2009年和1979—1992年）的差值分布显示为欧亚大陆北部准纬向遥相关波列，夏季850 hPa风场差值分布表现为贝加尔湖东南侧和日本以南地区存在两个异常反气旋式环流，而我国南方地区和鄂霍次克海附近均为异常气旋式环流。夏季西北太平洋、北印度洋以及部分中高纬度海洋的海温和春季欧亚大陆积雪在20世纪90年代初出现显著变化，春季北极海冰的年代际转型发生在20世纪90年代初，都可能成为东亚夏季风年代际转型的原因。

最近，龚志强等（2013）针对2012年夏季中国东部降水“南旱北涝”的分布特征，对比分析近50 a不同年代中国东部降水的分布型及海洋和环流等影响因素，结果发现，1961—1978年，北太平洋年代际涛动（PDO）处于冷位相，东亚夏季风偏强，西太平洋副热带高压偏弱，北方地区冷空气活动偏弱，从而有利于南方水汽北上，造成中国北方地区夏季降水异常偏多；1979—1992年则呈相反特征，造成20世纪70年代末中国东部夏季降水发生了一次年代际尺度的调整。21世纪10年代后期以来，PDO由暖位相向冷位项转变，2012年北太平洋海温异常偏暖，西太平洋海温由异常偏暖状态转变为正常略偏冷状态，东亚夏季风由弱变强，副高由强变弱，北方冷系统活动减弱，这些特征均与1961—1978年时段的情况类似，支持2012年作为中国东部夏季降水发生年代际调整的前期信号的可能性。近10 a PDO，东亚夏季风（EASM），副高（WPSH）和贝加尔湖高压（BH）四种指数夏季平均值的演变则进一步说明2012年的这种异常特征不仅是年际尺度的振荡，更可能是前期演化基础上的一种量变到质变的调整。

目前，华北降水是否转型还存在很大不确定性。本章通过对我国东部夏季降水不同年代的空间南北分布及对应环流特征做对比分析，进一步认识华北夏季降水转型的特征和规律。

8.2 华北夏季降水变化

本章用到两种资料：①中国日降水量格点资料。使用国家气象信息中心整理的中国范围降水格点资料，水平格距0.5°×0.5°，时间为1961—2013年。②大气环流资料。使用NCAR/NCEP再分析的逐日环流格点资料（Kalnay et al.，1996），水平格距2.5°×2.5°，时间为1961—2013年，选用要素为海平面气压场、850 hPa水平风场、500 hPa高度场。

8.2.1 华北夏季降水年代际变化

以往采用站点资料分析华北夏季降水变化，由于所用站点多少不一致，降水量的区域代表性差，结论有时会有差异。格点降水资料可以弥补该缺陷，能够很好地分析区域降水量的整体变化。因为华北地区夏季降水与东北地区夏季降水常常具有很好的一致性，首先对两地区夏季降水进行简单对比分析。选择区域（110°～120°E，35°～42.5°N）夏季平均值代表华北地区夏季降水量，选择区域（120°～130°E，40°～50°N）夏季平均值代表东北地区夏季降水量。图8.1是两地夏季降水量变化情况。可以看到，华北地区夏季降水量平均为310.7 mm，东北地区为351.3 mm，华北少于东北。1961—2013年华北与东北两地夏季降水量变化趋势并不完全一致，1961—1980年、1994—2013年变化基本是一致的，1981—1993年两地变化趋势相反。两地降水年代际变化特征都很突出，华北在1963年前后、1977年前后、1995年前后和2012年前后出现了4个极大值，根据此变化规律推测，近年华北夏季降水偏多形势不会长久，未来几年降水量还会减少。

为更好分析多年来华北夏季降水量变化情况，将我国东部不同纬度夏季降水沿110°～130°E求平均，得到不同年份不同纬度夏季降水量值，求出每年的值与1981—2010年平均值的百分比，做纬度—时间剖面图（图8.2）。可以看到，1961—1965年华北、东北都明显多雨；1966—1980年华北多雨，东北正常偏少；1981—2000年东北多雨，华北正常偏少；2001—2010年华北、东北少雨，淮河流域明显偏多；2011—2013年华北、东北多雨，江淮流域偏少。值得注意的是，在1966—1978年华北降水偏多时正好长江流域偏少，1993—2002年长江下游降水明显偏多。由此可以看出来，华北夏季降水量与东北、淮河流域、长江下游降水量变化没有固定的对应关系，但从空间地域上看存在着由北到南、由南到北的摆

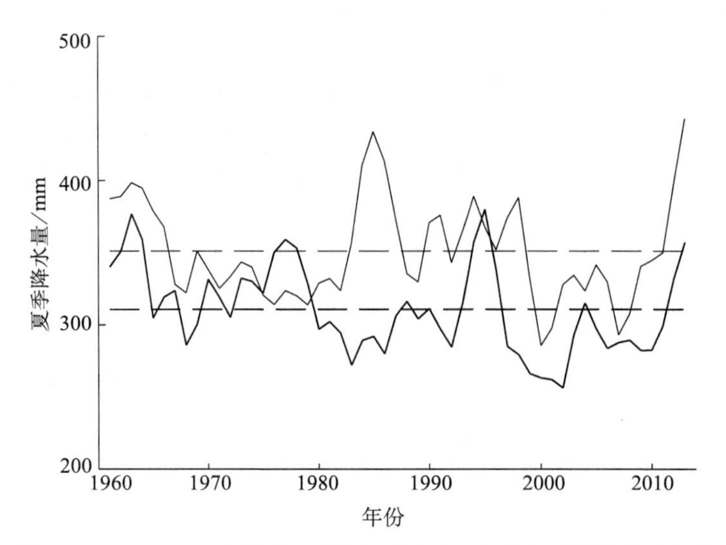

图 8.1　1961—2013 年华北（粗线）和东北（细线）夏季降水量变化

（虚线分别是两地降水平均值；单位：mm）

动规律，见图 8.2 上的曲线。据此外推，近几年应该华北、东北降水偏多，之后华北偏多。是否存在这样的变化规律，还需要从环流变化上做进一步对比分析。

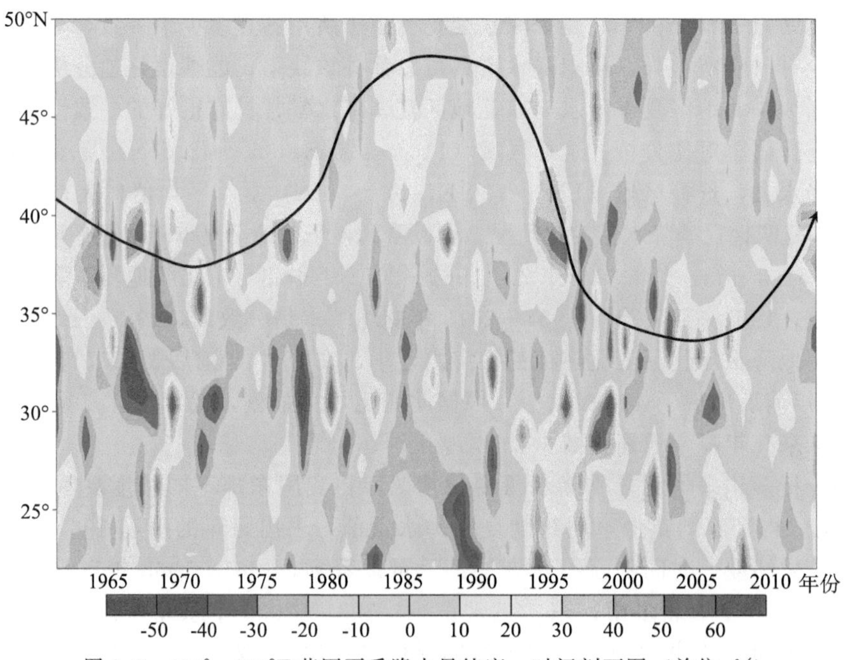

图 8.2　110°～130°E 范围夏季降水量纬度—时间剖面图（单位：%）

8.2.2　华北雨季变化气候特征

华北夏季降水量存在年代际变化，对应不同阶段的雨季变化特征如何？图 8.3 是 110°～130°E 范围不同年代逐日降水量变化纬度—时间剖面图。在多年平均图上（图 8.3a），强降水在 6 月中旬以前，基本都位于长江以南地区；6 月中下旬开始北移到长江流域，强度进一步加强；7 月中旬北移到淮河流域，长江流域降水突然显著减少；7 月下旬，淮河流域强降水继续维持，同时 35°N 以北降水也突然加强，分别在华北、东北出现强降水中心；7 月下旬至 8 月中旬，淮河流域强降水明显减弱，长江流域仍然偏少，华北、东北维持多降水状态；8 月下旬，华北、东北强降水中心突然减弱消失，长江流域降水有所加强但明显小于 6 月长江多降水时段雨量；9 月中旬以后，我国东部降水量都迅速减少。可以看到，强降水中心由江南移到长江，再到淮河是个逐渐推进过程，而华北、东北强降水中心不是由淮河雨带推过来的，而是空间跳跃突然出现的，这说明华北、东北夏季风降水与长江、淮河流域夏季降水变化特征可能有所不同。对应 1961—1965 年华北、东北夏季降水偏多情况（图 8.3b），4—6 月，长江以南和长江下游降水明显偏强；7 月上旬雨带北跳到淮河及以北地区，长江流域强降水突然显著减弱，华北降水也开始加强；7 月中旬，华北、东北降水明显加强，淮河流域强降水仍然维持；8 月下旬，华北、东北强降水突然减弱消失，淮河强降水短暂维持后也趋于减弱消失；8 月末至 9 月，我国东部降水迅速减弱。总体来看，这个阶段，长江流域雨季降水明显偏强，7 月上旬，长江流域强降水突然停止，即长江流域雨季结束，而淮河及以北的华北、东北强降水出现，雨季开始，8 月下旬后，我国东部强降水迅速减弱消失，雨季结束。对应 1966—1980 年华北夏季降水偏多情况（图 8.3c），6 月中旬以前，长江以南和长江下游降水明显偏强；6 月下旬至 7 月中旬，雨带北跳到淮河流域，同时华北降水也开始加强；7 月下旬，华北出现明显强降水中心，长江流域、淮河流域强降水突然减弱消失；9 月初，华北强降水突然减弱消失，而淮河开始出现较强降水中心；9 月末至 10 月初，我国东部降水迅速减弱，雨季结束。对应 1981—2000 年华北夏季降水偏多情况（图 8.3d），6 月中旬以前，长江以南和长江下游降水明显偏强；6 月下旬至 7 月中旬，雨带北跳到淮河流域，7 月中旬开始，华北、东北降水突然出现强降水中心，淮河强降水仍然维持；8 月下旬，华北、东北强降水中心突然减弱消失，淮河强降水中心南退到长江流域；9 月中旬，我国东部降水迅速减弱，雨季结束。对应 2001—2010 年华北夏季降水偏少、淮河流域偏多情况（图 8.3e），6 月中旬以前，强降水基本维持在长江以南地区；6 月下旬，强降水北移到淮河流域，同时华北降水也开始加强；之后，淮河流域一直维持较强降水直到 9 月中旬，而华北降水强度明显偏弱；9 月上旬，华北雨季结束，9 月中旬，淮河流域雨季结束，至此，我国东部雨季结束。对应 2011—2013 年华北、东北夏季降水偏多情况（图 8.3f），6 月中旬以前，强降水基本维持在长江流域；7 月中旬开始，淮河流域出现强降水，长江流域降水有所减弱，华北、东北也出现明显强降水中心；8 月下旬，东北强降水减弱消失；9 月初，华北强降水减弱消失；9 月下旬，淮河流域强降水减弱消失，我国东部雨季结束。综合起来看，如果 5—6 月强降水位置偏北，如位于江淮地区，则夏季华北易出现强降水，降水量偏多；华北、东北雨季的出现不是从长江、淮河雨带逐渐向北推过来的，华北、东北强降水中心几乎是突然同时出现的；近几年华北、东北雨季与 1961—1965 年相似，且夏季降水量明显偏多，这是否意味着华北夏季降水发生了转型，还需要对不同年代雨型对应的环流特征作对比分析。

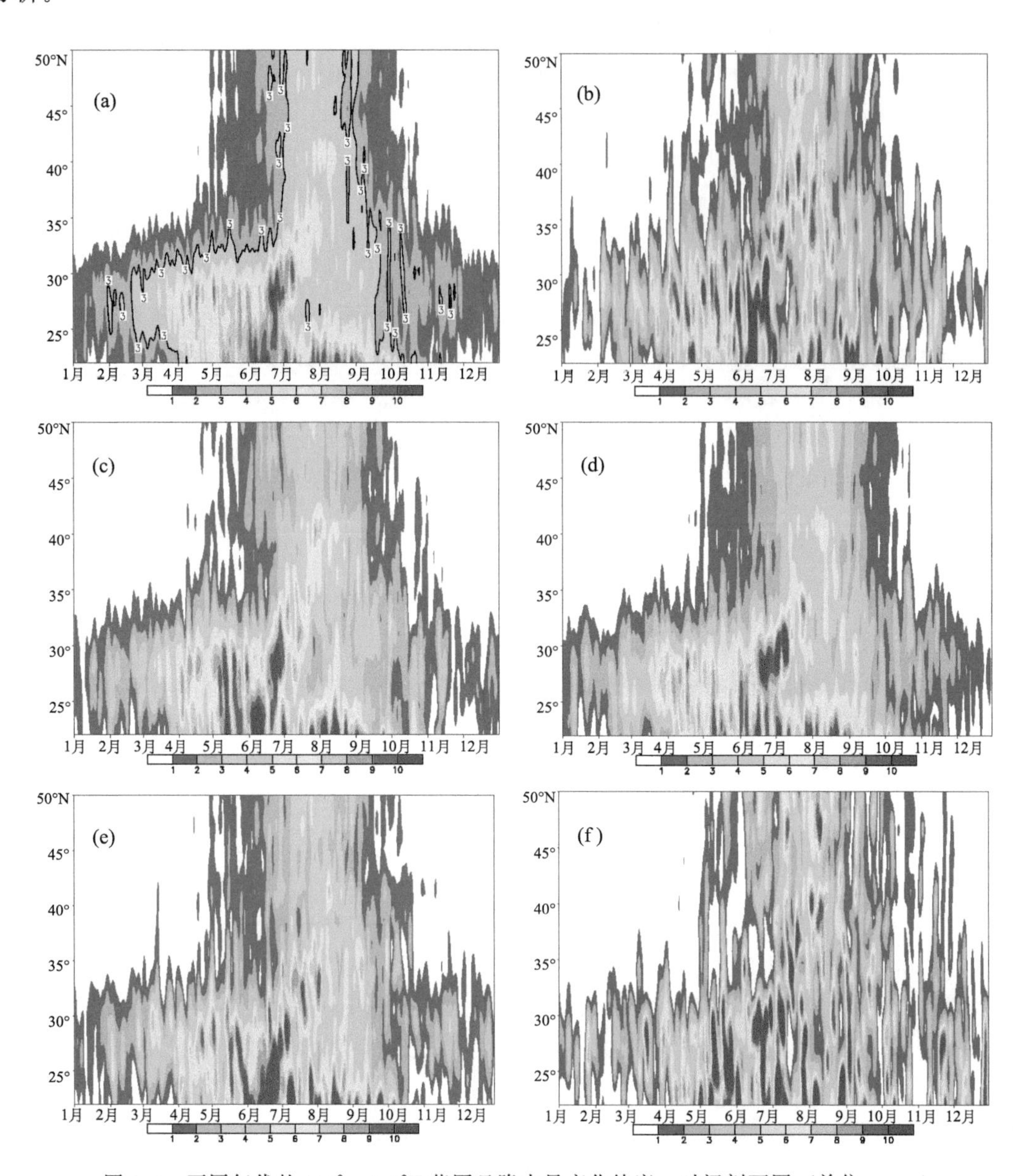

图 8.3 不同年代的 110°～130°E 范围日降水量变化纬度—时间剖面图（单位：mm）

(a) 1961—2013 年；(b) 1961—1965 年；(c) 1966—1980 年；(d) 1981—2000 年；(e) 2001—2010 年；(f) 2011—2013 年

8.3 华北降水转型环流特征

降水的发生是由于大量水汽遇到上升运动、发生凝结降落地面而形成的。水汽来源多少与850 hPa层水汽输送有关，而上升运动与地形和环流动力抬升有关，这里暂不讨论地形抬升的影响，而主要关注环流变化的影响。由天气学理论可知，地面低压可造成辐合上升运动，高空气旋或低槽也可诱发低层产生上升运动。因此，下面重点对海平面气压场、500 hPa高度场、850 hPa水平风场变化进行对比分析，以便从环流和水汽条件变化方面更好地认识华北夏季降水是否发生了转型。

8.3.1 海平面气压场变化

晏红明等（2003）研究指出，冬季风异常对中国大部分地区，特别对中国长江中下游地区的降水影响较大。分析进一步揭示了强弱东亚冬季风年后期夏季流场明显不同的变化特征，正是由于这种不同的夏季环流的异常变化使得中国长江中下游地区在强（弱）冬季风年的夏季降水偏少（多）。赵汉光和张先恭（1996）研究表明，东亚夏季风强弱与我国夏季雨带位置有较好的对应关系，强夏季风年，主要雨带位置易偏北，弱夏季风年，主要雨带位置易偏南。冬季风1960—1978年偏强，1979—1994年偏弱；而夏季风1956—1966年强盛，1967—1987年衰弱，1988年以后有逐渐增强的趋势，北方类雨带将逐渐增多。他们认为东亚冬季风和夏季风的增强和减弱有相反变化的趋势，但近20 a变化并不像预期的结果。一些学者对此指出了造成差异的原因，如王绍武等（2013）认为，东亚冬、夏季风变化并不总是反相的。尽管如此，但冬季风与夏季风确实存在密切联系，冬季风通过降水量的时空分布变化影响气温、海温，储存其信息，进而影响后期夏季的大气环流，最终使夏季风和夏季降水发生变化。冬季风最显著的环流系统就是蒙古冷高压，夏季显著的系统有蒙古低压、印度低压。

图8.4是冬季海平面气压场变化。在多年平均场上（图8.4a），蒙古为一强大高压，中心位于蒙古西部，高压东南侧向华北、华东伸展并影响我国。对应1961—1965年华北和东北夏季降水明显偏多情况（图8.4b），冬季气压场在蒙古地区为明显正距平，最大距平中心在蒙古东北部，造成蒙古高压中心东移到蒙古中部，强度加强。对应1966—1980年华北夏季降水偏多情况（图8.4c），西伯利亚地区出现明显正距平，造成蒙古高压西移，从1961—1965年蒙古中部移到蒙古西部，强度有所减弱。对应1981—2000年东北夏季降水偏多情况（图8.4d），蒙古高压位置、强度正常。对应2001—2010年华北夏季降水明显偏少情况（图8.4e），西伯利亚地区出现明显正距平，蒙古高压位于蒙古西部，强度正常。对应2011—2013年华北和东北夏季降水偏多情况（图8.4f），50°N以北广大地区基本都为明显正距平，蒙古中部也为明显正距平，造成蒙古高压东移到蒙古中部，中心强度有所加强，与1961—1965年形势相似。

总之，在只有华北夏季降水偏多年（1966—1980年）、偏少年（2001—2010年），蒙古高压强度和位置差别不大，中心都位于蒙古西部，强度基本一样（图8.4c，图8.4e）。对于华北和东北夏季降水同时偏多年（1961—1965年、2011—2013年），蒙古高压中心位于蒙古中部，强度明显加强，但距平场有所不同（图8.4b，图8.4f）。因此，冬季蒙古高压中心位于蒙古中部且强度加强，接下来的夏季华北和东北可能同时降水偏多。

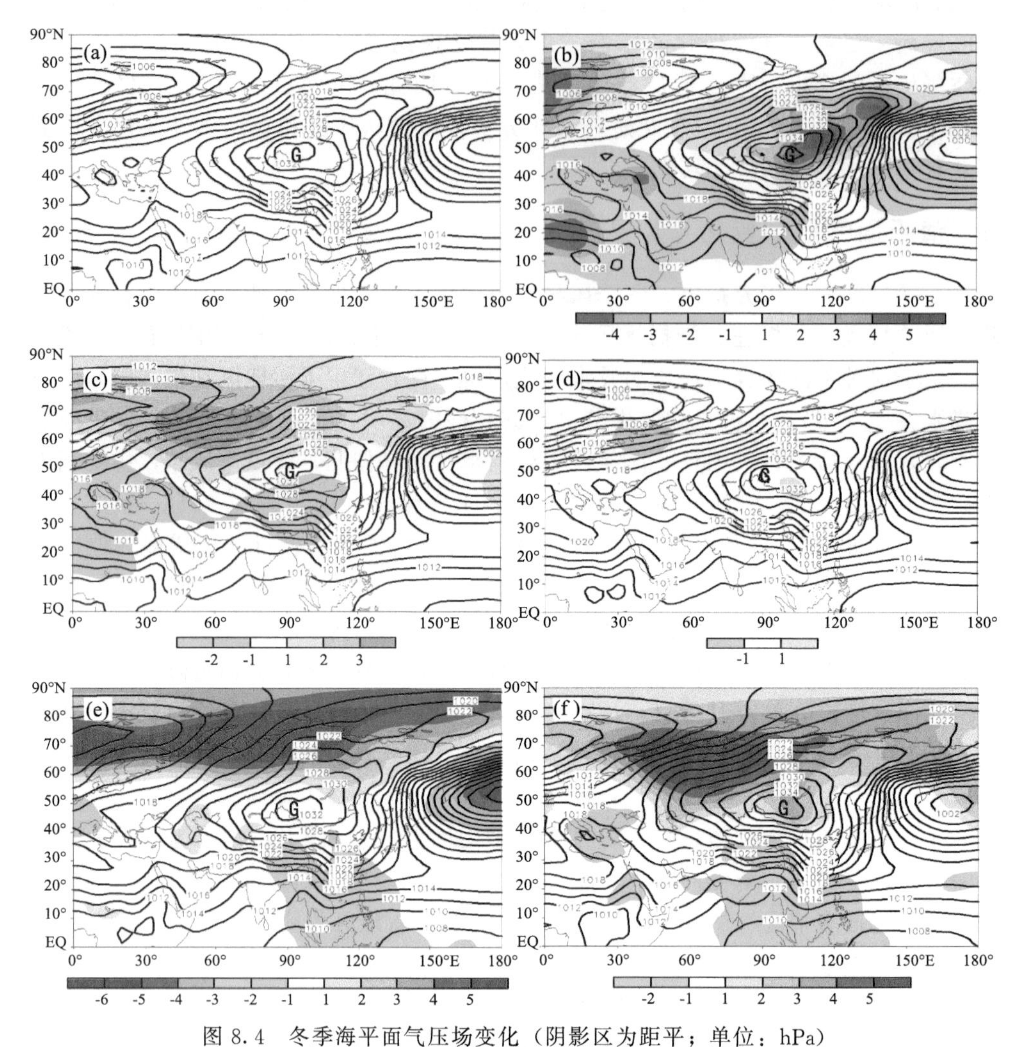

图 8.4 冬季海平面气压场变化（阴影区为距平；单位：hPa）

(a) 1961—2013 年；(b) 1961—1965 年；(c) 1966—1980 年；(d) 1981—2000 年；

(e) 2001—2010 年；(f) 2011—2013 年

图 8.5 是夏季海平面气压场变化。在多年平均场上（图 8.5a），蒙古东南至我国东北、华北为低压，中心低于 1006 hPa，印度西北部为另一低压中心。对应 1961—1965 年华北和东北夏季降水明显偏多情况（图 8.5b），夏季气压场在蒙古地区为明显负距平，造成蒙古低压中心位于蒙古中南部，低压明显加深，中心低于 996 hPa。对应 1966—1980 年华北夏季降水偏多情况（图 8.5c），蒙古西部为负距平，但数值明显小于 1961—1965 年，低压中心位置变化不大，且低压中心显著减弱，为 1004 hPa。对应 1981—2000 年东北夏季降水偏多情况（图 8.5d），地面气压为正常，这时蒙古低压中心东移到我国东北地区，低压强度较弱，为 1006 hPa。对应 2001—2010 年华北夏季降水明显偏少情况（图 8.5e），西伯利亚地区出现明显负距平，且形成一个新的低压，而蒙古低压显著减弱。对应 2011—2013 年华北

和东北夏季降水偏多情况（图 8.5f），地面气压基本都为正常，蒙古低压中心位于蒙古东南至华北、东北，强度较弱，低于 1006 hPa，与 1961—1965 年形势并不一致。

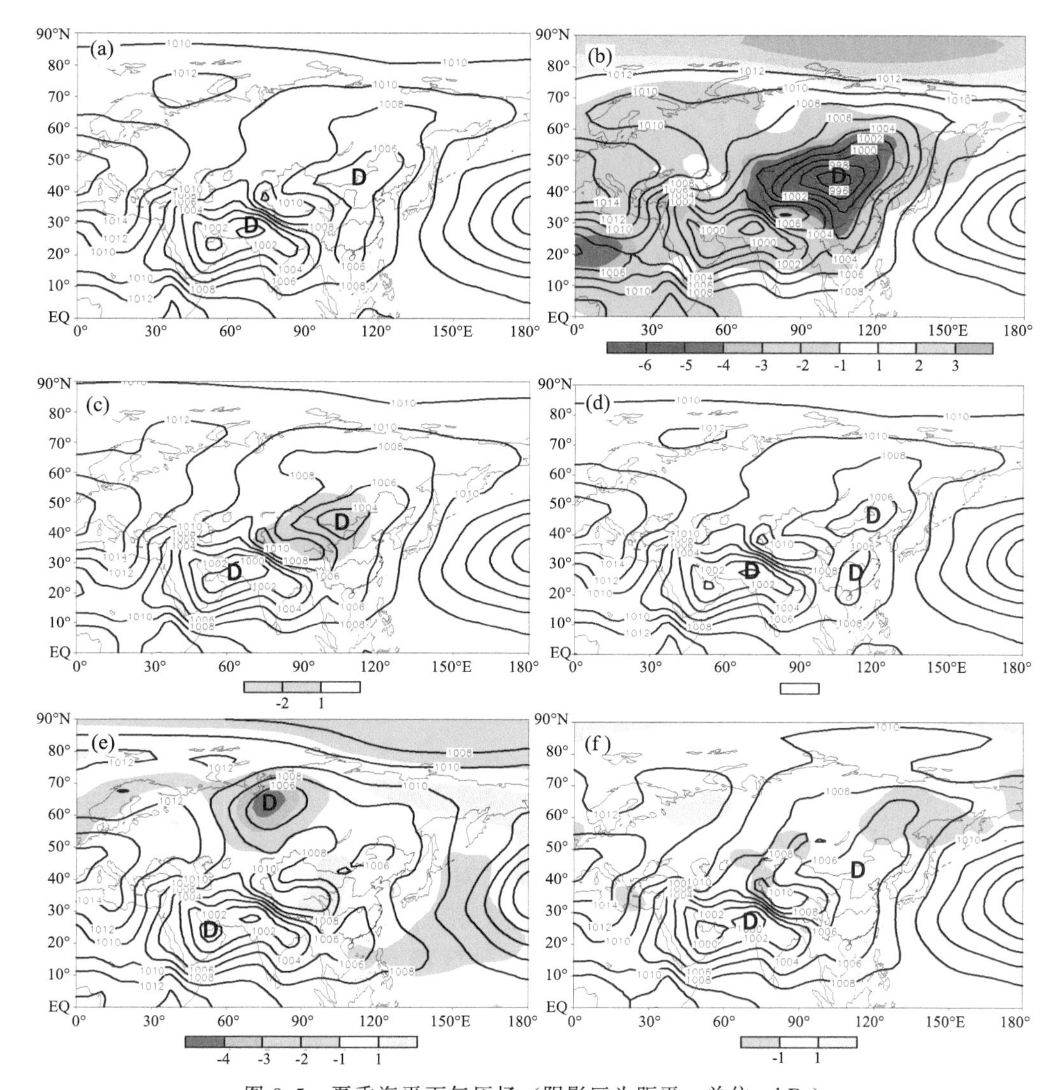

图 8.5　夏季海平面气压场（阴影区为距平；单位：hPa）

(a) 1961—2013 年；(b) 1961—1965 年；(c) 1966—1980 年；(d) 1981—2000 年；(e) 2001—2010 年；(f) 2011—2013 年

总之，在只有华北夏季降水偏多年（1966—1980 年）、偏少年（2001—2010 年），蒙古低压强度差别不是很大，但位置有明显不同，偏多年低压中心位于蒙古中南部（图 8.5c），而偏少年主要低压中心位于西伯利亚地区（图 8.5e），华北附近低压场非常弱。对于华北和东北夏季降水同时偏多年（1961—1965 年、2011—2013 年），这两个阶段蒙古低压中心位置和强度明显不同，在 1961—1965 年（图 8.5b），低压中心位于蒙古中南部，低压显著加深，而在 2011—2013 年（图 8.5f），低压中心位于蒙古东部至华北、东北地区，低压明显偏弱。

因此，近年华北和东北夏季降水同时明显增多，仅就降水量空间分布形势看与1961—1965年类似，但夏季海平面气压场形势明显不同。

8.3.2 500 hPa高度场变化

500 hPa环流场可为降水提供动力上升条件，其槽脊等环流变化对降水影响很大。图8.6是对应不同年代的夏季高度场变化情况。在多年平均场上（图8.6a），乌拉尔山东部的西伯利亚为槽，我国东北到华北也为槽，贝加尔湖附近为弱脊。这种槽脊配置的位置、强度发生变化会对华北夏季降水产生明显影响。对应1961—1965年华北、东北夏季降水偏多年情况（图8.6b），欧亚广大地区都为负距平，蒙古西部至新疆为最大负距平中心，这造成贝加尔湖脊明显偏弱，西伯利亚高空槽和华北高空槽形成阶梯槽，这会使得华北、东北多低槽过境，降水天气过程会增多，所以降水偏多。对应1966—1980年华北夏季降水偏多年情况（图8.6c），西伯利亚地区为负距平，造成西伯利亚槽加深，而贝加尔湖脊和华北槽的位置、强度变化不大。对应1981—2000年东北夏季降水偏多年情况（图8.6d），槽脊位置、强度无明显异常。对应2001—2010年华北夏季降水偏少年情况（图8.6e），西伯利亚地区为明显负距平，贝加尔湖地区为显著正距平，使得西伯利亚高空槽明显加深，贝加尔湖脊异常强大，华北槽向南位于江淮地区，这种形势一方面阻止了西伯利亚槽对华北的影响，华北槽位置偏南，也减弱了对华北的影响，华北地区缺乏有利的上升条件，降水天气过程减少，所以，夏季降水量明显偏少。对应2011—2013年华北、东北夏季降水偏多年情况（图8.6f），欧洲和亚洲东北部为明显正距平，贝加尔湖附近正常，造成西伯利亚高空槽加深东移、华北高空槽加深北抬，副高偏北，东部阻挡作用加强，这种形势有利于华北、东北夏季降水偏多，但环流形势与1961—1965年不同。

总之，华北夏季降水偏多是由于西伯利亚高空槽加深，而贝加尔湖脊、华北高空槽正常造成的（图8.6c）。华北夏季降水偏少年是由于贝加尔湖脊偏强，阻止了西伯利亚高空槽对华北的影响，同时华北高空槽位置偏南，也减弱了对华北的影响，华北缺乏动力上升条件，结果降水量偏少（图8.6e）。2011—2013年华北、东北降水增多与1961—1965年的偏多情况明显不同，在1961—1965年（图8.6b），欧亚地区都为负距平，西伯利亚槽、华北槽都有所加深，贝加尔湖脊减弱，“阶梯槽”的形势造成华北、东北降水偏多；而对于2011—2013年（图8.6f），欧亚中高纬都为正距平，鄂霍次克海正距平更加显著，贝加尔湖脊正常，副高偏北，华北槽受东部阻挡作用，造成华北、东北夏季降水偏多。

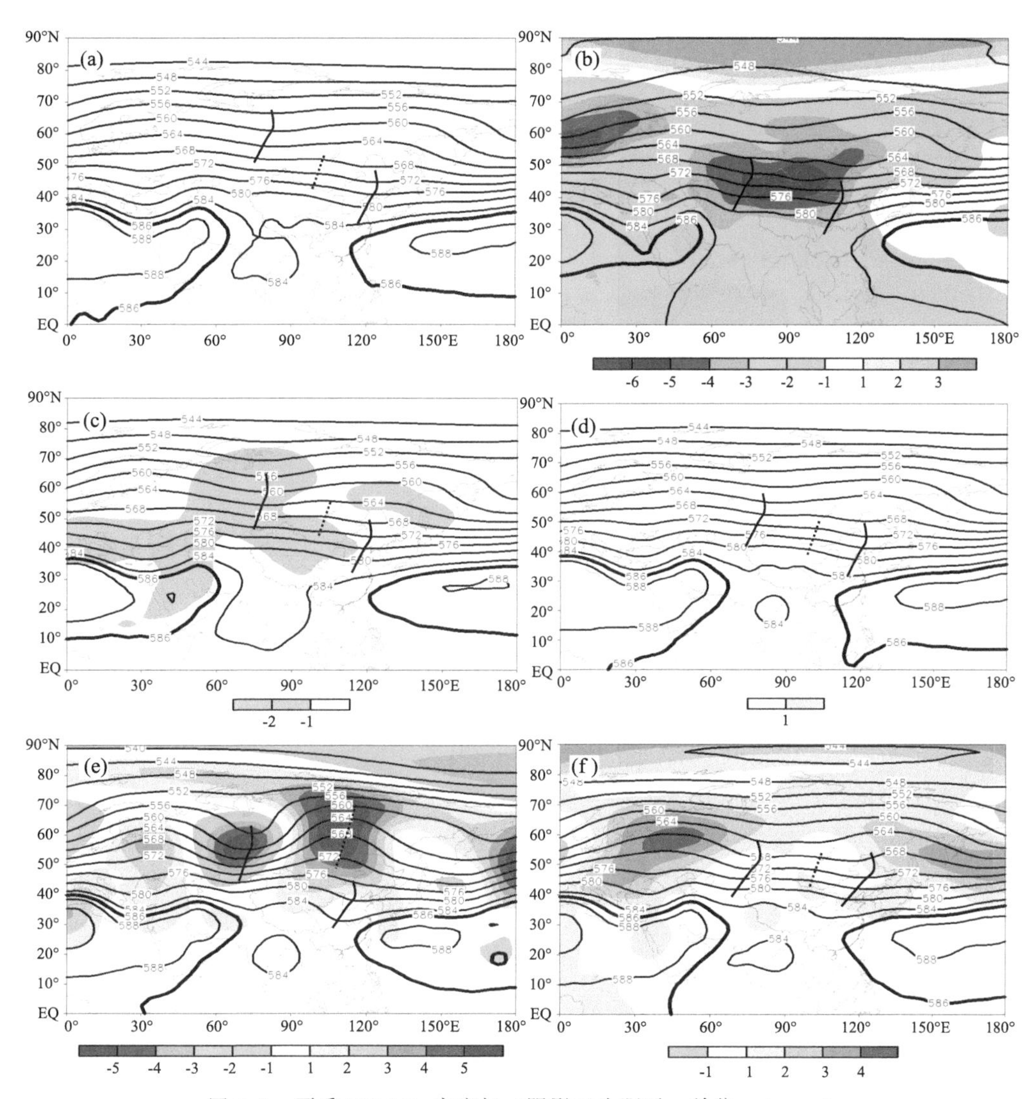

图 8.6 夏季 500 hPa 高度场（阴影区为距平；单位：dagpm）

(a) 1961—2013 年；(b) 1961—1965 年；(c) 1966—1980 年；(d) 1981—2000 年；(e) 2001—2010 年；(f) 2011—2013 年

8.3.3 850 hPa 风场变化

在夏季重大降水过程中，850 hPa 水平风场起到重要的水汽输送作用。因此，夏季降水异常一般都伴有 850 hPa 风场环流异常。图 8.7 是对应不同年代的夏季 850 hPa 水平风场变化情况。在多年平均场上（图 8.7a），北印度洋、印度半岛为异常强盛的西风气流，一直吹到南海，然后转向向北吹到华北至东北亚地区。对应 1961—1965 年华北、东北夏季降水偏多年情况（图 8.7b），异常风场上存在一些显著特征：从华南至华北、东北为明显偏南风异常；东部日本岛南侧海上有反气旋性环流异常，进一步加强了向北的偏南气流异常；蒙古地区为强大的气旋性环流异常，与偏南气流在华北、东北西侧产生风向辐合。这些因素造成降水异常偏多。同时，斯里兰卡有向北的越赤道气流异常，菲律宾海有向南的越赤道气流异常，它们如何影响降水值得关注。对应1966—1980年华北夏季降水偏多年情况（图8.7c），环流异常形势同1961—1965年相似，但强度显著减弱，造成东北夏季水汽来源大量减少。斯里兰卡向北越赤道气流和菲律宾海向南越赤道气流异常也明显减弱。对应1981—2000年东北夏季降水偏多年情况（图8.7d），环流异常形势同1961—1965年、1966—1980年相反，但异常程度太小，这时的环流场与多年平均场差别不大。对应2001—2010年华北夏季降水偏少年情况（图8.7e），环流异常形势与1966—1980年基本相反，东亚尤其东部海上为偏北风异常，减弱了偏南风向华北的水汽输送；中南半岛至南海、菲律宾海出现异常偏西风，加大了对印度洋至南海水汽大通道向东的“抽吸”作用，这会减弱向华北的水汽有效输送；蒙古地区为弱的反气旋性环流异常，华北辐合条件减弱，这些因素造成降水异常偏少。同时，斯里兰卡转为向南的越赤道气流异常，菲律宾海转为向北的越赤道气流异常。对应2011—2013年华北、东北夏季降水偏多年情况（图8.7f），日本海为反气旋性环流异常，较1961—1965年反气旋位置偏西、偏北，东亚无明显南风异常，但反气旋外围有明显东南风异常；菲律宾以东海上为偏东风异常，最后并入反气旋外围的东南气流里，从而加强了东南水汽向华北、东北的输送，但总体上输送强度明显小于1961—1965年偏南风输送。同时，斯里兰卡为向北的越赤道气流异常，菲律宾海也为向北的越赤道气流异常，与1961—1965年环流形势不同。

从以上分析可知，华北夏季降水偏多是因为：从华南至华北有明显偏南风异常；东部日本岛南侧海上有反气旋性环流异常，进一步加强了向北的偏南气流异常。蒙古地区为明显气旋性环流异常，与偏南气流在华北、东北西侧产生风向辐合上升运动，结果造成华北夏季降水异常偏多（图8.7c）。华北夏季降水偏少年是因为：东亚尤其东部海上为偏北风异常，减弱了偏南气流向华北的水汽输送；中南半岛至南海、菲律宾海出现异常偏西风，加大了对印度洋至南海水汽大通道向东的“抽吸”作用，这也会减弱向华北的水汽有效输送。蒙古地区为反气旋性环流异常，华北辐合条件减弱，结果造成华北夏季降水异常偏少（图8.7e）。

2011—2013年华北、东北降水增多与1961—1965年的偏多情况明显不同，在1961—1965年（图8.7b），从华南至华北、东北为明显偏南风异常，蒙古地区为强大的气旋性环流异常，与偏南气流在华北、东北西侧产生风向辐合，造成华北、东北降水异常偏多。而2011—2013年（图8.7f），东亚地区无南风异常，但有明显的东南风异常，从而加强了东南水汽向华北、东北的输送，但总体上输送强度明显小于1961—1965年偏南风输送。蒙古地区无气旋性环流异常，缺乏动力上升条件，结果造成华北、东北夏季降水虽然比常年多，但少于1961—1965年。另外，2011—2013年斯里兰卡、菲律宾海都为向北的越赤道气流异常，与1961—1965年斯里兰卡为向北越赤道气流异常、菲律宾海为向南越赤道气流异常明显不同。因此，近年华北和东北夏季降水同时明显增多，空间分布上与1961—1965年降水形势类似，但850 hPa季风环流形势明显不同，这在唐佳和武炳义（2012）、龚志强等（2013）文献中也有体现。

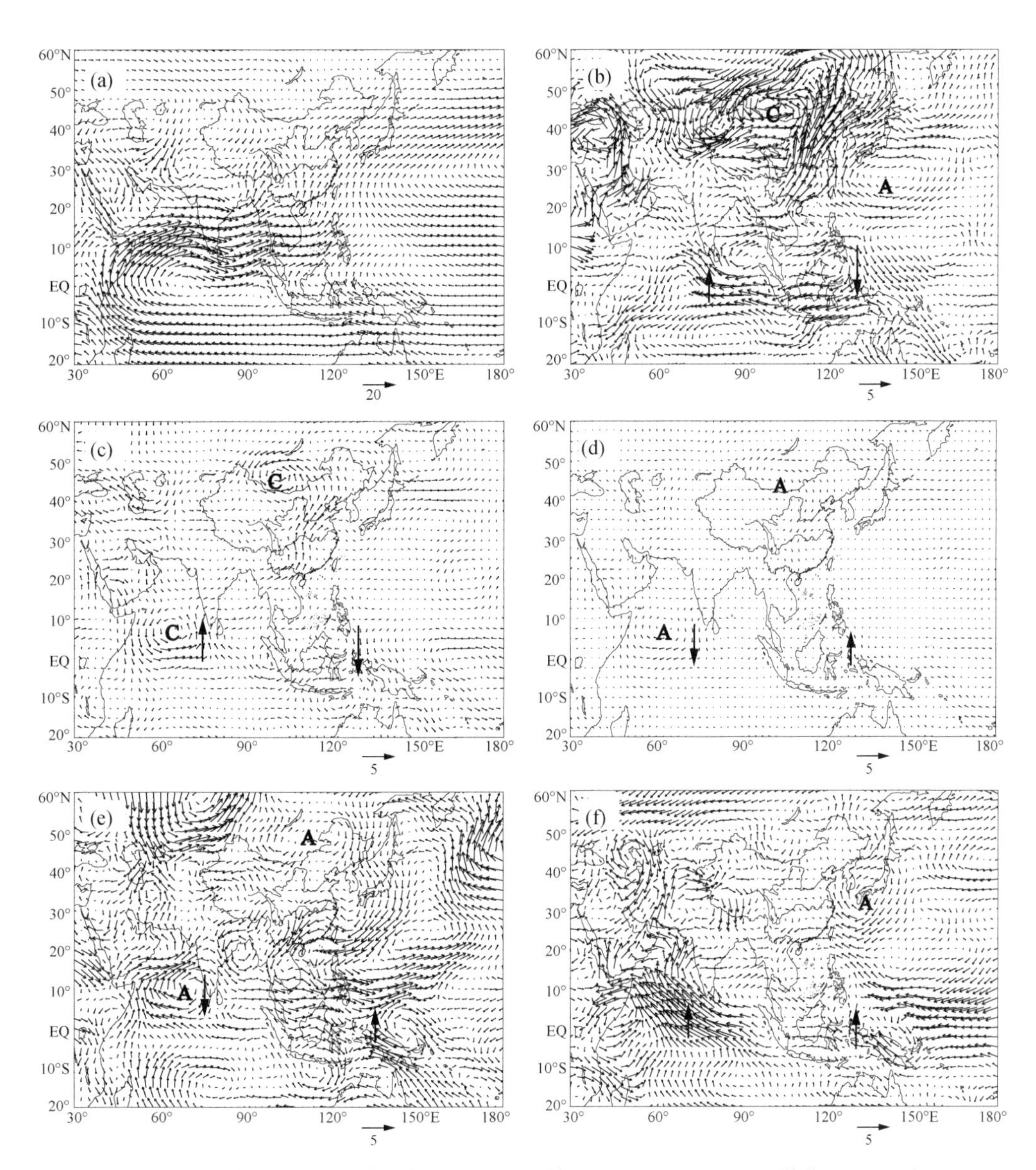

图 8.7 夏季 850 hPa 平均风场（a）和距平场（b，c，d，e，f）（单位：m·s^{-1}）

（a）1961—2013 年；（b）1961—1965 年；（c）1966—1980 年；（d）1981—2000 年；

（e）2001—2010 年；（f）2011—2013 年

8.4 本章小结

华北、东北两地夏季降水量年代际变化特征都很突出，但两地变化趋势并不完全一致，例如在 1961—2013 中的 1981—1998 年两地变化趋势相反。根据华北夏季降水年代际变化规律推测，近年华北夏季降水偏多形势不会长久，未来几年降水量还会减少。

1961—2013年，我国东部夏季降水型转换可划分为5个时段，1961—1965年华北、东北都明显多雨；1966—1980年华北多雨，东北正常偏少；1981—2000年东北多雨，华北正常偏少；2001—2010年华北、东北少雨，淮河流域明显偏多；2011—2013年华北、东北多雨，江淮流域偏少。

对应不同年代的雨型，夏季雨季变化也明显不同。如果5—6月强降水位置偏北，如位于江淮地区，则夏季华北易出现强降水，降水量偏多。华北、东北雨季的出现不是从长江、淮河雨带逐渐向北推过来的，华北、东北强降水中心几乎是突然同时出现的。近几年华北、东北雨季与1961—1965年相似，且夏季降水量明显偏多。

2011—2013年华北、东北降水增多与1961—1965年偏多的环流形势明显不同。在夏季海平面气压场上，1961—1965年夏季蒙古低压中心位于蒙古中南部，低压显著加深；而2011—2013年，低压中心位于蒙古东部至华北、东北地区，低压明显偏弱。在500 hPa高度场上，1961—1965年，西伯利亚槽、华北槽都有所加深，贝加尔湖脊减弱，“阶梯槽”的形势造成华北、东北降水偏多；而2011—2013年，贝加尔湖脊正常，鄂霍次克海高度升高，副高偏北，华北槽受东部阻挡的作用加强，结果造成华北、东北夏季降水偏多。在850 hPa风场上，1961—1965年，东亚有明显偏南风异常，蒙古地区强大气旋性环流与偏南气流在华北、东北西侧产生风向辐合，造成华北、东北降水异常偏多；而2011—2013年，东亚地区无南风异常，但有明显的东南风异常，风速明显小于1961—1965年偏南风，再加上蒙古地区无气旋性环流辐合带来的动力上升条件，造成华北、东北夏季降水虽然比常年多，但少于1961—1965年。所以，虽然近年华北和东北夏季降水同时明显增多，但环流形势与1961—1965年不同，1961—1965年是偏南风明显偏强，即东亚夏季风偏强，而2011—2013年是东南风偏强，并不是东亚夏季风增强的结果。

参考文献

陈活泼，孙建奇，范可，2012. 新疆夏季降水年代际转型的归因分析[J]. 地球物理学报，55（6）：1844-1851.

范可，林美静，高煜中，2008. 用年际增量的方法预测华北汛期降水[J]. 中国科学D辑：地球科学，38（11）：1452-1459.

龚志强，赵俊虎，封国林，2013. 中国东部2012年夏季降水及年代际转型的可能信号分析[J]. 物理学报，62（9）：099205.

郝立生，丁一汇，闵锦忠，等，2011. 华北降水季节演变主要模态及影响因子[J]. 大气科学，35（2）：217-234.

郝立生，丁一汇，2015. 华北夏季降水转型环流特征分析[J]. 气候变化研究快报，4（3）：116-129.

黄荣辉，陈际龙，周连童，等，2003. 关于中国重大气候灾害与东亚气候系统之间关系的研究[J]. 大气科学，27（4）：770-787.

唐佳，武炳义，2012. 20世纪90年代初东亚夏季风的年代际转型[J]. 应用气象学报，23（4）：402-413.

涂长望，黄士松，1944. 中国夏季风之进退[J]. 气象学报，18（1）：1-20.

王绍武，闻新宇，黄建斌，2013. 东亚冬季风和夏季风变化反位相吗？[J]. 气候变化研究进展，9（3）：231-233.

郇光剑，潘保田，管清玉，等，2002. 中更新世气候转型与100 ka周期研究[J]. 地球科学进展，17（4）：

605-611.

吴文祥，刘东生，2001. 气候转型与早期人类迁徙[J]. 海洋地质与第四纪地质，21（4）：103-109.

晏红明，段玮，肖子牛，2003. 东亚冬季风与中国夏季气候变化[J]. 热带气象学报，19（4）：367-376.

张人禾，武炳义，赵平，等，2008. 中国东部夏季气候 20 世纪 80 年代后期的年代际转型及其可能成因[J]. 气象学报，66（5）：697-706.

赵汉光，张先恭，1996. 东亚季风和我国夏季雨带的关系[J]. 气象，22（4）：8-12.

朱锦红，王绍武，慕巧珍，2003. 华北夏季降水 80 年振荡及其与东亚夏季风的关系[J]. 自然科学进展，13（11）：1205-1209.

竺可桢，李良骐，1934. 华北之干旱及其前因后果[J]. 地理学报，1（2）：1-9.

DAI X，WANG P，CHOU J，2003. Multiscale characteristics of the rainy season rainfall and interdecadal decaying of summer monsoon in North China[J]. Chinese Science Bulletin，48（12）：2730-2734.

DING Y，WANG Z，SUN Y，2007. Interdecadal variation of the summer precipitation in East China and its association with decreasing Asian summer monsoon. Part I：Observed evidences[J]. International Journal of Climatology，28（9）：1139-1161.

FAN K，LIU Y，CHEN H，2012. Improving the prediction of the East Asian summer monsoon：new approaches[J]. Weather and Forecasting，27：1017-1030.

KALNAY E，KANAMITSU M，KISTLER R，et al，1996. The NCEP/NCAR 40-year reanalysis project[J]. Bulletin of the American Meteorological Society，77（3）：437-472.

附录：常用方法简介

A.1　相关分析

(1) 单点相关

皮尔逊（Pearson）相关系数（魏凤英，2007）是描述随机变量线性相关的统计量，一般简称为相关系数或点相关系数，用 r 来表示。

设有两个变量序列：

$$x_1, x_2, \cdots, x_n \text{ 和 } y_1, y_2, \cdots, y_n$$

则相关系数计算公式为：

$$r = \frac{\sum_{i=1}^{n}(x_i - \overline{x})(y_i - \overline{y})}{\sqrt{\sum_{i=1}^{n}(x_i - \overline{x})^2}\sqrt{\sum_{i=1}^{n}(y_i - \overline{y})^2}} \tag{A.1}$$

也可以用标准差形式计算：

$$r = \frac{\frac{1}{n}\sum_{i=1}^{n}(x_i - \overline{x})(y_i - \overline{y})}{\sqrt{\frac{1}{n}\sum_{i=1}^{n}(x_i - \overline{x})^2}\sqrt{\frac{1}{n}\sum_{i=1}^{n}(y_i - \overline{y})^2}} = \frac{\sigma_{xy}}{\sigma_x \sigma_y} \tag{A.2}$$

式中：分母为变量 x 和 y 的标准差（均方差），分子为两变量 x，y 的协方差。

容易证明，相关系数 r 的取值在$-1.0\sim1.0$。当 $r>0$ 时，表明两个变量呈正相关，越接近于 1.0，正相关越显著；当 $r<0$ 时，表明两变量呈负相关，越接近-1.0，负相关越显著；当 $r=0$ 时，则表示两变量相互独立，即无相关性。

相关显著性检验采用 t 检验方法，构建统计量：

$$t = \sqrt{n-2}\,\frac{r}{\sqrt{1-r^2}} \tag{A.3}$$

给定显著水平 α 值，查 t 分布表得到 t_α 值，若 $|t|>t_\alpha$ 时，则相关是显著的。

（2）偏相关

这里简要介绍一下偏相关计算方法，更详细说明可见《数学手册》（《数学手册》编写组，1979）。

设变量 y 与变量 x_1、x_2 存在相关关系。如果要分析 y 与其中一个变量（x_1 或 x_2）的相关关系，那么必须除去另一个变量的影响后再计算它们的相关系数，这称为偏相关系数。在除去 x_2 的影响后计算 y 与 x_1 得到的相关系数称 y、x_1 对 x_2 的偏相关系数，记作 r_{yx_1,x_2}，它可用普通的相关系数 r_{yx_1}，r_{yx_2}，$r_{x_1x_2}$ 来计算，即：

$$r_{yx_1,x_2}=\frac{r_{yx_1}-r_{yx_2}r_{x_1x_2}}{\sqrt{1-r_{yx_2}^2}\sqrt{1-r_{x_1x_2}^2}} \tag{A.4}$$

同样地，除去 x_1 的影响后，y 与 x_2 的偏相关系数 r_{yx_2,x_1} 的计算公式为：

$$r_{yx_2,x_1}=\frac{r_{yx_2}-r_{yx_1}r_{x_1x_2}}{\sqrt{1-r_{yx_1}^2}\sqrt{1-r_{x_1x_2}^2}} \tag{A.5}$$

A.2 趋势分析

（1）线性倾向分析

线性倾向分析采用一元线性回归方法（魏凤英，2007）：

$$y_i=a+bt_i,\ i=1,\ 2,\ \cdots,\ n \tag{A.6}$$

式中：a 是回归常数；b 是回归系数，代表气候变化倾向率，$b>0$ 时表示呈上升趋势，$b<0$ 时表示呈下降趋势。a 和 b 可用最小二乘法求出。

对观测数据 x_i 及相应的时间 t_i，回归系数 b 和常数 a 的最小二乘估计为：

$$\begin{cases} b=\dfrac{\sum\limits_{i=1}^{n}x_it_i-\dfrac{1}{n}(\sum\limits_{i=1}^{n}x_i)(\sum\limits_{i=1}^{n}t_i)}{\sum\limits_{i=1}^{n}t_i^2-\dfrac{1}{n}(\sum\limits_{i=1}^{n}t_i)^2} \\ a=\bar{x}-b\bar{t} \end{cases} \tag{A.7}$$

式中

$$\bar{x} = \frac{1}{n}\sum_{i=1}^{n} x_i,\ \bar{t} = \frac{1}{n}\sum_{i=1}^{n} t_i \tag{A.8}$$

（2）滑动平均趋势分析

滑动平均法能够显示气象要素的气候趋势变化（马开玉等，1996），比如假设原气象系列 x_t 中包含一直线趋势和一个正弦波，可设为：

$$x_t = a + bt + c \cdot \sin(\frac{2\pi}{T}t + \varphi) \tag{A.9}$$

其中，c，T，φ 分别为周期振动的振幅、周期和初始位项，a，b 为与直线趋势有关的参数。若以时段τ为滑动平均的长度，且假定 x_t 是连续的，则由上式可得到滑动平均后的序列

$$x'_t = \frac{1}{\tau}\int_{t-\frac{\tau}{2}}^{t+\frac{\tau}{2}}[a + bt + c \cdot \sin(\frac{2\pi}{T}t + \varphi)]\mathrm{d}t = a + bt + \frac{Tc}{\tau\pi} \cdot \sin\frac{\tau\pi}{T} \cdot \sin(\frac{2\pi}{T}t + \varphi) \tag{A.10}$$

令

$$c' = c \cdot \frac{T}{\tau\pi}\sin\frac{\tau\pi}{T} \tag{A.11}$$

则

$$x'_t = a + bt + c' \cdot \sin(\frac{2\pi}{T}t + \varphi) \tag{A.12}$$

由此可见，滑动平均后的气象序列中仍包含着原来的直线趋势和以 T 为周期的振动，直线成分保持不变，而振动成分的振幅要发生变化。

滑动平均后的振幅与原序列振幅之比为：

$$\frac{c'}{c} = \frac{T}{\tau\pi} \cdot \sin\frac{\tau\pi}{T} \tag{A.13}$$

当τ/T 从 0 变化到无穷时，等式右边的绝对值从 1 趋于 0，无论原波动的周期有多长，经滑动平均后的振幅总是被削弱的。从式中可以看到：周期远小于滑动平均时段的振动，其振幅经滑动平均后被削弱得很厉害；周期远大于滑动平均时段的振动，其振幅经滑动平均后受到的削弱很小；周期等于滑动时段整数倍的振动，其振幅经过滑动平均后将变为 0，其成分完全消失；周期接近于滑动平均时段整数倍的振动，其振幅经滑动平均后也会大大削弱。

因此，如果滑动平均的时间长度选取适当，就能过滤掉气候时间序列中的短周期性振动和随机扰动而显示出其气候变化趋势。

A.3 变率分析

（1）绝对变率

指变量的均方差，也称标准差，它可以用来表示变量的分散程度，因此，气候上也称为绝对变率。计算公式为：

$$S=\sqrt{\frac{1}{n}\sum_{i=1}^{n}(x_i-\overline{x})^2} \tag{A.14}$$

式中：S 是绝对变率，x_i 是某要素时间序列，$\overline{x}$是该序列的平均值，n 是序列的时间长度。

（2）相对变率

指绝对变率与某平均值的百分比值，相对变率反映绝对变率的相对重要程度。计算公式为：

$$V=\frac{S}{\overline{x}}\times 100\% \tag{A.15}$$

式中：V 是相对变率，S 是某要素时间序列的绝对变率，$\overline{x}$是该序列的平均值或其他序列的平均值。

A.4 Mann-Kendall 突变检验

Mann-Kendall 突变检验法是一种非参数统计检验方法（魏凤英，2007）。非参数检验方法亦称无分布检验，其优点是不需要样本遵从一定的分布，也不受少数异常值的干扰，计算比较简便。

对于具有 n 个样本量的时间序列 x，构造一秩序列：

$$s_k=\sum_{i=1}^{k}r_i \qquad i=1,2,\cdots,k;\ k=1,2,\cdots,n \tag{A.16}$$

其中

$$r_i=\begin{cases}+1, & 当\ x_i>x_j\\ 0, & 当\ x_i\leqslant x_j\end{cases} \qquad j=1,2,\cdots,i;\ i=1,2,\cdots,n \tag{A.17}$$

可见，秩序列 s_k 是第 i 时刻数值大于 i 前面时刻数值的次数。

在时间序列随机独立的假定下，定义统计量：

$$UF_k = \frac{[s_k - E(s_k)]}{\sqrt{\mathrm{var}(s_k)}} \qquad k = 1, 2, \cdots, n \tag{A.18}$$

式中：$UF_1 = 0$，$E(s_k)$、$\mathrm{var}(s_k)$ 是累积数 s_k 的均值和方差，在 x_1，x_2，…，x_n 相互独立，且有相同连续分布时，它们可由下式算出：

$$\begin{cases} E(s_k) = \dfrac{n(n+1)}{4} \\ \mathrm{var}(s_k) = \dfrac{n(n-1)(2n+5)}{72} \end{cases} \tag{A.19}$$

UF_i 为标准正态分布，它是按时间序列 x 的顺序 x_1，x_2，…，x_n 计算出的统计量序列，给定显著性水平 α，若 $|UF_i| > U_\alpha$，则表明序列存在明显的趋势变化。

按照时间序列 x 逆序 x_n，x_{n-1}，…，x_1，再重复上述过程，得到逆序统计量的值：

$$UB_k \qquad k = 1, 2, \cdots, n$$

其中，$UB_1 = 0$。

绘制 UF_k 和 UB_k 曲线图，若 $UF_k > 0$，则表明序列呈上升趋势，若 $UF_k < 0$，则表明呈下降趋势，当其超过临界线时，表明上升或下降趋势显著。如果 UF_k 和 UB_k 两条曲线出现交点，且交点在临界线之间，那么交点对应的时刻就是突变发生的时间。

A.5 Morlet 小波分析

小波分析已成为分析气象要素时间序列周期局部变化特征的有力工具，本书选用常用的 Morlet 小波（郝立生等，2007），该小波是复小波，可以用来进行周期分析。Morlet 小波函数如下：

$$\psi(t) = \pi^{-1/4} e^{i\omega_0 t} e^{-t^2/2} \tag{A.20}$$

式中：ω_0 是角频率，取 $\omega_0 = 6$。

离散小波变换公式：

$$W_f(a, b) = |a|^{-\frac{1}{2}} \sum_{i=1}^{N} f(i\delta t) \psi^* \left(\frac{i\delta t - b}{a}\right) \tag{A.21}$$

式中："*"表示复共轭，N 为序列长度，a 为尺度因子（与周期和频率有关），b 为平移因子（时间位置）。$f(t)$ 为某气象要素时间序列，$W_f(a, b)$ 为小波系数，δt 为资料序列时间间隔，如资料间隔为 1 a，则 $\delta t=1.0$。因为小波是复数形式的，小波变换后的系数也是复数。

小波功率谱 $E_{a,b}$ 定义为：

$$E_{a,b}=|W_f(a, b)|^2 \tag{A.22}$$

总体小波功率谱 E_a 表征不同尺度 a 对应的能量密度，定义为：

$$E_a=\frac{1}{N}\sum_{b=1}^{N}|W_f(a, b)|^2 \tag{A.23}$$

小波功率谱是否显著，用红噪声或白噪声标准谱进行检验。小波功率谱遵从 χ^2 分布特征，根据 Torrence 和 Compo（1998）的文献，先计算小波功率谱分布的有效自由度 v，给出 χ^2 分布的显著性水平，如 $\alpha=0.05$，然后就可以计算红噪声或白噪声的显著性理论谱 P，公式如下：

理论功率谱：$P=\sigma^2 P_a \cdot \dfrac{\chi_\gamma^2}{\gamma}$ （A.24）

式中：有效自由度 $v=2\sqrt{1+\left(\dfrac{N\delta t}{2.32a}\right)^2}$；$\sigma^2$ 是原资料序列的方差，$\sigma^2=\dfrac{1}{N}\sum\limits_{i=1}^{N}(x_i-\overline{x})^2$；$P_a$ 是红噪声或白噪声谱，$P_a=\dfrac{1-r(1)^2}{1+r(1)^2-2r(1)\cos\left(\dfrac{2\pi\delta t}{1.033a}\right)}$，$r(1)$ 是原序列滞后 1 的自相关系数；χ_γ^2 是自由度为 γ 的平方在显著性 $\alpha=0.05$ 的值。

如果 $E_a>P$，说明小波功率谱对应的周期是显著的。

A.6 奇异值分解（SVD）

在大气科学中经常要寻找两个场之间的相互联系，目前广泛使用奇异值分解（singular value decomposition，SVD）方法（吴洪宝和吴蕾，2005）。SVD 本来是矩阵的一种基本运算，与求一个方矩阵特征值、特征向量类似，一个非方矩阵可以进行奇异值分解。气象中之所以把研究两个场之间相互关系的这个方法称为 SVD，是因为该方法的核心部分是矩阵的 SVD 运算。

设有两变量场资料矩阵为：

$$\boldsymbol{X}=\begin{pmatrix} x_{11} & x_{12} & \cdots & x_{1n} \\ x_{21} & x_{22} & \cdots & x_{2n} \\ \vdots & \vdots & \cdots & \vdots \\ x_{p1} & x_{p2} & \cdots & x_{pn} \end{pmatrix} \qquad \boldsymbol{Y}=\begin{pmatrix} y_{11} & y_{12} & \cdots & y_{1n} \\ y_{21} & y_{22} & \cdots & y_{2n} \\ \vdots & \vdots & \cdots & \vdots \\ y_{q1} & y_{q2} & \cdots & y_{qn} \end{pmatrix} \tag{A.25}$$

式中：p 是第一变量的空间点数，q 是第二变量的空间点数，n 是时间长度。首先将两要素场 $X_{p\times n}$ 和 $Y_{q\times n}$ 做标准化处理，得到 $X'_{p\times n}$ 和 $Y'_{q\times n}$，即左变量场和右变量场。计算两场之间的相关系数场为：

$$S_{ij}=\frac{1}{n}\sum_{t=1}^{n}x_{it}y_{tj}，i=1，2，\cdots，p；j=1，2，\cdots，q \tag{A.26}$$

可以分解为：

$$S=L\begin{pmatrix} \Lambda_m & 0 \\ 0 & 0 \end{pmatrix}R^{\mathrm{T}} \tag{A.27}$$

式中：$m\leqslant\min(p,q)$，L 为左奇异向量场，表示 $X'_{p\times n}$ 对相关系数场 S 的贡献，R 为右奇异向量场，表示 $Y'_{q\times n}$ 对相关系数场 S 的贡献。$\Lambda_m=(\lambda_1,\lambda_2,\cdots,\lambda_m)$ 为奇异值。SVD 的目的就是要将左、右变量场 $X'_{p\times n}$ 和 $Y'_{q\times n}$ 分解为左、右奇异向量 L 和 R 的线性组合，即：

$$\begin{pmatrix} X'_{p\times n} \\ Y'_{q\times n} \end{pmatrix}=\begin{pmatrix} LT \\ RT^{*} \end{pmatrix} \tag{A.28}$$

其中，T 和 T^{*} 分别是左、右奇异向量场的时间系数矩阵，即：

$$\begin{pmatrix} T \\ T^{*} \end{pmatrix}=\begin{pmatrix} L^{\mathrm{T}}X'_{p\times n} \\ R^{\mathrm{T}}Y'_{q\times n} \end{pmatrix} \tag{A.29}$$

因此，SVD 相当于把左、右变量场分解为左、右奇异向量的线性组合，每一对奇异向量和相应的时间系数就确定了一对 SVD。

得到奇异向量和相应的时间系数后，计算每对奇异向量的时间系数 T 和 T^{*} 之间的相关系数，可反映两变量场空间分布型的相关程度。

A.7 经验正交函数分析（EOF）

经验正交函数分析方法（empirical orthogonal function，EOF），也称自然正交函数分解、特征向量分析（eigenvector analysis），或者主成分分析（principal component analysis，PCA），是一种分析矩阵数据中的结构特征，提取主要数据特征量的一种方法。Lorenz 在 20 世纪 50 年代首次将其引入气象和气候研究，现在在地学及其他学科中得到了非常广泛的应用。地学数据分析中通常特征向量对应的是空间样本，所以也称空间特征向量或者空间模态；主成分对应的是时间变化，也称时间系数。因此，地学中也将 EOF 分析称为时空分解。

这种正交函数展开不像三角函数展开、球函数展开那样有固定的展开形式，它无固定的函数形式，不是事先人为地给定典型场函数，图形是由场本身来决定的，它具有收敛快又能更好地反映出场的基本结构特征。它可以在有限的区域中进行，既可以对空间不同站点进行分解，也可以对同一站点的不同时间、不同高度的多种要素进行综合分析。因此，它在气象中具有广泛的应用。

自然正交函数分解是针对气象要素场进行的，它的基本思想是把包含 m 个空间点 n 个时次的观测场随时间进行分解，即将某一区域的气象要素场序列 F_{ij}（$i=1，2，\cdots，m$；$j=1，2，\cdots，n$，即 m 个空间点 n 个时次的观测资料）分解成相互正交的空间函数与时间系数的乘积之和，常把空间函数 v_{ik} 看作典型场，时间系数 t_{kj} 看作典型场的权重系数，则不同时间的要素场是若干个典型场按不同权重线性叠加的结果，各个场之间的差别就在于各典型场的系数不同。于是，气象要素场可以表示为：

$$F_{ij}=\sum_{k=1}^{m}v_{ik}t_{kj}=v_{i1}t_{1j}+v_{i2}t_{2j}+\cdots+v_{im}t_{mj} \tag{A.30}$$

式中：F_{ij} 表示第 i 个场中的第 j 个测点的观测值。

可将（A. 30）式是写为矩阵的形式：

$$\boldsymbol{F}=\boldsymbol{VT} \tag{A.31}$$

式中：$\boldsymbol{F}$ 为 $m\times n$ 阶的均值为 0 的距平阵（这保证求特征值和特征向量时，可由此构造成实对称距阵，求得的特征向量彼此正交（相关系数为 0）、时间系数彼此之间正交（相关系数为 0），$\boldsymbol{V}$ 为 $m\times m$ 阶的空间函数阵，$\boldsymbol{T}$ 为 $m\times n$ 阶的时间函数阵。由于 $\boldsymbol{V}$ 和 $\boldsymbol{T}$ 是根据场的资料阵 $\boldsymbol{F}$ 进行分解而得到的，分解的函数没有固定的函数形式，因而称为“经验”的。另外，我们还要求这种分解具有“正交”性，即要求满足下式：

$$\begin{cases}v'_k v_l=\sum_{i=1}^{m}v_{ik}v_{il}=0 & (k\neq l)\\ t_k t'_l=\sum_{j=1}^{n}t_{kj}t_{lj}=0 & (k\neq l)\end{cases} \tag{A.32}$$

事实上，我们对（A. 31）式右乘 T' 可得：

$$\boldsymbol{FF'}=\boldsymbol{VTT'V'} \tag{A.33}$$

因 $\boldsymbol{FF'}$是 $m\times m$ 阶对称阵，其元素为距平变量的交叉积。根据实对称矩阵的分解定理有：

$$\boldsymbol{FF'}=\boldsymbol{V\Lambda V'} \tag{A.34}$$

式中：$\boldsymbol{\Lambda}$ 是 $\boldsymbol{FF'}$矩阵的特征值组成的对角阵，$\boldsymbol{V}$ 是对应的特征向量为列向量组成的矩阵。比较（A. 33）式和（A. 34）式可知：

$$\boldsymbol{TT'}=\boldsymbol{\Lambda} \tag{A.35}$$

又根据特征向量的性质有：

$$\boldsymbol{V'V}=\boldsymbol{VV'}=\boldsymbol{I} \tag{A.36}$$

式中：$\boldsymbol{I}$ 为单位矩阵。显然（A. 35）和（A. 36）式满足（A. 32）式的要求。由此可知空间函数矩阵可从 $\boldsymbol{FF'}$矩阵的特征向量求得，而时间系数则可利用（A. 31）式左乘 $\boldsymbol{V'}$得到，即：

$$T=V'F \tag{A.37}$$

特征值和特征向量求法：如果矩阵的阶数较大，可首先把实对称矩阵转换成对称三角矩阵，再求特征值、特征向量。如果矩阵阶数不是很大，可采用雅可比法求特征值、特征向量，方法如下。

对于气象要素距平矩阵：

$$\boldsymbol{F}=\begin{pmatrix} f_{11} & f_{12} & \cdots & f_{1n} \\ f_{21} & f_{22} & \cdots & f_{2n} \\ \vdots & \vdots & \cdots & \vdots \\ f_{m1} & f_{m2} & \cdots & f_{mn} \end{pmatrix} \tag{A.38}$$

先要进行如下计算：

$$\frac{1}{n}\boldsymbol{FF}^{\mathrm{T}}=\boldsymbol{A}=\begin{pmatrix} a_{11} & a_{12} & \cdots & a_{1m} \\ a_{21} & a_{22} & \cdots & a_{2m} \\ \vdots & \vdots & \cdots & \vdots \\ a_{m1} & a_{m2} & \cdots & a_{mm} \end{pmatrix} \tag{A.39}$$

式中：A 为 M 阶实对称矩阵，为便于说明，把 m 用 n 表示，矩阵称为 N 阶矩阵，其特征

值是 λ_1，λ_2，…，λ_n，则必存在一正交矩阵 $\boldsymbol{Q}$，使得：

$$\boldsymbol{Q}^{\mathrm{T}}\boldsymbol{A}\boldsymbol{Q}=\begin{pmatrix}\lambda_1 & 0 & \cdots & 0\\ \vdots & \lambda_2 & \cdots & \vdots\\ \vdots & \vdots & & \vdots\\ 0 & \cdots & \cdots & \lambda_n\end{pmatrix} \tag{A. 40}$$

为对角矩阵。正交矩阵 Q 可用一系列旋转矩阵的积来逼近：

$$\boldsymbol{Q}=\prod \boldsymbol{U}_{pq} \tag{A. 41}$$

式中：

$$\boldsymbol{U}_{pq}=(u_{ij})=\begin{pmatrix}
1 & \cdots & \cdots & \vdots & & & & \vdots & & & \\
\vdots & & \vdots & \vdots & & & & \vdots & & & \\
\vdots & \cdots & 1 & \vdots & & & & \vdots & & & \\
 & & & \cos\theta & \cdots & \cdots & \vdots & \sin\theta & \cdots & \cdots & \cdots\\
 & & & \vdots & 1 & \cdots & \vdots & \vdots & & & \\
 & & & \vdots & \vdots & & \vdots & \vdots & & & \\
 & & & \vdots & \vdots & \cdots & 1 & \vdots & & & \\
 & & & -\sin\theta & \cdots & \cdots & \cdots & \cos\theta & \cdots & \vdots & \cdots\\
 & & & & & & & \vdots & 1 & & \vdots\\
 & & & & & & & \vdots & \vdots & & \vdots\\
 & & & & & & & \cdots & \cdots & \cdots & 1
\end{pmatrix}\begin{matrix}\\ \\ \\ (p)\\ \\ \\ \\ (q)\\ \\ \\ \\ \end{matrix} \tag{A. 42}$$

（上方列标：第 (p) 列，第 (q) 列）

取

$$\theta=\frac{1}{2}\operatorname{arccot}\frac{a_{qq}-a_{pp}}{2a_{pq}} \tag{A. 43}$$

因为在这种旋转变换下，消去了矩阵中位于第 p 行第 q 列（$p\neq q$）交点上的元素，而矩阵所有元素的平方和保持不变，并且对角线上的元素的平方和增大，因而非对角线元素的平方和随之减小。因此，当旋转次数足够多时，可使非对角线元素的绝对值足够小。对于预先给定的精度 $\varepsilon>0$，如果 $|a_{ij}|<\varepsilon$（$i\neq j$），则可认为 $a_{ij}\approx 0$。于是得到求矩阵 A 的特征值与特征向量的具体迭代方法：

（1）按以下递推公式求特征值 λ_1，λ_2，…，λ_n：

$$
\begin{cases}
\zeta_k = \cot 2\theta = \dfrac{a_{qq}^{(k)} - a_{pp}^{(k)}}{2a_{pq}^{(k)}} \\
t_k = \tan\theta = \begin{cases} (\zeta_k + \sqrt{1+\zeta_k^2})^{-1} & (\zeta_k \geqslant 0) \\ -(|\zeta_k| + \sqrt{1+\zeta_k^2})^{-1} & (\zeta_k < 0) \end{cases} \\
v_k = \tan\dfrac{\theta}{2} = \begin{cases} \dfrac{\sqrt{1+t_k^2}-1}{t_k} & (t_k > 0) \\ \dfrac{1-\sqrt{1+t_k^2}}{|t_k|} & (t_k < 0) \end{cases} \\
s_k = \sin\theta = \dfrac{t_k}{\sqrt{1+t_k^2}}
\end{cases}
\tag{A.44}
$$

$$
\begin{cases}
a_{pp}^{(k+1)} = a_{pp}^{(k)} - t_k a_{pq}^{(k)} \\
a_{qq}^{(k+1)} = a_{qq}^{(k)} + t_k a_{pq}^{(k)} \\
a_{pj}^{(k+1)} = a_{pj}^{(k)} - s_k (a_{qj}^{(k)} + v_k a_{pj}^{(k)}) & (j \neq p) \\
a_{qj}^{(k+1)} = a_{qj}^{(k)} + s_k (a_{pj}^{(k)} - v_k a_{qj}^{(k)}) & (j \neq q) \\
a_{ij}^{(k+1)} = a_{ij}^{(k)} \quad (i \neq p,\ q,\ j \neq p,\ q) \\
a_{ij}^{(1)} = a_{ij} \quad \begin{matrix} (i,\ j = 1,\ 2,\ \cdots,\ n) \\ (k = 1,\ 2,\ \cdots,\ m) \end{matrix}
\end{cases}
\tag{A.45}
$$

假定当$|a_{ij}^{(m)}| < \varepsilon$（$i \neq j$）时，可以认为$a_{ij}^{(m)} \approx 0$，则迭代到$k = m-1$即可。而取$a_{ii}^{(m)}$作为$\lambda_i$的近似值：

$$
\lambda_i \approx a_{ii}^{(m)} \qquad (i = 1,\ 2,\ \cdots,\ n) \tag{A.46}
$$

（2）求特征向量

从（1）有：

$$
\boldsymbol{U}_m^{\mathrm{T}} \boldsymbol{U}_{m-1}^{\mathrm{T}} \cdots \boldsymbol{U}_1^{\mathrm{T}} \boldsymbol{A} \boldsymbol{U}_1 \cdots \boldsymbol{U}_{m-1} \boldsymbol{U}_m = \begin{pmatrix} \lambda_1 & & & 0 \\ & \lambda_2 & \cdots & \cdots \\ & \vdots & & \vdots \\ 0 & \cdots & \cdots & \lambda_n \end{pmatrix} \tag{A.47}
$$

记

$$
\boldsymbol{P}_m = \boldsymbol{U}_1 \cdots \boldsymbol{U}_{m-1} \boldsymbol{U}_m \tag{A.48}
$$

则

$$\boldsymbol{AP}_m=\boldsymbol{P}_m\begin{pmatrix}\lambda_1 & & & 0\\ & \lambda_2 & \cdots & \cdots\\ & \vdots & & \vdots\\ 0 & \cdots & \cdots & \lambda_n\end{pmatrix} \tag{A.49}$$

所以，$\boldsymbol{P}_m$ 为特征向量矩阵。

$\boldsymbol{P}_m$ 由下列递推公式算出：

$$\begin{cases}u_{ip}^{(k+1)}=u_{ip}^{(k)}-s_k(u_{iq}^{(k)}+v_{ip}^{(k)})\\ u_{iq}^{(k+1)}=u_{iq}^{(k)}+s_k(u_{ip}^{(k)}-v_k u_{iq}^{(k)})\\ u_{ij}^{(k+1)}=u_{ij}^{(k)}\quad \begin{matrix}(j\neq p,\ q)\\(i=1,\ 2,\ \cdots,\ n)\end{matrix}\\ u_{ij}^{(1)}=u_{ij}\quad \begin{matrix}(i,\ j=1,\ 2,\ \cdots,\ n)\\(k=1,\ 2,\ \cdots,\ m-1)\end{matrix}\end{cases} \tag{A.50}$$

最后得到：

$$\boldsymbol{P}_m=(u_{ij}^{(m)}) \tag{A.51}$$

即：

$$u_i^{(m)}=(u_{1i}^{(m)},\ u_{2i}^{(m)},\ \cdots,\ u_{ni}^{(m)})^T \tag{A.52}$$

为对应于特征值 λ_i 的特征向量。

显著性检验（特征值误差范围检验法）。即使是随机数或者虚假数据，放在一起进行EOF分析，也可以将其分解成一系列的空间特征向量和主成分。因此，实际资料分析中得到的空间模态是否是随机的，需要进行统计检验。North 等（1982）的研究指出，在 95% 置信度水平下的特征根的误差：

$$e_j=\lambda_i\sqrt{\frac{2}{\upsilon}} \tag{A.53}$$

式中：e_j 是第 j 个特征值误差，λ_j 是第 j 个特征值，υ 是数据序列的有效自由度。当相邻的特征值满足：

$$\lambda_j-\lambda_{j+1}\geqslant e_j$$

时，就认为这两个特征值所对应的特征向量是有价值的信号。有效自由度估计方法如下。

估计有效自由度的方法有很多。红噪声时间序列的自相关系数随落后时间步长减少，自相关系数越大则独立样本数（有效自由度）越小。Bretherton 等（1999）给出的一种计算方法是：

$$v = n \times \frac{1 - r_1^2}{1 + r_1^2} \tag{A.54}$$

式中：r_1 为资料序列滞后 1 个时次的自相关系数。如对北京夏季气温时间序列分别估计其有效自由度。

A.8 季节演变自然正交函数分解（SEOF）

近年，Wang 和 An（2005）对 EOF 进行了改进，形成了一种新的有效的季节演变模态分析方法，即季节演变经验正交函数分解（seasonal reliant empirical orthogonal function，SEOF），这种方法可以很好地识别季节演变的主要模态。具体做法是：将某一空间区域（m 个点）连续 k 个季节的要素时间序列（n 年）顺序排列成一个矩阵，有 $m \times k$ 行、n 列，然后对该矩阵进行 EOF 分解，得到对应同一时间的 k 个连续空间模态，这些模态就反映了该要素季节性演变的主要模态空间分布，时间系数反映了季节主要模态随时间的演变（郝立生等，2011）。

A.9 环流异常场回归重构方法

知道某单一要素时间变化序列或某空间场多年变化的时间系数，可采用线性回归方法重构前期或后期与之对应的环流异常场，实践证明是做环流异常分析的有力工具。

设 x_i 为某要素时间序列，y_i 为要重构的环流场某一点的实际序列值，则：

$$y_i = a x_i + b \tag{A.55}$$

式中，a 为重构的环流异常值，b 为重构的环流场常值。a 的空间分布即是重构的环流异常场。为了使重构的环流异常大小与实际场接近，以便于分析，回归计算时，应将 x_i 做标准化处理。

A.10 一种基于前期信息演变的华北夏季降水趋势预测方法

问题：

如何客观使用前期季节演变信息改进华北降水预测技术？

难点：

如何提取或如何描述前期环流演变信息？

如何将未来降水与前期环流演变信息建立联系？

预测思想：

影响降水的环流因子和外强迫因子很多，而它们之间常常存在相互影响、相互作用，使得大气环流系统演变非常复杂，通过一个或几个环流指标或强迫因子预测华北季节降水存在很大的不确定性。但无论环流演变如何复杂，其综合影响结果体现在某种环流或降水的季节演变空间分布型中，即季节演变环流型或季节演变降水空间分布型中包含着外强迫因子和环流演变的信息。

复杂的环流演变过程是连续的。因此，通过某环流或降水的季节演变主要模态的分析，可以提取前期环流演变的信息，将华北降水与前期环流信息建立回归，从而达到客观识别前期环流变化信息、实现客观预报而不是主观识别某种环流因子或强迫因子来制作预报。

参考文献

郝立生，毕宝贵，姚学祥，2007. 太阳活动变化分析[J]. 空间科学学报，27（4）：265-270.

郝立生，丁一汇，闵锦忠，2011. 华北降水季节演变主要模态及影响因子[J]. 大气科学，35（2）：217-234.

马开玉，陈星，张耀存，1996. 气候诊断[M]. 北京：气象出版社：122-123.

《数学手册》编写组，1979. 数学手册[M]. 北京：高等教育出版社：143-149，836-852.

魏凤英，2007. 现代气候统计诊断与预测技术（第2版）[M]. 北京：气象出版社：18-66.

吴洪宝，吴蕾，2005. 气候变率诊断和预测方法[M]. 北京：气象出版社.

BRETHERTON C S，WIDMANN M，DYMNIKOV V P，et al，1999. The effective number of spatial degrees of freedom of a time-varying field[J]. Journal of Climate，12（7）：1990-2009.

KALNAY E，KANAMITSU M，KISTLER R，et al，1996. The NCEP/NCAR 40-year reanalysis project [J]. Bulletin of the American Meteorological Society，77（3）：437-472.

LIEBMANN B，SMITH C A，1996. Description of a complete（interpolated）outgoing longwave radiation dataset[J]. Bulletin of the American Meteorological Society，77（6）：1275-1277.

SMITH T M，REYNOLDS R W，PETERSON T C，et al，2008. Improvements to NOAA's historical merged land-ocean surface temperature analysis（1880-2006）[J]. Journal of Climate，21（10）：2283-2296.

TORRENCE C，COMPO G P，1998. A practical guide to wavelet analysis[J]. Bulletin of the American Meteorological Society，79（1）：61-78.

WANG B，AN S，2005. A method fordetecting season-depenent modes of climat variability：S-EOF analysis [J]. Geophysical Research Letters，32，L15710，doi：10.1029/2005GL022709.